21世纪应用型本科系列教材

高等数学 （第2版）

（应用理工类） （上册）

寿纪麟 于大光 张世梅

西安交通大学出版社
XI'AN JIAOTONG UNIVERSITY PRESS

图书在版编目(CIP)数据

高等数学(应用理工类).上册/寿纪麟,于大光,张世梅编.—2版
.—西安:西安交通大学出版社,2012.6(2022.6 重印)
ISBN 978 - 7 - 5605 - 4397 - 0

Ⅰ.高…　Ⅱ.①寿…　②于…　③张…　Ⅲ.高等数学-高等
学校-教材　Ⅳ.O13

中国版本图书馆 CIP 数据核字(2012)第 120190 号

书　　名	高等数学(应用理工类)(第2版)上册	
编　　者	寿纪麟　于大光　张世梅	
责任编辑	叶　涛	

出版发行	西安交通大学出版社
	(西安市兴庆南路 1 号　邮政编码 710048)
网　　址	http://www.xjtupress.com
电　　话	(029)82668357　82667874(市场营销中心)
	(029)82668315(总编办)
传　　真	(029)82668280
印　　刷	陕西宝石兰印务有限责任公司

开　　本	727mm×960mm　1/16　印张　15　字数　270 千字
版次印次	2012 年 6 月第 2 版　　2022 年 6 月第 8 次印刷
书　　号	ISBN 978 - 7 - 5605 - 4397 - 0
定　　价	29.80 元

如发现印装质量问题,请与本社市场营销中心联系。
订购热线:(029)82665248　(029)82667874
投稿热线:(029)82664954
读者信箱:jdlgy@yahoo.cn

第 2 版前言

本书 2009 年出版，经过三年来的教学实践，验证了本书的编写原则——在教学内容上贯彻"少而精"，突出"三基"的教学原则；适当减弱理论上的严密性和运算上的技巧性；增强文字上的可读性——是基本可行并符合教学实际的。当然，书中也存在一些缺点、错误和不够完善的地方，需要加以修正或改写。

本书是以培养"应用型人才"为宗旨的，在第 2 版修订时更加强调和完善上述编写原则。高等数学是大学本科最重要的基础课程，传统的教学内容系统性、逻辑性很强，并且结构很严谨。事实上，高等数学在所涵盖的教学内容中有基本内容和非基本内容之分，而对基本内容来讲，实际上又有核心与非核心的基本内容之分。所谓"少"，就是要突出"核心"的基本概念、基本理论和基本方法，根据不同专业的要求相应地淡化非核心的基本内容及非基本内容部分；所谓"精"，就是要突出"核心的基本内容"，再加提炼、整理，使其层次分明演绎得更加精炼、精彩。

本着上述精神，我们对教材作了部分改写和补充，使其在理论的逻辑上更加清晰，在文字上更加通顺。对部分非核心的基本内容打上"＊"号，以供选用。

为了配合第二学期上物理课的需要，我们将"微分方程"一章调整到上册，把"空间解析几何"一章移至下册。

在第 2 版编写的过程中得到西安交通大学城市学院的鼓励和资助。城市学院数学教研室的任课教师对教材的内容提出不少修改建议，在此一并表示衷心的感谢。

编 者

2012 年 6 月于西安

第 1 版前言

近年来为培养应用型人才的本科大学迅速发展起来,我国高等教育从精英教育步入大众化教育的发展阶段,高等教育在不同层次上的建设已经不可避免,并已成为时代不可忽视的潮流之一。然而,目前还缺乏适用于这类教育的教材,本书就是针对应用型本科院校的教学需要而编写的。它与重点院校的教材相比,既有共同的基本内容,也有明显的差别。

首先,本书覆盖了教育部制定的本科《高等数学》的"教学基本要求"的内容,并且以"少而精"的教学原则,精选和安排教学内容,突出"三基":即基本概念、基本理论和基本方法,特别强调常用函数及其图形、导数和积分的概念与其计算方法。

其次,在阐述一些重要概念与定理时,常常以具体例子为先导,从具体到抽象,使学生从实例中了解问题的由来,掌握分析和解决问题的思路,减少理解上的障碍。在确保教学内容整体框架的逻辑完整性的前提下,适度地减弱数学理论的严密性,如复杂定理的证明及技巧性较高的证明题等。为了适应不同专业的教学需要,对部分内容打"＊"号,这些内容可以不讲或者选讲。

再次,为了适应应用型人才的培养,本书重点加强了应用性的例题和习题及解题的方法。在讲解微积分应用时,强调微积分的核心思想——"微元法",并用它来指导分析和解决实际应用问题。此外还增添了"Matlab 简介"作为扩大应用范围的手段(见下册附录)。

同时在内容的论述上力求逻辑严谨,层次分明,清晰易懂,便于自学。

本书分上、下两册。上册分六章:第 1 章,函数、极限与连续;第 2 章,导数与微分;第 3 章,中值定理与导数的应用;第 4 章,一元函数积分学;第 5 章,定积分的应用;第 6 章,向量代数与空间解析几何。在下册中分多元函数微分学;重积分;线、面积分;微分方程;无穷级数五章。各章的每节后面都附有习题。

在本书编写的过程中得到西安交通大学城市学院的支持和鼓励。在教材评审中西安交通大学理学院的王绵森教授对教材内容的改进提出很多具体建议,这些建议对保证教材的质量起到十分重要的作用。在此一并表示衷心的感谢。

本书由西安交通大学城市学院的寿纪麟、于大光、张世梅编写。由于编写的时间仓促以及编者水平有限,不妥与错误之处在所难免,敬请同行与读者批评指正。

编者

2009 年 7 月于西安

目　录

第 1 章　函数、极限与连续

　　初等数学主要以常量为研究对象,而高等数学则主要研究变量.反映变量与变量之间依赖关系的函数是微积分的研究对象.极限的方法是研究变量数学的一种基本方法.本章主要介绍函数、极限和连续性等基本概念及其性质.掌握、运用好这些基本理论和方法是学好微积分的关键,也为今后的学习打下必要的基础.

1.1　函数的概念

1.1.1　区间与邻域

　　具有某种特定性质事物的总体叫做**集合**.组成这个集合的事物称为该集合的**元素**.例如,一个班的全体学生构成一个集合,学生是这个集合中的元素.若 a 是集合 A 中的元素,则称 a 属于 A,记为 $a \in A$;若 a 不是集合 A 中的元素,则称 a 不属于 A,记为 $a \notin A$.只含有有限个元素的集合称为**有限集**;含有无限个元素的集合称为**无限集**.不含任何元素的集合叫**空集**,空集用 $\varnothing$ 表示.

　　表示集合的方法通常有两种,一种是列举法,就是把集合的所有元素一一列举出来表示,例如,方程 $x^2 - 5x + 6 = 0$ 解的集合可表示为 $A = \{2,3\}$;另一种是描述法,就是把所含元素的共同特性用描述性语言或数学表达式表示,若集合 M 是由具有某种性质 P 的元素 x 的全体组成的,就可表示为 $A = \{x \mid x$ 具有性质 $P\}$,例如,方程 $x^2 - 5x + 6 = 0$ 解的集合也可以表示为 $A = \{x \mid x^2 - 5x + 6 = 0\}$.

　　以后用到的集合主要是数集,常见的数集有:全体自然数集合 **N**、全体整数集合 **Z**、全体有理数集合 **Q** 以及全体实数集合 **R**.

　　区间是用得比较多的一类数集,它是介于两个实数之间的全体实数的集合.如数集 $\{x \mid a < x < b\}$ 和 $\{x \mid a \leqslant x \leqslant b\}$ 都是区间,其中两个实数 a 和 b 称为**区间端点**.在 $\{x \mid a < x < b\}$ 中不包含区间的端点,称为**开区间**,用 (a,b) 表示,即 $(a,b) = \{x \mid a < x < b\}$.在 $\{x \mid a \leqslant x \leqslant b\}$ 中包含区间的端点,称为**闭区间**,用 $[a,b]$ 表示,即 $[a,b] = \{x \mid a \leqslant x \leqslant b\}$.两个端点之间的距离称为**区间长度**.

类似地,还有两种半开半闭区间:$[a,b)=\{x|a\leqslant x<b\}$,$(a,b]=\{x|a<x\leqslant b\}$.

对于数集 E,如果存在正数 K,使对于一切点 $x\in E$,$|x|\leqslant K$ 都成立.则称 E 为**有界集**,否则就称为**无界集**.端点为有限值的区间为**有界区间**.此外,还有**无界区间**,例如 $(a,+\infty)=\{x|x>a\}$,$[a,+\infty)=\{x|x\geqslant a\}$,$(-\infty,a)=\{x|x<a\}$,$(-\infty,a]=\{x|x\leqslant a\}$,$(-\infty,+\infty)=\{x|-\infty<x<+\infty\}$ 等.

需要说明的是:∞ 只是一个记号,不是一个数,与之相伴的一定是圆括弧.

在高等数学中,经常把一类特殊的开区间 $(a-\delta,a+\delta)$ 　$(\delta>0)$ 称为**点 a 的 δ 邻域**,记为 $U(a,\delta)$,其中点 a 称为**邻域中心**,δ 称为**邻域半径**,如图 1-1 所示.

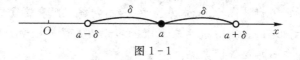

图 1-1

通常邻域半径 δ 都取很小的正数,所以点 a 的 δ 邻域表示在数轴上点 a 的邻近点的集合.若去掉邻域中心,所得到的邻域称为**点 a 的去心 δ 邻域**.记为

$$\mathring{U}(a,\delta)=\{x|0<|x-a|<\delta\}$$

1.1.2　函数的概念

在考察一个自然现象或事物的变化过程时,往往会遇到各种不同的量.在此过程中,有的量始终保持不变,这种量称为**常量**;有的量发生变化,这种量称为**变量**.这些变量往往不是孤立变化的,而是相互有联系并遵循一定的规律变化的.函数就是描述这种变量之间联系的一个数学概念.

现在考虑两个变量的情形.例如,球的体积与半径之间的关系是 $V=\dfrac{4}{3}\pi r^3$.当球的半径 r 取定一个数值时,其体积 V 也就随之确定了.当半径 r 变化时,其体积 V 也发生变化.

定义 1.1　设 x 和 y 是两个变量,D 是一个给定的非空数集.如果对于每个 $x\in D$,变量 y 按照一定的对应法则总有确定的数值与之对应,则称 y 为 x 的**函数**,记为 $y=f(x)$.其中 x 称为**自变量**,y 称为**因变量**,自变量 x 的取值范围 D 称为此函数的**定义域**,也可记为 $D(f)$,当自变量 x 取遍 $D(f)$ 中的各个数值时,对应的函数值 $f(x)$ 的全体构成的集合 $R(f)$ 称为函数 $y=f(x)$ 的**值域**.

函数的定义域和对应法则是函数的两个要素.只有当两个函数的定义域和对应法则分别相同时,这两个函数才是相同的,否则就是不同的.

顺便指出,数列 $\{x_n\}(n=1,2,\cdots)$ 可看成一类特殊的函数,即以正整数 n 为自变量,取值为实数的函数,记作 $x_n=f(n)$,因此,该函数的定义域为正整数集合 $\mathbf{N}_+$.

在实际问题中,函数的定义域是根据问题的实际意义确定的.如果不考虑函数的实际意义,只是抽象地研究用算式表达的函数,则函数的定义域就是使函数表达式有意义的一切实数所构成的集合.例如,函数 $y=\dfrac{\sqrt{9-x^2}}{x^2-2x+1}$ 的定义域是 $D=[-3,1)\bigcup(1,3]$;公式 $s=\dfrac{1}{2}gt^2$ 表示了自由落体物体下落距离和时间之间的函数关系,由于考虑的是实际问题,其定义域为 $D=[0,+\infty)$.一般情况下,当函数用一个公式表示时,求其定义域应把握以下几点:① 分式的分母不为零;② 偶次根号下不能为负;③ $\log_a(h(x))(a>0,\ a\neq1)$ 中的 $h(x)$ 应大于零等.当然,在研究实际应用问题时还应考虑问题的实际背景,如时间不能小于零、体积不能为负值等.

若自变量在其定义域内任取一个值时,总是只有一个函数值与之对应,称此函数为 **单值函数**,否则称为 **多值函数**.例如函数 $y=\sin^2 x$ 是单值函数,而函数 $y^2=3x+2$ 则是多值函数.今后,若无特别说明,函数都是指单值函数.

设函数 $y=f(x)$ 的定义域为 $D(f)$,对于任意取定的 $x\in D(f)$,对应的函数值为 $y=f(x)$.这样,在 xOy 平面上就确定了一个以 x 为横坐标、y 为纵坐标的点 (x,y).当 x 取遍 $D(f)$ 上每一个数值时,就得到点 (x,y) 的一个集合 $C=\{(x,y)\,|\,y=f(x),x\in D(f)\}$,称 C 为函数 $y=f(x)$ 的 **图形**.

函数的表示方法有多种,常用的有解析法(公式法)、表格法和图形法等.根据解析表达式形式的不同,函数可分为显函数、隐函数和分段函数三种.其中,**显函数** 是指该函数可以由 x 的解析表达式直接表示,例如 $y=\sqrt{x^2-3x^3}$;**隐函数** 指的是自变量和因变量之间的对应关系由方程 $F(x,y)=0$ 给出,例如:由 $x^2+y^2-R^2=0$ 确定的函数 $y=y(x)$;**分段函数** 是指在函数定义域的不同范围内,对应法则用不同的解析表达式来表示.

下面举几个分段函数的例子.

例 1.1　绝对值函数 $y=|x|=\begin{cases}x, & x\geqslant0 \\ -x, & x<0\end{cases}$.

绝对值函数的定义域为 $(-\infty,+\infty)$,值域为 $[0,+\infty)$,图形如图 1-2 所示.

例 1.2　阶跃函数 $u_a(t)=\begin{cases}0, & t<a \\ 1, & t>a\end{cases}$ $(a>0)$.

这个函数的定义域为 $(-\infty,a)\bigcup(a,+\infty)$,值域为 $\{0,1\}$.此函数在电子技术中经常遇到,称为单位阶跃函数.该函数的图形如图 1-3 所示.

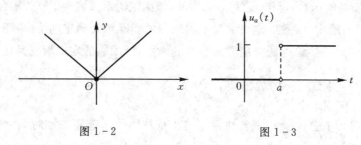

图 1-2　　　　　　　　　　　图 1-3

例 1.3　设 $f(x) = \begin{cases} 1, & 0 \leqslant x \leqslant 1 \\ -2, & 1 < x \leqslant 2 \end{cases}$,求函数 $f(x+3)$ 的定义域.

解　因为 $f(x) = \begin{cases} 1, & 0 \leqslant x \leqslant 1 \\ -2, & 1 < x \leqslant 2 \end{cases}$,

所以　　　　　　$f(x+3) = \begin{cases} 1, & 0 \leqslant x+3 \leqslant 1 \\ -2, & 1 < x+3 \leqslant 2 \end{cases}$,

即 $f(x+3) = \begin{cases} 1, & -3 \leqslant x \leqslant -2 \\ -2, & -2 < x \leqslant -1 \end{cases}$,故函数 $f(x+3)$ 的定义域为 $D = [-3, -1]$.

1.1.3　函数的简单性态

下面介绍后面常用的关于函数的几种简单性态.

1. 函数的单调性

假定函数 $f(x)$ 是定义在集合 D 上的函数,如果对属于区间 $I \subset D$ 上的任意两点 x_1 和 x_2,当 $x_1 < x_2$ 时总有不等式 $f(x_1) < f(x_2)$ 成立,则称函数 $f(x)$ 在区间 I 上是**单调增**的(图 1-4a);总有不等式 $f(x_1) > f(x_2)$ 成立,则称函数 $f(x)$ 在区间 I 上是**单调减**的(图 1-4b). 单调增和单调减的函数统称为**单调函数**. 从图形上看,单调增函数表现为曲线从左到右上升,而单调减函数的图形则表现为从左到右下降.

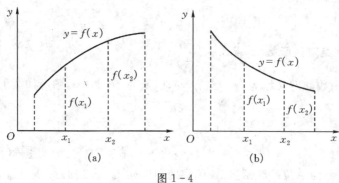

(a)　　　　　　　　　　　(b)

图 1-4

例如,正弦函数 $y=\sin x$ 在 $(-\frac{\pi}{2},\frac{\pi}{2})$ 内是单调增的,而在 $(\frac{\pi}{2},\frac{3\pi}{2})$ 内是单调减的;余弦函数 $y=\cos x$ 在区间 $(0,\pi)$ 单调减,在区间 $(-\pi,0)$ 单调增;正切函数 $y=\tan x$ 在 $(-\frac{\pi}{2},\frac{\pi}{2})$ 单调增. 再如,当 $\mu>0$ 时,幂函数 $y=x^{\mu}$ 在 $(0,+\infty)$ 单调增,当 $\mu<0$ 时, $y=x^{\mu}$ 在 $(0,+\infty)$ 单调减.

2. 函数的奇偶性

函数的**奇偶性**反映了函数的某种对称性. 设函数 $f(x)$ 的定义域 $D(f)$ 关于原点对称,如果对于属于 $D(f)$ 的任何 x 值,恒有 $f(-x)=f(x)$ 成立,则称函数 $f(x)$ 为**偶函数**,偶函数的图形是关于 y 轴对称的(图 1-5);如果对于属于 $D(f)$ 的任何 x 值,恒有 $f(-x)=-f(x)$ 成立,则称函数 $f(x)$ 为**奇函数**. 奇函数的图形是关于原点对称的(图 1-6).

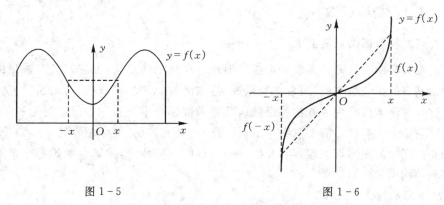

图 1-5　　　　　　　　　　　　图 1-6

除了奇函数和偶函数以外,还存在大量的非奇、非偶函数. 可以证明,任何一个在区间 $(-\infty,+\infty)$ 上有定义的函数一定能分解为一个奇函数和一个偶函数之和. 实际上,令

$$f_1(x)=\frac{f(x)+f(-x)}{2}, \quad f_2(x)=\frac{f(x)-f(-x)}{2}$$

则 $f(x)=f_1(x)+f_2(x)$,其中 $f_1(x)$ 是偶函数, $f_2(x)$ 是奇函数.

3. 函数的周期性

设函数 $f(x)$ 的定义域为 D,如果存在非零数 l,使对于任意 x, $x\pm l\in D$ 时总有 $f(x\pm l)=f(x)$,则称函数 $f(x)$ 为**周期函数**, l 称为 $f(x)$ 的**周期**. 然而通常我们说的周期指的是**最小正周期**。

例如,正弦函数 $y=\sin x$、余弦函数 $y=\cos x$ 都是周期函数,其最小正周期均为 2π. 正切函数 $y=\tan x$ 也是周期函数,其周期为 π.

4. 函数的有界性

设函数 $f(x)$ 的定义域为 D，如果对属于区间 $I \subset D$ 上的任意 x 值，若存在正数 M 使得 $|f(x)| \leqslant M$，则称函数 $f(x)$ 在区间 I 上**有界**；若这样的数 M 不存在，则称函数 $f(x)$ 在区间 I 上**无界**. 函数无界是指无论对于任何正数 M，总存在 $x_1 \in I$，使得 $|f(x_1)| > M$.

若 $f(x)$ 无界，但对属于区间 $I \subset D$ 上的任意 x 值，存在一个数 K_1 使得 $f(x) \leqslant K_1$，则称函数 $f(x)$ 在区间 I 上有**上界**，而数 K_1 称为函数 $f(x)$ 的一个上界. 如果存在一个数 K_2 使得 $f(x) \geqslant K_2$，则称函数 $f(x)$ 在区间 I 上有**下界**，而数 K_2 称为函数 $f(x)$ 的一个下界.

关于函数的有界性，有结论：**函数 $f(x)$ 在区间 I 上有界的充分必要条件是它在该区间上既有上界又有下界**。读者可自行证明此结论。

1.1.4 初等函数

1. 基本初等函数及其图形

高等数学中的研究的函数关系往往形式多样且结构复杂，但它们大多数是由几种最基本的函数所构成，通常把幂函数、指数函数、对数函数、三角函数、反三角函数这几种函数统称为**基本初等函数** 这几种函数都是中学数学中已经讨论过的，这里将它们的主要性质简单总结一下，并做一些补充，以方便今后作进一步讨论. 特别是由函数的图形可以很容易看出这些函数的有关性质，读者应熟悉各个基本初等函数的图形.

(1) 幂函数

幂函数 $y = x^{\mu}$ (μ 是任意实数)的定义域要依据 μ 具体是什么数而定.

对于所有的实数 μ，幂函数 $y = x^{\mu}$ 的定义域都含有 $(0, +\infty)$. 当 μ 为正整数时，其定义域为 $(-\infty, +\infty)$；当 μ 为负整数时，定义域为 $(-\infty, 0) \bigcup (0, +\infty)$.

当 μ 取不同值时，幂函数 $y = x^{\mu}$ 的图形如图 $1-7$ 所示.

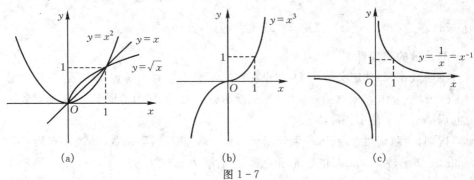

(a)   (b)   (c)

图 $1-7$

从函数的图像上不难看出：当 $\mu>0$ 时，幂函数 $y=x^{\mu}$ 在 $(0,+\infty)$ 内是单调增的；当 $\mu<0$ 时，幂函数 $y=x^{\mu}$ 在 $(0,+\infty)$ 内是单调减的．当 μ 为偶数时，幂函数 $y=x^{\mu}$ 是偶函数；当 μ 为奇数时，$y=x^{\mu}$ 为奇函数．

（2）指数函数

指数函数 $y=a^{x}(a$ 是常数，且 $a>0,a\neq1)$ 的定义域为 $(-\infty,+\infty)$，由于对任意实数 x，总有 $a^{x}>0$，且 $a^{0}=1$，因此指数函数的图形总在 x 轴的上方，且通过点 $(0,1)$．而且 $y=a^{x}$ 与 $y=a^{-x}$ 关于 y 轴对称．（图 1-8）

当 $a>1$ 时，指数函数 $y=a^{x}$ 是单调增的；当 $0<a<1$ 时，指数函数 $y=a^{x}$ 是单调减的．

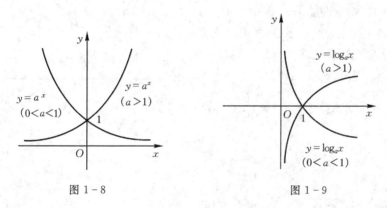

图 1-8　　　　　　　　　　　　图 1-9

（3）**对数函数**

从中学数学已经知道，对数函数是指数函数的反函数，记为 $y=\log_{a}x(a$ 是常数且 $a>0,a\neq1)$．对数函数的定义域为 $(0,+\infty)$，$y=\log_{a}x$ 的图形总在 y 轴的右方，且通过点 $(1,0)$．

当 $a>1$ 时，对数函数 $y=\log_{a}x$ 是单调增的．当 $0<a<1$ 时，对数函数 $y=\log_{a}x$ 是单调减的．（图 1-9）

在高等数学中经常用到以 e 为底的对数函数 $y=\log_{e}x$，称为**自然对数函数**，简记为 $y=\ln x$．它的反函数为 $y=e^{x}$，其中 $e(=2.7182818\cdots)$ 是一个无理数．

为了对反函数的概念有更清晰的理解，下面简要回顾一下反函数的概念．

定义 1.2　设函数 $y=f(x)$ 的定义域为 $D(f)$，值域为 $R(f)$，若对任意的 $y\in R(f)$，在定义域 $D(f)$ 内必定有值 x 与之对应，即 $f(x)=y$，这样就可以把 x 看成是 y 的函数，并将这个函数用 $x=\varphi(y)$ 表示，称它为 $y=f(x)$ 的**反函数**．相对于反函数，函数 $y=f(x)$ 称为**直接函数**．

如果对应于 y 的 x 不止一个，例如 $y=x^{2}$，对任意的 $y>0$ 总有两个 x 与之对应，这时反函数 $x=\pm\sqrt{y}$ 是一个多值函数．但本书仍特别关注单值的反函数，如不特别说明,今后均指单值函数.

显然,如果 $x=\varphi(y)$ 是 $y=f(x)$ 的反函数,则 $y=f(x)$ 也是 $x=\varphi(y)$ 的反函数.

然而,习惯上把自变量用 x 表示,因变量用 y 表示,因此可将 $x=\varphi(y)$ 写成 $y=\varphi(x)$.由于函数的实质是自变量和因变量的对应关系,至于 x 和 y 仅仅是记号而已,$x=\varphi(y)$ 和 $y=\varphi(x)$ 中表示对应关系的符号 φ 并没有改变,这就表示它们是同一个函数.

在同一个坐标平面内,函数 $y=f(x)$ 的图形与其反函数 $y=\varphi(x)$ 的图形是关于直线 $y=x$ 对称的(图 1-10).这是因为,在 $y=f(x)$ 上任取一点 $P(a,b)$,则 $Q(b,a)$ 一定是 $y=\varphi(x)$ 上的点,反之亦然.而 $P(a,b)$ 和 $Q(b,a)$ 两点是关于直线 $y=x$ 对称的(即直线 $y=x$ 垂直平分线段 PQ).

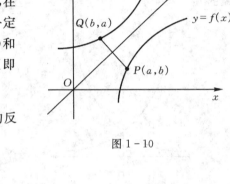

图 1-10

例 1.4　求函数 $y=\dfrac{1-\sqrt{1+x}}{1+\sqrt{1+x}}$ 的反函数.

解　令 $z=\sqrt{1+x}$,则 $y=\dfrac{1-z}{1+z}$,

故 $z=\dfrac{1-y}{1+y}$,即 $\sqrt{1+x}=\dfrac{1-y}{1+y}$,解出 x 得

$$x=\left(\frac{1-y}{1+y}\right)^2-1=-\frac{4y}{(1+y)^2}$$

交换变量 x、y 的记号,即得到所求反函数为 $y=-\dfrac{4x}{(1+x)^2}$.

(4) 三角函数

常用的三角函数有**正弦函数** $\sin x$、**余弦函数** $\cos x$、**正切函数** $\tan x$、**余切函数** $\cot x$、**正割函数** $\sec x$、**余割函数** $\csc x$,它们都是周期函数.

正弦函数 $\sin x$ 和余弦函数 $\cos x$ 的定义域均为 $(-\infty,+\infty)$,周期均为 2π,正弦函数是奇函数,余弦函数是偶函数,它们的图形见图 1-11 和图 1-12.

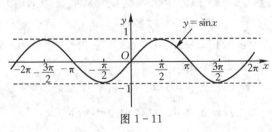

图 1-11

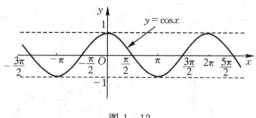

图 1 - 12

正切函数 $y = \tan x$ 的定义域为 $\{x \mid x \in \mathbf{R}, x \neq k\pi + \frac{\pi}{2}, k \in \mathbf{Z}\}$，周期为 π，余切函数 $y = \cot x$ 的定义域为 $\{x \mid x \in \mathbf{R}, x \neq k\pi, k \in \mathbf{Z}\}$，周期为 π，正切函数和余切函数都是奇函数. 它们的图形如图 1 - 13 和图 1 - 14 所示.

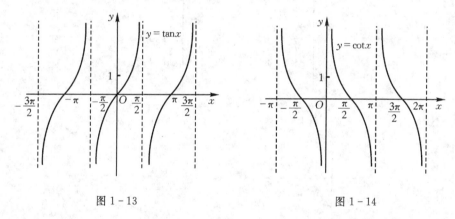

图 1 - 13   图 1 - 14

正割函数 $\sec x$ 是余弦函数 $\cos x$ 的倒数，余割函数 $\csc x$ 是正弦函数 $\sin x$ 的倒数，即

$$\sec x = \frac{1}{\cos x}, \quad \csc x = \frac{1}{\sin x}$$

它们都是以 2π 为周期的周期函数.

(5) **反三角函数**

三角函数的反函数称为反三角函数. 三角函数 $\sin x$、$\cos x$、$\tan x$、$\cot x$ 的反函数依次为**反正弦函数** $y = \text{Arcsin}\,x$、**反余弦函数** $y = \text{Arccos}\,x$、**反正切函数** $y = \text{Arctan}\,x$、**反余切函数** $y = \text{Arccot}\,x$. 其图形分别如图 1 - 15、图 1 - 16、图 1 - 17 和图 1 - 18 所示.

从反三角函数的图形可以看出，这几个函数均为多值函数. 为了避免多值性，需要对它们的值域加以限制，使其成为单值函数.

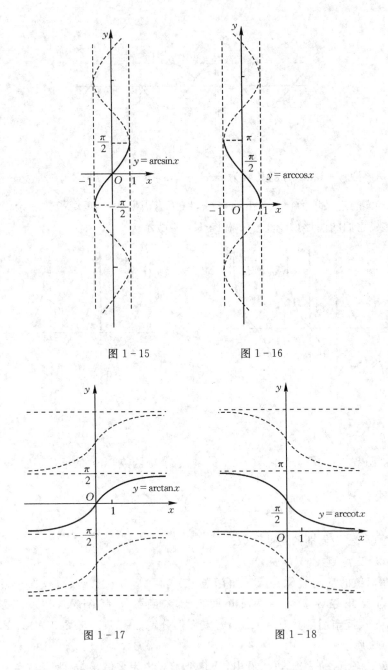

图 1 - 15　　　　　　　图 1 - 16

图 1 - 17　　　　　　　图 1 - 18

将 $y = \text{Arcsin}x$ 的值域限制在区间 $\left[-\dfrac{\pi}{2}, \dfrac{\pi}{2}\right]$ 上,使之成为单值函数,称为**反正弦函数的主值**,记为 $y = \arcsin x$,通常就把它称为**反正弦函数**. 它的定义域为

$[-1,1]$,值域为 $\left[-\dfrac{\pi}{2},\dfrac{\pi}{2}\right]$,在 $[-1,1]$ 上是单调增的,其图形为图 1-15 中的实线部分.

将 $y=\mathrm{Arccos}x$ 的值域限制在区间 $[0,\pi]$ 上,使之成为单值函数,称为**反余弦函数的主值**,记为 $y=\arccos x$,也称为**反余弦函数**. 它的定义域为 $[-1,1]$,值域为 $[0,\pi]$,在 $[-1,1]$ 上是单调减的. 其图形为图 1-16 中的实线部分.

类似地,取主值的反正切函数和反余切函数分别简称为**反正切函数**和**反余切函数**,它们的简单性质如下:

反正切函数 $y=\arctan x$ 的定义域为 $(-\infty,+\infty)$,值域为 $\left(-\dfrac{\pi}{2},\dfrac{\pi}{2}\right)$,在 $(-\infty,+\infty)$ 内是单调增的,其图形为图 1-17 中的实线部分. 反余切函数 $y=\mathrm{arccot}x$ 的定义域为 $(-\infty,+\infty)$,值域为 $(0,\pi)$,在 $(-\infty,+\infty)$ 内是单调减的,其图形为图 1-18 中的实线部分.

2. 复合函数

在实际问题中,经常会遇到一个函数和另一个函数发生联系. 例如,球的体积 V 是其半径 r 的函数:$V=\dfrac{4}{3}\pi r^3$,由于热胀冷缩,随着温度的改变,球的半径也会发生变化,由物理学知,半径 r 随温度 T 的变化规律是 $r=r_0(1+\alpha T)$,其中,r_0、α 为常数,将这个关系代入球的体积公式,即得到体积 V 与温度 T 的函数关系

$$V=\dfrac{4}{3}\pi[r_0(1+\alpha T)]^3$$

这种将一个函数的因变量表达式代入另一个函数的自变量而得的函数称为这两个函数的复合函数.

定义 1.3　设函数 $y=f(u)$ 的定义域为 $D(f)$,函数 $u=\varphi(x)$ 的值域为 $R(\varphi)$,当 $\varphi(x)$ 的值域包含在 $f(u)$ 定义域内,即 $R(\varphi)\subset D(f)$ 时,则对任意的 x,通过 $\varphi(x)$ 对应于 u,再通过 $f(u)$ 对应于 y,这样就确定了一个以 x 为自变量,y 为因变量的函数 $y=f(u)=f[\varphi(x)]$,这个函数称为由 $y=f(u)$ 和 $u=\varphi(x)$ 构成的**复合函数**,其中 u 称为**中间变量**.

并不是任何两个函数都可以复合为一个复合函数. 例如,函数 $y=\arcsin u,u=x^2+2$ 就不能复合. 这是因为函数 $y=\arcsin u$ 的定义域为 $[-1,1]$,而函数 $u=x^2+2$ 的值域为 $[2,+\infty)$,而 $[2,+\infty)$ 并不包含在 $[-1,1]$ 中.

例 1.5　设 $y=f(u)=\cos u,u=\varphi(v)=\sqrt{v^2+1}$,$v=\psi(x)=\dfrac{1}{x}$,求 $f\{\varphi[\psi(x)]\}$.

解　为了得到 y 对 x 的函数,要经过 u,v 两个中间变量,依次将它们代入后,

得　　　　　　　$f\{\varphi[\psi(x)]\}=\cos u=\cos \sqrt{v^2+1}=\cos \sqrt{\dfrac{1}{x^2}+1}$

由函数的表达式知,它的定义域为 $(-\infty,0)\bigcup(0,+\infty)$.

例 1.6　将下列函数分解成基本初等函数的复合.

(1) $y=\sqrt{\ln\mathrm{sine}^x}$,　(2) $y=\mathrm{e}^{\arctan\sqrt{x}}$

解　(1) 所给函数由 $y=\sqrt{u}$, $u=\ln v$, $v=\sin w$, $w=\mathrm{e}^x$ 四个函数复合而成.

(2) 所给函数由 $y=\mathrm{e}^u$, $u=\arctan v$, $v=\sqrt{x}$ 三个函数复合而成.

3. 初等函数

由基本初等函数和常数经过有限次四则运算和有限次的复合运算所构成,并用一个解析表达式表示的函数称为**初等函数**. 例如函数 $y=\ln\left(\sin\sqrt{1+x^2}\right)$、$y=\dfrac{\mathrm{e}^x-\sqrt[3]{\sin^2 x}}{\ln 5-2\cos x+2x^2}$ 都是初等函数. 高等数学所讨论的大多是初等函数,但一般来说,分段函数不是初等函数.

4. 建立函数关系

为了解决实际问题,经常需要建立变量之间的函数关系,然后应用有关的数学知识对这些问题进行分析和解决. 因此建立函数关系是解决实际问题的关键步骤. 要把实际问题中变量之间的函数关系正确的表示出来,首先应明确怎样选取自变量和因变量,然后根据题意建立它们之间的函数关系,并给出函数的定义域. 下面举例说明如何根据实际问题所给的条件建立所需的函数关系.

例 1.7　设有一个高为 H,底面半径为 R 的正圆锥体,被平行于底面的平面所截,求截面面积与截面到底面距离的函数关系式.

解　如图 1-19 所示,正圆锥体被平行于底面的平面截为一个圆,设截面到底面距离为 x,截面面积为 S.并设该圆的半径为 r,由几何图形的比例关系得 $\dfrac{r}{R}=\dfrac{H-x}{H}$,于是 $r=\dfrac{H-x}{H}R$,因此,截面的面积为

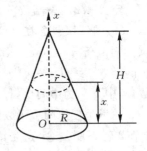

图 1-19

$$S(x)=\pi\cdot r^2=\pi\cdot R^2\left(\dfrac{H-x}{H}\right)^2$$

根据该问题的具体情况,应有 $0\leqslant x\leqslant H$,此即函数 $S(x)$ 的定义域.

例 1.8　火车站行李收费规定为:当行李重量不超过 50 kg 时,按每千克 0.15 元收费;当重量超过 50 kg 时,超过部分按每千克 0.25 元收费,试建立行李收费与行李重量之间的函数关系.

解　设行李重量为 x,收费为 y.根据题意,可列出函数关系如下:

$$y=\begin{cases}0.15x, & 0<x\leqslant 50 \\ 7.5+0.25(x-50), & x>50\end{cases}$$

这里行李重量 x 和收费 y 之间的函数关系是用分段函数表示的,定义域为 $(0,+\infty)$.

习题 1-1

1. 设 $f(x)=|x-3|+|x-1|$,求 $f(0),f(1),f(2),f(3),f(-1)$ 和 $f(-2)$.

2. 设 $f(x)=\begin{cases}|\sin x|, & |x|<\dfrac{\pi}{3} \\ 0, & |x|\geqslant\dfrac{\pi}{3}\end{cases}$,求 $f\left(\dfrac{\pi}{6}\right),f\left(\dfrac{\pi}{4}\right),f\left(-\dfrac{\pi}{4}\right)$ 和 $f(-2)$.

3. 下列各题中,函数是否相同? 为什么?

(1) $f(x)=\ln x^2,g(x)=2\ln x$

(2) $f(x)=\ln x^3,g(x)=3\ln x$

(3) $y=2x+1,x=2y+1$

(4) $f(x)=\ln\dfrac{x+1}{x^2+1},g(x)=\ln(x+1)-\ln(x^2+1)$

4. 求下列函数的定义域:

(1) $y=\dfrac{1}{x}+\sqrt{4-x^2}$　　　(2) $y=\dfrac{1}{x^2+3x+2}$　　　(3) $y=\arcsin\dfrac{x-1}{2}$

(4) $y=\sqrt{3-x}+\arctan\dfrac{1}{x}$　　(5) $y=\dfrac{\ln(3-x)}{\sqrt{|x|-1}}$　　(6) $y=\log_{x-1}(16-x^2)$

5. 设下面所考虑的函数都是定义在区间 $(-a,a)$ 内的,证明

(1) 两个偶函数的和是偶函数,两个奇函数的和是奇函数.

(2) 两个偶函数的积是偶函数,两个奇函数的积是偶函数,偶函数与奇函数的积是奇函数.

6. 下列函数哪些是偶函数? 哪些是奇函数? 哪些是非奇非偶函数?

(1) $y=2x-3x^2$　　　　(2) $y=\tan x-\sec x+1$　　(3) $y=\sin(\sin x)$

(4) $y=x(x-2)(x+2)$　(5) $y=\dfrac{e^x+e^{-x}}{2}$　　　(6) $y=x\dfrac{e^x-1}{e^x+1}$

(7) $y=|x\cos x|e^{\cos x}$　　(8) $y=\dfrac{\cos x}{\sqrt{1-x^2}}$　　　(9) $y=\ln(x+\sqrt{1+x^2})$

7. 求下列函数的反函数(不用求反函数的定义域):

(1) $y=\sqrt[3]{x^2+1}$　　　(2) $y=\dfrac{2^x}{2^x+1}$　　　(3) $y=\dfrac{x-1}{x+1}$

(4) $y=1+\ln(x+2)$　　(5) $y=2\tan 3x$

8. 设 $f(x)=\dfrac{x}{1-x}$，求 $f(f(x))$，$f(f(f(x)))$.

9. 设 $f(x)=\dfrac{ax+b}{cx-a}$，且 $a^2+bc\neq 0$，证明 $f(f(x))=x$　$\left(x\neq\dfrac{a}{c}\right)$.

10. 指出下列各函数是由哪些基本初等函数复合而成的：

(1) $y=(\tan\sqrt{1-x^2})^2$　　(2) $y=\arcsin[\ln(1-\dfrac{1}{x})]$　　(3) $y=\sin e^{\sin^2 x}$

11. 设 $f(x)=\sin x$，$f(\varphi(x))=1-x^2$，求 $\varphi(x)$ 及其定义域.

12. 设 $f(x)=\begin{cases}2,&|x|\leqslant 2\\1,&|x|>2\end{cases}$，求 $f(f(x))$.

13. 一下水道的截面形状是在矩形的上面加一个半圆形，截面的面积为 A(常数)，设其周长为 l，底宽为 x. 试建立 l 与 x 的函数关系式.

14. 收音机每台售价为 90 元，成本为 60 元. 厂方为了鼓励销售商大量采购，决定凡是订购量超过 10 台的，每多订一台，售价就降低 0.1 元，但最低为每台 75 元.

(1)将每台的实际售价 p 表示为订购量 x 的函数；

(2)将厂方所获得的利润 L 表示为订购量 x 的函数；

(3)某一商行订购了 100 台，厂方可获利多少？

1.2　极限的定义和性质

极限是研究变量变化趋势的基本工具，极限的方法是数学研究中最重要的一种方法. 高等数学中许多重要概念，如连续、导数、积分等都是以极限为基础的. 本节首先介绍极限的概念和性质，然后介绍极限的运算法则、极限存在的判定准则、极限与无穷小量的关系等.

1.2.1　极限的定义

一般来说，函数 $y=f(x)$ 中的自变量 x 在其定义域中取不同值时，函数值 $y=f(x)$ 也随之发生变化. 函数极限就是研究在自变量的某种变化过程中函数值的变化趋势.

考察函数 $y=\dfrac{1}{x-1}$ 的情况. 函数的图形如图 1-20 所示，从图中不难看出，当 x 分别趋近于 2、1 和 ∞ 时，函数值的变化趋势是不同的. 当 x 趋近于 2 时，函数值将无限趋近于 1，也就是说，当 $x\to 2$ 时，$\left|\dfrac{1}{x-1}-1\right|$ 将无限变小趋近于 0；而当 x 分

别从 1 的左侧或从右侧趋近于 1 时,函数值分
别趋近于 $-\infty$ 或 $+\infty$.若 $|x|$ 无限增大,则函
数值无限趋近于 0.

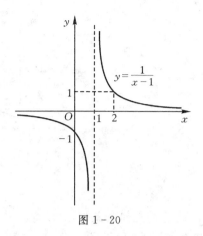

从以上讨论可知,在考察函数的极限时,
函数的极限与自变量的变化趋势紧密相关,自
变量的变化过程不同,函数值的变化趋势也不
同.下面分两种情况进行讨论:

(1)自变量趋近于无穷大时函数的极限;

(2)自变量 x 趋近于某一有限值时函数
的极限.

图 1 - 20

1. 自变量趋近于无穷大时函数的极限

自变量 x 趋近于无穷大可分为三种情
形:

(1) x 趋近于正无穷大,记作 $x \to +\infty$,表示 $x > 0$ 且 x 无限增大的过程;

(2) x 趋近于负无穷大,记作 $x \to -\infty$,表示 $x < 0$ 且 $|x|$ 无限增大的过程;

(3) x 趋近于无穷大,记作 $x \to \infty$,表示 $|x|$ 无限增大的过程.

定义 1.4　设函数 $f(x)$ 在区间 $[a, +\infty)$ 上有定义,若有一个常数 A,当
$x \to +\infty$ 时,函数值 $f(x)$ 无限趋近于 A,即 $|f(x) - A|$ 无限趋近于零,则称 A 为
$x \to +\infty$ **时函数 $f(x)$ 的极限**,或称当 $x \to +\infty$ 时 $f(x)$ **收敛**于 A,记作

$$\lim_{x \to +\infty} f(x) = A \quad \text{或} \quad f(x) \to A \quad (x \to +\infty)$$

若不存在这样的常数 A,则称当 $x \to +\infty$ 时 $f(x)$ **发散**.

例 1.9　证明　$\displaystyle\lim_{x \to +\infty} \frac{3x^3 - 4x}{x^3} = 3.$

证　注意到

$$\left| \frac{3x^3 - 4x}{x^3} - 3 \right| = \left| \frac{-4x}{x^3} \right| = \frac{4}{x^2}$$

当 $x \to +\infty$ 时,$\dfrac{4}{x^2}$ 无限趋近于零,因此由定义可知,$\displaystyle\lim_{x \to +\infty} \frac{3x^3 - 4x}{x^3} = 3$.

此极限的严格数学定义如下:

*定义 1.4 - 1　设函数 $f(x)$ 在区间 $[a, +\infty)$ 上有定义,如果对于任意给定的
正数 ε(无论它有多么小),总存在一个正数 X,使得对满足不等式 $x > X$ 的一切 x,
总有 $|f(x) - A| < \varepsilon$ 成立,则常数 A 称为函数 $f(x)$ 当 $x \to +\infty$ 时的极限,记为

$$\lim_{x \to +\infty} f(x) = A \quad \text{或} \quad f(x) \to A \quad (x \to +\infty)$$

这个定义称为**函数极限的 ε - X 定义**.

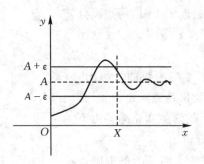

图 1 - 21

它的几何意义是:对任意给定的 $\varepsilon>0$,作直线 $y=A-\varepsilon$ 和 $y=A+\varepsilon$,总有一个正数 X 存在,使得当 $x>X$ 时,函数 $y=f(x)$ 的图形位于这两条直线之间(图 1-21). 这里的 ε 刻画了 $f(x)$ 与 A 的接近程度,而 $x>X$ 则刻画了 x 足够大的程度. 曲线 $y=f(x)$ 随着 x 的无限增大而无限趋近于直线 $y=A$,趋近的方式可以从直线 $y=A$ 的上侧,也可以从它的下侧,还可以从上下两侧交替趋近.

与定义 1.4 类似,还可以引入当 $x\rightarrow-\infty$ 和 $x\rightarrow\infty$ 时函数 $f(x)$ 极限的定义,请读者自行完成.

由于数列 $\{x_n\}$ 可看成自变量为正整数 n 的函数 $x_n=f(n)$,所以数列极限可看作函数 $y=f(x)$ 当自变量 x 取正整数且无限增大时的极限,即可以看成当 $x\rightarrow+\infty$ 时函数极限的特殊情况. 数列极限的严格数学定义如下:

定义 1.4 - 2 设 $\{x_n\}$ 为一数列,若有一个常数 A,对于任意给定的正数 $\varepsilon>0$(无论它多么小),总存在正整数 N,使得对于 $n>N$ 时的一切 x_n,不等式 $|x_n-A|<\varepsilon$ 都成立,则称常数 A **为数列** $\{x_n\}$ **的极限**,或称**数列** $\{x_n\}$ **收敛于** A,记为

$$\lim_{n\rightarrow\infty}x_n=A \quad \text{或} \quad x_n\rightarrow A \quad (n\rightarrow\infty)$$

这个定义称为**数列极限的** $\varepsilon-N$ **定义**. 定义 1.4 - 2 的几何解释是:

将常数 A 和数列 $x_1,x_2,\cdots,x_n,\cdots$ 在数轴上表示出来,并在数轴上作点 A 的 ε 邻域 $(A-\varepsilon,A+\varepsilon)$. 则数列 $\{x_n\}$ 中从第 $N+1$ 项后的点 $x_{N+1},x_{N+2},\cdots$ 都落在开区间 $(A-\varepsilon,A+\varepsilon)$,即 A 的 ε 邻域内(图 1-22).

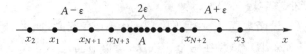

图 1 - 22

2. 自变量趋近于有限值时函数的极限

考察函数 $f(x)=\dfrac{x^2-4}{x-2}$ 当 $x\to2$ 时的变化趋势. 显然, 函数 $f(x)$ 的定义域是 $x\neq2$ 的所有实数. 由于

$$|f(x)-4|=\left|\frac{x^2-4}{x-2}-4\right|=|(x+2)-4|=|x-2|$$

则当 x 无限趋近于 2 时, $|f(x)-4|=|x-2|$ 无限趋近于零, 即 $x\to2$ 时 $f(x)$ 无限趋近于 4.

定义 1.5　设函数 $f(x)$ 在点 x_0 的某一去心邻域内有定义, 若 $x\to x_0$ 时, $f(x)$ 无限趋近于某一常数 A, 即 $|f(x)-A|$ 无限趋近于零, 则称 A 为 $x\to x_0$ 时 $f(x)$ 的**极限**, 或者说, 当 $x\to x_0$ 时 $f(x)$ **收敛**于 A, 记作

$$\lim_{x\to x_0}f(x)=A \quad 或 \quad f(x)\to A \quad (x\to x_0)$$

若不存在这样的常数 A, 则称当 $x\to x_0$ 时 $f(x)$ **发散**.

注　在讨论函数当 $x\to x_0$ 的极限时只关心当 x 无限趋近于 x_0 时函数有没有极限, 并不要求 $f(x)$ 在点 x_0 处必须有定义. 因此, 在以上定义中, 只要求函数 $f(x)$ 在点 x_0 的某一去心邻域内有定义.

下面给出 $x\to x_0$ 时**函数 $f(x)$ 极限的 ε-δ 定义**.

*定义 1.5-1　设函数 $f(x)$ 在点 x_0 的某一去心邻域内有定义, 如果对于任意给定的正数 ε(无论它多么小), 总存在正数 δ, 使得对于满足不等式 $0<|x-x_0|<\delta$ 的所有 x, 都有 $|f(x)-A|<\varepsilon$, 则称常数 A 为函数 $f(x)$ 当 $x\to x_0$ 时的**极限**, 记为

$$\lim_{x\to x_0}f(x)=A \quad 或 \quad f(x)\to A \quad (x\to x_0)$$

这个定义的几何解释是, 任意给定正数 ε, 作两条平行直线 $y=A-\varepsilon$ 和 $y=A+\varepsilon$, 总能找到 x_0 的一个去心 δ 邻域 $(x_0-\delta,x_0+\delta)$, 使曲线 $y=f(x)$ 在该邻域内的部分完全落在两条直线之间(图 1-23).

例 1.10　证明 $\lim\limits_{x\to1}(3x-2)=1$.

证　由于 $|(3x-2)-1|=3|x-1|$, 对于任意给定的 $\varepsilon>0$, 为使 $3|x-1|<\varepsilon$, 即 $|x-1|<\dfrac{\varepsilon}{3}$, 只需选择 $\delta=\dfrac{\varepsilon}{3}$, 则当 x 满足 $0<|x-1|<\delta$ 时, 就有 $|(3x-2)-1|<\varepsilon$, 所以　　　　　$\lim\limits_{x\to1}(3x-2)=1$

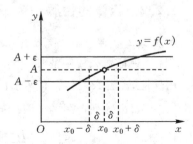

图 1-23

3. 左、右极限

定义 1.5 给出了函数 $f(x)$ 当 $x \to x_0$ 时极限的定义,其中 x 是以任意方式趋近于 x_0 的. 但有时只须考察 x 从 x_0 的左侧(或右侧)趋近于 x_0 时函数 $f(x)$ 的变化趋势. 因此,就需要讨论 x 分别从左、右两侧趋近于 x_0 时 $f(x)$ 的极限.

定义 1.6 如果函数 $f(x)$ 的自变量 x 从 x_0 的左侧(即小于 x_0 的一侧)趋近于 x_0 时 $f(x)$ 收敛于 A,则称 A 为函数 $f(x)$ 当 $x \to x_0$ 时的**左极限**,记为

$$\lim_{x \to x_0^-} f(x) = A \quad \text{或} \quad f(x_0 - 0) = A$$

如果函数 $f(x)$ 的自变量 x 从 x_0 的右侧(即大于 x_0 的一侧)趋近于 x_0 时 $f(x)$ 收敛于 A,则称 A 为函数 $f(x)$ 当 $x \to x_0$ 时的**右极限**,记为

$$\lim_{x \to x_0^+} f(x) = A \quad \text{或} \quad f(x_0 + 0) = A$$

考察 $x \to x_0$ 时函数 $f(x)$ 极限的定义以及左、右极限的定义,不难证明下面的定理.

定理 1.1 $\lim\limits_{x \to x_0} f(x) = A$ 的充分必要条件是 $\lim\limits_{x \to x_0^-} f(x) = \lim\limits_{x \to x_0^+} f(x) = A$.

这个定理的结论经常用于判断一个函数的极限是否存在. 若函数的左、右极限都存在但是不相等,则该函数的极限不存在.

例 1.11 判断当 $x \to 0$ 时,函数 $f(x) = \dfrac{|x|}{x}$ 的极限是否存在?

解 注意到当 $x < 0$ 时,$|x| = -x$;　$x > 0$ 时,$|x| = x$,所以

$$\lim_{x \to 0^-} f(x) = \lim_{x \to 0^-} \frac{-x}{x} = -1, \quad \lim_{x \to 0^+} f(x) = \lim_{x \to 0^+} \frac{x}{x} = 1$$

由于

$$\lim_{x \to 0^-} f(x) \neq \lim_{x \to 0^+} f(x)$$

由定理 1.1 知,　$\lim\limits_{x \to 0} \dfrac{|x|}{x}$ 不存在.

1.2.2 极限的性质

定理 1.2 (唯一性) 若极限 $\lim f(x)$ 存在,则极限必定唯一.

*证 只证数列极限的唯一性.

用反证法. 若数列 $\{x_n\}$ 有两个极限:$\lim\limits_{n \to \infty} x_n = A$ 和 $\lim\limits_{n \to \infty} x_n = B$,不妨设 $A < B$. 因为 $\lim\limits_{n \to \infty} x_n = A$,由数列极限的 ε-N 定义,对任意给定的 $\varepsilon > 0$,故必存在 N_1,当 $n > N_1$ 时,$|x_n - A| < \varepsilon$,这里取 $\varepsilon = \dfrac{B-A}{2}$,因而有

$$x_n < A + \frac{B-A}{2} = \frac{A+B}{2} \tag{1.1}$$

同理,对 $\lim\limits_{n\to\infty}x_n=B$,必存在 N_2,当 $n>N_2$ 时,$|x_n-B|<\dfrac{B-A}{2}$,因而有

$$x_n>B-\frac{B-A}{2}=\frac{A+B}{2} \tag{1.2}$$

令 $N=\max\{N_1,N_2\}$,当 $n>N$ 时(即 $n>N_1$ 及 $n>N_2$),式(1.1)和(1.2)同时成立,但这是不可能的,这个矛盾就证明了定理.

对于函数极限的唯一性也可类似地加以证明.读者不妨从几何的角度说明其正确性.

定理 1.3　(局部保号性)　设 $\lim\limits_{x\to x_0}f(x)=A$,则

(1) 若 $A>0$(或 $A<0$),那么一定存在点 x_0 的某一去心邻域,当 x 在此邻域内时,有 $f(x)>0$(或 $f(x)<0$);

(2) 若在点 x_0 的某一去心邻域内有 $f(x)\geqslant0$(或 $f(x)\leqslant0$),那么必有 $A\geqslant0$(或 $A\leqslant0$).

＊证　(1) 设 $A>0$.由于 $\lim\limits_{x\to x_0}f(x)=A$,根据极限的定义,对于任取的正数 ε,则必存在一个正数 δ,使得当 $0<|x-x_0|<\delta$ 时,$|f(x)-A|<\varepsilon$ 成立.

不妨取 $\varepsilon=\dfrac{A}{2}$,则一定存在点 x_0 的去心邻域 $\mathring{U}(x_0,\delta)=\{x\,|\,0<|x-x_0|<\delta\}$,使得当 $x\in\mathring{U}(x_0,\delta)$ 时,$|f(x)-A|<\dfrac{A}{2}$ 成立,即 $A-\dfrac{A}{2}<f(x)<A+\dfrac{A}{2}$,因此 $f(x)>\dfrac{A}{2}>0$.

类似地,可以证明 $A<0$ 的情况(此时可取 $\varepsilon=\dfrac{|A|}{2}$).

(2) 可用反证法证明,请读者自行完成.

习题 1－2

1. 用极限的定义证明

(1) $\lim\limits_{x\to1}\dfrac{x^2+x-2}{x-1}=3$　　(2) $\lim\limits_{x\to\infty}\dfrac{1+x^4}{2x^4}=\dfrac{1}{2}$　　(3) $\lim\limits_{n\to\infty}\dfrac{2n-1}{4n+3}=\dfrac{1}{2}$

2. 设 $f(x)=\begin{cases}x+1,&x<3\\x^2-1,&x\geqslant3\end{cases}$,讨论当 $x\to3$ 时,$f(x)$ 的左、右极限.

3. 设 $f(x)=\dfrac{|x-2|}{x-2}$,求 $\lim\limits_{x\to2^-}f(x)$ 及 $\lim\limits_{x\to2^+}f(x)$,并说明 $\lim\limits_{x\to2}f(x)$ 是否存在?

4. 设 $f(x)=\begin{cases}x^2+1,&x\geqslant3\\3x+1,&x<3\end{cases}$,求 $\lim\limits_{x\to3^-}f(x)$,$\lim\limits_{x\to3^+}f(x)$ 和 $\lim\limits_{x\to3}f(x)$.

5. 判断极限 $\lim\limits_{x\to\infty}e^{\frac{1}{x}}$,$\lim\limits_{x\to0^+}e^{\frac{1}{x}}$,$\lim\limits_{x\to0^-}e^{\frac{1}{x}}$ 和 $\lim\limits_{x\to0}e^{\frac{1}{x}}$ 的存在性.

1.3　极限的运算

1.3.1　极限的运算法则

一般来说,利用极限的定义只能验证某些简单函数的极限,当函数比较复杂时,则需用到极限的运算法则.

定理 1.4(四则运算法则) 若 $\lim f(x)=A$, $\lim g(x)=B$,则 $f(x)\pm g(x)$、$f(x)\cdot g(x)$ 及 $\dfrac{f(x)}{g(x)}$ （$B\neq 0$）的极限均存在,且

(1) $\lim[f(x)\pm g(x)]=\lim f(x)\pm\lim g(x)=A\pm B$;

(2) $\lim[f(x)\cdot g(x)]=\lim f(x)\cdot\lim g(x)=AB$;

(3) $\lim\dfrac{f(x)}{g(x)}=\dfrac{\lim f(x)}{\lim g(x)}=\dfrac{A}{B}$ （$B\neq 0$）.

在定理 1.4 的叙述中,极限记号"lim"下面没有标明自变量的变化过程,是指对于 $x\to x_0$ 或 $x\to\infty$ 以及单侧极限都适用.作为函数的特例,定理 1.4 对数列的极限也成立.即

若数列 x_n、y_n 分别收敛于 A 和 B,那么函数数列 $x_n\pm y_n$、$x_n\cdot y_n$ 和 $\dfrac{x_n}{y_n}$ 都收敛,并且分别收敛于 $A+B$、$A\cdot B$ 和 $\dfrac{A}{B}$ （$B\neq 0$）.

由定理 1.4 不难推证,若 $\lim f(x)=A$,则

(1) $\lim Cf(x)=C\lim f(x)=C\cdot A$ （C 为常数）;

(2) $\lim[f(x)]^n=[\lim f(x)]^n=A^n$ （n 为正整数）.

还可以进一步证明,由若干个极限存在的函数经过有限次四则运算(极限为零的函数不能作分母)所得到的函数的极限也一定存在,并且它的极限值就是对这些函数的极限所作的对应的四则运算所得到的值.简言之,极限运算与有限次四则运算可以交换先后次序.

上述的定理和结论为求比较复杂函数的极限提供了很大的方便.

例 1.12 求极限 $\lim\limits_{x\to 2}(4x^2+2x-3)$.

解 利用定理 1.4,有
$$\lim_{x\to 2}(4x^2+2x-3)=\lim_{x\to 2}(4x^2)+\lim_{x\to 2}(2x)-\lim_{x\to 2}3$$
$$=4\lim_{x\to 2}(x^2)+2\lim_{x\to 2}x-\lim_{x\to 2}3=4\times 2^2+2\times 2-3=17$$

例 1.13 求极限 $\lim\limits_{x\to 1}\dfrac{3x^3-x+2}{2x^2-3x+6}$.

解　欲求有理分式函数的极限,先要验证其分母的极限是否为零. 因为

$$\lim_{x \to 1}(2x^2 - 3x + 6) = 2 \times 1 - 3 \times 1 + 6 = 5$$

其分母的极限不为零,于是可以利用四则运算的极限公式,

$$\lim_{x \to 1}\frac{3x^3 - x + 2}{2x^2 - 3x + 6} = \frac{\lim\limits_{x \to 1}(3x^3 - x + 2)}{\lim\limits_{x \to 1}(2x^2 - 3x + 6)}$$

$$= \frac{3\lim\limits_{x \to 1}x^3 - \lim\limits_{x \to 1}x + \lim\limits_{x \to 1}2}{2\lim\limits_{x \to 1}x^2 - 3\lim\limits_{x \to 1}x + \lim\limits_{x \to 1}6} = \frac{3 \times 1^3 - 1 + 2}{2 \times 1^2 - 3 \times 1 + 6} = \frac{4}{5}$$

上面两个例子分别是求当 $x \to x_0$ 时多项式函数和有理分式函数的极限,由此可推广出下列结论:

(1) 设 $f(x) = a_0 x^n + a_1 x^{n-1} + \cdots + a_n$,则

$$\lim_{x \to x_0}f(x) = a_0 x_0^n + a_1 x_0^{n-1} + \cdots + a_n = f(x_0)$$

(2) 设有理分式函数 $f(x) = \dfrac{P(x)}{Q(x)}$,且 $\lim\limits_{x \to x_0}Q(x) = Q(x_0) \neq 0$,则

$$\lim_{x \to x_0}\frac{P(x)}{Q(x)} = \frac{P(x_0)}{Q(x_0)} = f(x_0)$$

若 $Q(x_0) = 0$,或极限 $\lim\limits_{x \to x_0}Q(x)$ 不存在,极限的运算法则不能直接应用,此类情况比较复杂,需要根据函数的特点进行必要的预处理.

例 1.14　求极限 $\lim\limits_{x \to 1}\dfrac{x^2 - 1}{x^2 + 2x - 3}$.

解　当 $x \to 1$ 时,分子、分母的极限均为零. 因该分式的分子、分母中均包含因子 $(x-1)$,且 $\lim\limits_{x \to 1}(x-1) = 0$,不能直接应用除法法则,但在 $x \to 1$ 的过程中 $x \neq 1$,即 $x - 1 \neq 0$,于是可先将分子、分母分解因式,约去不为零的公因子后再求极限,得

$$\lim_{x \to 1}\frac{x^2 - 1}{x^2 + 2x - 3} = \lim_{x \to 1}\frac{(x-1)(x+1)}{(x-1)(x+3)} = \lim_{x \to 1}\frac{x+1}{x+3} = \frac{1}{2}$$

例 1.15　求极限 $\lim\limits_{x \to \infty}\dfrac{3x - 2}{x^2 + 2x - 3}$.

解　当 $x \to \infty$ 时,分别考察分子和分母,它们均趋近于 ∞,所以无法直接使用极限的四则运算法则. 但是若将分子分母同时除以 x^2,则有

$$\frac{3x - 2}{x^2 + 2x - 3} = \frac{\dfrac{3}{x} - \dfrac{2}{x^2}}{1 + \dfrac{2}{x} - \dfrac{3}{x^2}}$$

这时分子和分母的极限都存在,且分母的极限不等于 0,因而可以直接使用极限的四则运算法则,得

$$\lim_{x\to\infty}\frac{3x-2}{x^2+2x-3}=\lim_{x\to\infty}\frac{\dfrac{3}{x}-\dfrac{2}{x^2}}{1+\dfrac{2}{x}-\dfrac{3}{x^2}}=\frac{\lim\limits_{x\to\infty}\dfrac{3}{x}-\lim\limits_{x\to\infty}\dfrac{2}{x^2}}{\lim\limits_{x\to\infty}1+\lim\limits_{x\to\infty}\dfrac{2}{x}-\lim\limits_{x\to\infty}\dfrac{3}{x^2}}=0$$

例 1.16　求极限 $\lim\limits_{x\to\infty}\dfrac{2x^4-4x^3+9}{3x^4+6x^2-x}$.

解　当 $x\to\infty$ 时,分子和分母均趋近于 ∞,无法使用极限的四则运算法则.注意到分子与分母的最高次幂均为 4,可将分子,分母同时除以 x^4,则有

$$\lim_{x\to\infty}\frac{2x^4-4x^3+9}{3x^4+6x^2-x}=\lim_{x\to\infty}\frac{2-\dfrac{4}{x}+\dfrac{9}{x^4}}{3+\dfrac{6}{x^2}-\dfrac{1}{x^3}}=\frac{\lim\limits_{x\to\infty}\left(2-\dfrac{4}{x}+\dfrac{9}{x^4}\right)}{\lim\limits_{x\to\infty}\left(3+\dfrac{6}{x^2}-\dfrac{1}{x^3}\right)}=\frac{2}{3}$$

一般有以下结论:当 $a_0\neq0,b_0\neq0$,且 m、n 均为非负整数时,有

$$\lim_{x\to\infty}\frac{a_0x^n+a_1x^{n-1}+\cdots+a_{n-1}x+a_n}{b_0x^m+b_1x^{m-1}+\cdots+b_{m-1}x+b_m}=\begin{cases}0,&n<m\\[2mm]\dfrac{a_0}{b_0},&n=m\\[2mm]\infty,&n>m\end{cases}$$

例 1.17　设数列的通项为 $x_n=\dfrac{4n^2+3}{2n^2+n-5}$,求 $n\to\infty$ 时的极限.

解　本题类型与例 1.16 相同,可以仿照例 1.16 的解法进行求解.

$$\lim_{n\to\infty}x_n=\lim_{n\to\infty}\frac{4+3\left(\dfrac{1}{n}\right)^2}{2+\left(\dfrac{1}{n}\right)-5\left(\dfrac{1}{n}\right)^2}$$

$$=\frac{\lim\limits_{n\to\infty}4+\lim\limits_{n\to\infty}3\left(\dfrac{1}{n}\right)^2}{\lim\limits_{n\to\infty}2+\lim\limits_{n\to\infty}\left(\dfrac{1}{n}\right)-\lim\limits_{n\to\infty}5\cdot\lim\limits_{n\to\infty}\left(\dfrac{1}{n}\right)^2}=\frac{4+0}{2+0-5\times0}=2$$

例 1.18　求极限 $\lim\limits_{n\to\infty}\left(\dfrac{1}{n^2}+\dfrac{2}{n^2}+\dfrac{3}{n^2}+\cdots+\dfrac{n}{n^2}\right)$.

解　当 $n\to\infty$ 时,x_n 中的每一项的极限都是零,但由于它不是有限项之和,所以不能用数列极限的四则运算法则求此极限,需要对其进行必要的处理.由于

$$\frac{1}{n^2}+\frac{2}{n^2}+\frac{3}{n^2}+\cdots+\frac{n}{n^2}=\frac{1}{n^2}(1+2+3+\cdots+n)$$

$$=\frac{1}{n^2}\cdot\frac{n(n+1)}{2}=\frac{n+1}{2n}$$

所以　　　　$\lim\limits_{n\to\infty}\left(\dfrac{1}{n^2}+\dfrac{2}{n^2}+\dfrac{3}{n^2}+\cdots+\dfrac{n}{n^2}\right)=\lim\limits_{n\to\infty}\dfrac{n+1}{2n}=\lim\limits_{n\to\infty}\dfrac{1+\dfrac{1}{n}}{2}=\dfrac{1}{2}$

例 1.19　求极限 $\lim\limits_{x\to\infty}\dfrac{\sqrt[4]{16x^4-4x^3+9}}{3x+2}$.

解　当 $x\to\infty$ 时,分子和分母均趋近于 ∞,可将分子分母同除以分母中自变量的最高次幂,得

$$\lim_{x\to\infty}\frac{\sqrt[4]{16x^4-4x^3+9}}{3x+2}=\lim_{x\to\infty}\frac{\sqrt[4]{16-\dfrac{4}{x}+\dfrac{9}{x^4}}}{3+\dfrac{2}{x}}=\frac{2}{3}$$

例 1.20　求极限 $\lim\limits_{x\to4}\dfrac{\sqrt{2x+1}-3}{x-4}$.

解　当 $x\to4$ 时,分子、分母的极限均为零,也不能直接应用极限的四则运算法则,为求此极限,可先将分子有理化,得

$$\lim_{x\to4}\frac{\sqrt{2x+1}-3}{x-4}=\lim_{x\to4}\frac{(\sqrt{2x+1}-3)(\sqrt{2x+1}+3)}{(x-4)(\sqrt{2x+1}+3)}$$
$$=\lim_{x\to4}\frac{2(x-4)}{(x-4)(\sqrt{2x+1}+3)}=\lim_{x\to4}\frac{2}{\sqrt{2x+1}+3}=\frac{1}{3}$$

1.3.2　极限判别准则与两个重要极限

在进一步研究其他形式的函数极限时,有两个极限显得特别基本和重要. 因为利用它们可以求得更多类型的极限.

下面将在介绍极限存在的两个判别准则的基础上,分别给出两个重要极限.

1. $\lim\limits_{x\to0}\dfrac{\sin x}{x}=1$

为了推证这个重要极限,首先介绍极限的夹逼准则.

定理 1.5(夹逼准则)　设在同一变化过程中的三个函数 $f(x)$、$g(x)$、$h(x)$ 满足不等式 $g(x)\leqslant f(x)\leqslant h(x)$,且 $\lim g(x)=\lim h(x)=A$,则函数 $f(x)$ 的极限存在,且 $\lim f(x)=A$.

定理 1.5 的证明从略,读者不难从直观的角度加以理解.

例 1.21　求 $\lim\limits_{x\to0}x\sin\dfrac{1}{x}$.

解　注意到 $\left|\sin\dfrac{1}{x}\right|\leqslant1$,则知 $x\neq0$ 时, 有 $-|x|\leqslant\left|x\sin\dfrac{1}{x}\right|\leqslant|x|$,由于 $\lim\limits_{x\to0}|x|=0$,所以根据定理 1.5 有 $\lim\limits_{x\to0}x\sin\dfrac{1}{x}=0$.

下面利用定理 1.5 来讨论当 $x\to0$ 时函数 $\dfrac{\sin x}{x}$ 的极限. 由于 $\dfrac{\sin x}{x}$ 是偶函数,故

只需讨论 $x \to 0^+$ 的情况.

作一个单位圆,其圆心为 O,圆心角 $\angle AOB = x$,如图 1-24 所示. 由于取极限过程为 $x \to 0$,不妨设 $0 < x < \dfrac{\pi}{2}$,过 A 点作圆的切线与 OB 的延长线交于点 D,过 B 作 OA 的垂线,垂足为 C. 由图可见,$\triangle AOB$ 的面积为 $S_{\triangle AOB} = \dfrac{1}{2}\sin x$,扇形 AOB 的面积为 $S_{扇形 AOB} = \dfrac{1}{2}x$,$\triangle AOD$ 的面积为 $S_{\triangle AOD} = \dfrac{1}{2}\tan x$,比较三块面积可得不等式

$$\sin x < x < \tan x$$

各边同时除以 $\sin x$,得

$$1 < \frac{x}{\sin x} < \frac{1}{\cos x} \tag{1.3}$$

为了对上式应用极限的夹逼准则,需要证明 $\lim\limits_{x \to 0}\cos x = 1$.

事实上,当 $0 \leqslant |x| \leqslant \dfrac{\pi}{2}$ 时,有

$$0 < |\cos x - 1| = 1 - \cos x = 2\sin^2 \frac{x}{2} < 2\left(\frac{x}{2}\right)^2 = \frac{x^2}{2}$$

即

$$0 < 1 - \cos x < \frac{x^2}{2}$$

当 $x \to 0$ 时,$\dfrac{x^2}{2} \to 0$,由夹逼准则,$\lim\limits_{x \to 0}(1 - \cos x) = 0$,所以

$$\lim_{x \to 0}\cos x = 1$$

根据不等式(1.3)和夹逼准则,得 $\lim\limits_{x \to 0}\dfrac{\sin x}{x} = 1$.

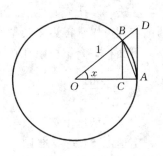

图 1-24

例 1.22　求 $\lim\limits_{x \to 0}\dfrac{\tan x}{x}$.

解　$\lim\limits_{x \to 0}\dfrac{\tan x}{x} = \lim\limits_{x \to 0}\dfrac{\sin x}{x\cos x} = \lim\limits_{x \to 0}\left(\dfrac{\sin x}{x} \cdot \dfrac{1}{\cos x}\right)$

$\qquad = \left(\lim\limits_{x \to 0}\dfrac{\sin x}{x}\right) \cdot \left(\lim\limits_{x \to 0}\dfrac{1}{\cos x}\right) = 1 \times 1 = 1$

例 1.23　求 $\lim\limits_{x \to 0}\dfrac{x - \sin x}{x + \sin x}$.

解　将分式的分子、分母同时除以 x,得

$$\lim_{x\to 0}\frac{x-\sin x}{x+\sin x}=\lim_{x\to 0}\frac{1-\dfrac{\sin x}{x}}{1+\dfrac{\sin x}{x}}=\frac{1-1}{1+1}=0$$

例 1.24　求 $\lim\limits_{x\to 0}\dfrac{1-\cos x}{x^{2}}$.

解　由三角函数的倍角公式：$1-\cos x=2\sin^{2}\dfrac{x}{2}$, 故

$$\lim_{x\to 0}\frac{1-\cos x}{x^{2}}=\lim_{x\to 0}\frac{2\sin^{2}\dfrac{x}{2}}{x^{2}}=\frac{1}{2}\lim_{x\to 0}\frac{\left(\sin\dfrac{x}{2}\right)^{2}}{\left(\dfrac{x}{2}\right)^{2}}=\frac{1}{2}\lim_{x\to 0}\left(\frac{\sin\dfrac{x}{2}}{\dfrac{x}{2}}\right)^{2}=\frac{1}{2}\times 1^{2}=\frac{1}{2}$$

例 1.25　求 $\lim\limits_{x\to 0}\dfrac{\sqrt{2+\tan x}-\sqrt{2+\sin x}}{x^{3}}$.

解　将分子有理化，得

$$\lim_{x\to 0}\frac{\sqrt{2+\tan x}-\sqrt{2+\sin x}}{x^{3}}=\lim_{x\to 0}\frac{\tan x-\sin x}{x^{3}\left(\sqrt{2+\tan x}+\sqrt{2+\sin x}\right)}$$

$$=\lim_{x\to 0}\frac{\tan x(1-\cos x)}{x^{3}\left(\sqrt{2+\tan x}+\sqrt{2+\sin x}\right)}$$

$$=\lim_{x\to 0}\frac{\sin x}{x}\cdot\frac{1-\cos x}{x^{2}}\cdot\frac{1}{\cos x}\cdot\frac{1}{\sqrt{2+\tan x}+\sqrt{2+\sin x}}$$

$$=1\times\frac{1}{2}\times\frac{1}{2\sqrt{2}}=\frac{1}{4\sqrt{2}}$$

2. $\lim\limits_{x\to\infty}\left(1+\dfrac{1}{x}\right)^{x}=\mathrm{e}$　（或 $\lim\limits_{x\to 0}(1+x)^{\frac{1}{x}}=\mathrm{e}$）

首先介绍极限的单调有界准则.

定理 1.6（单调有界准则）　若函数 $f(x)$ 在区间 $[a,+\infty)$ 上单调增且有上界或者单调减且有下界，则 $\lim\limits_{x\to +\infty}f(x)$ 一定存在.（证明从略）

例如，当 $x\to +\infty$ 时，函数 $\dfrac{1}{x^{2}}$ 单调减少且有下界，故极限 $\lim\limits_{x\to +\infty}\dfrac{1}{x^{2}}$ 必存在，且易见极限值为 0. 再如当 $x\to +\infty$ 时，函数 $\arctan x$ 单调增加且有上界，极限 $\lim\limits_{x\to +\infty}\arctan x$ 也存在，极限值为 $\dfrac{\pi}{2}$.

对于数列极限，同样有与定理 1.6 类似的数列极限的单调有界准则.

现在来考察数列 $x_{n}=\left(1+\dfrac{1}{n}\right)^{n}$,$(n=1,2,\cdots)$ 的变化趋势. n 取不同值时，算

出 x_n 的值如下表:

n	1	2	3	4	5	6	7	8	9	10
x_n	2	2.25	2.37037	2.44141	2.48832	2.52163	2.54650	2.56578	2.58117	2.59374
n	20	50	100	200	512	1024	2048	4096	8192	⋯
x_n	2.65330	2.69159	2.70481	2.71151	2.71563	2.71696	2.71761	2.71795	2.71812	⋯

从表中的数据可以看出该数列 x_n 随着 n 的增大是单调增加的,且有 $x_n = \left(1+\dfrac{1}{n}\right)^n < 3$,即该数列有上界. 根据单调有界准则,数列 $\{x_n\}$ 的极限存在. 该数列的极限值通常用字母 e 表示,即

$$\lim_{n\to\infty}\left(1+\frac{1}{n}\right)^n = e$$

利用夹逼准则还可以证明,对一般的实数 x,仍有

$$\lim_{x\to\infty}\left(1+\frac{1}{x}\right)^x = e$$

数 e 在高等数学中是一个重要常数,它是一个无理数(无穷不循环小数):e＝2.718281828459045⋯. 在一些实际问题中,例如在研究镭的衰变、细胞的繁殖等问题时,都会遇到以 e 为底的指数函数或对数函数. 今后把以 e 为底的对数函数称为**自然对数**,并记为 $\log_e x = \ln x$.

若令 $t=\dfrac{1}{x}$,则当 $x\to\infty$ 时 $t\to0$,于是上面的极限可以改写为

$$\lim_{t\to0}(1+t)^{\frac{1}{t}} = e \quad \text{或} \quad \lim_{x\to0}(1+x)^{\frac{1}{x}} = e$$

例 1.26　求 $\lim\limits_{x\to\infty}\left(1+\dfrac{1}{x}\right)^{-x}$.

解　此函数的极限与第二个重要极限的形式很类似,可以经过变形化成第二个重要极限的形式,然后再求极限.

$$\lim_{x\to\infty}\left(1+\frac{1}{x}\right)^{-x} = \lim_{x\to\infty}\left[\left(1+\frac{1}{x}\right)^x\right]^{-1} = \left[\lim_{x\to\infty}\left(1+\frac{1}{x}\right)^x\right]^{-1} = e^{-1}$$

例 1.27　求函数极限 $\lim\limits_{x\to0}(1+x)^{1-\frac{2}{x}}$.

解　因为 $(1+x)^{1-\frac{2}{x}} = \dfrac{1+x}{(1+x)^{\frac{2}{x}}} = \dfrac{1+x}{[(1+x)^{\frac{1}{x}}]^2}$,

所以　　　　$\lim\limits_{x\to0}(1+x)^{1-\frac{2}{x}} = \lim\limits_{x\to0}\dfrac{1+x}{(1+x)^{\frac{2}{x}}} = \dfrac{\lim\limits_{x\to0}(1+x)}{\lim\limits_{x\to0}[(1+x)^{\frac{1}{x}}]^2} = \dfrac{1}{e^2}$

例 1.28　求 $\lim\limits_{x\to\infty}\left(1-\dfrac{3}{x}\right)^{2x}$.

解　为了应用第二个重要极限,可进行变量代换,令 $t=-\dfrac{3}{x}$,则当 $x\to\infty$ 时,
$t\to 0$,于是

$$\lim_{x\to\infty}\left(1-\frac{3}{x}\right)^{2x}=\lim_{t\to 0}(1+t)^{-\frac{6}{t}}=\lim_{t\to 0}\left[(1+t)^{\frac{1}{t}}\right]^{-6}$$

$$=\left[\lim_{t\to 0}(1+t)^{\frac{1}{t}}\right]^{-6}=\mathrm{e}^{-6}$$

例 1. 29　求 $\lim\limits_{x\to\infty}\left(\dfrac{x-4}{x+1}\right)^{x}$.

解　该极限经过适当的变形后可以应用第二个重要极限进行求解.

$$\lim_{x\to\infty}\left(\frac{x-4}{x+1}\right)^{x}=\lim_{x\to\infty}\left(\frac{1-\dfrac{4}{x}}{1+\dfrac{1}{x}}\right)^{x}=\lim_{x\to\infty}\frac{\left(1-\dfrac{4}{x}\right)^{x}}{\left(1+\dfrac{1}{x}\right)^{x}}=\frac{\lim\limits_{x\to\infty}\left(1-\dfrac{4}{x}\right)^{x}}{\lim\limits_{x\to\infty}\left(1+\dfrac{1}{x}\right)^{x}}$$

$$=\lim_{x\to\infty}\frac{\left[\left(1-\dfrac{4}{x}\right)^{-\frac{x}{4}}\right]^{-4}}{\left(1+\dfrac{1}{x}\right)^{x}}=\frac{\mathrm{e}^{-4}}{\mathrm{e}}=\mathrm{e}^{-5}$$

还可以利用变量代换的办法求解本例.

由于 $\left(\dfrac{x-4}{x+1}\right)^{x}=\left(1-\dfrac{5}{x+1}\right)^{x}$,可令 $t=-\dfrac{x+1}{5}$.具体求解过程请自行完成.

习题 1－3

1. 求下列函数和数列的极限:

(1) $\lim\limits_{x\to\sqrt{2}}\dfrac{x^{2}+3}{x^{2}-1}$

(2) $\lim\limits_{x\to-1}\dfrac{3x^{2}+2x+3}{x^{2}+1}$

(3) $\lim\limits_{x\to 4}\dfrac{x^{2}-6x+8}{x^{2}-5x+4}$

(4) $\lim\limits_{x\to 1}\dfrac{x^{2}-2x+1}{x^{3}-x}$

(5) $\lim\limits_{x\to\infty}\dfrac{x+1}{x^{4}+2x-1}$

(6) $\lim\limits_{x\to\infty}\dfrac{1+3x-3x^{3}}{1+2x^{2}+3x^{3}}$

(7) $\lim\limits_{x\to 1}\left(\dfrac{1}{1-x}-\dfrac{3}{1-x^{3}}\right)$

(8) $\lim\limits_{x\to\infty}\left(\dfrac{x^{3}}{2x^{2}-1}-\dfrac{x^{2}}{2x+1}\right)$

(9) $\lim\limits_{x\to 4}\dfrac{\sqrt{2x+1}-3}{\sqrt{x-2}-\sqrt{2}}$

(10) $\lim\limits_{x\to 1}\dfrac{x^{3}+2x}{(x-1)^{2}}$

(11) $\lim\limits_{x\to 1}\dfrac{\sqrt{5x-4}-\sqrt{x}}{x-1}$

(12) $\lim\limits_{x\to 1}\dfrac{\sqrt{2-x}-\sqrt{x}}{1-x}$

(13) $\lim\limits_{x\to+\infty}\dfrac{\sqrt{x^{2}+5x+2}-4}{x+3}$

(14) $\lim\limits_{x\to+\infty}x(\sqrt{9x^{2}-1}-3x)$

(15) $\lim\limits_{x\to+\infty}\dfrac{(2x-1)^{30}(3x-3)^{20}}{(2x-5)^{50}}$　　　(16) $\lim\limits_{n\to\infty}\left(\dfrac{1}{1\times2}+\dfrac{1}{2\times3}+\cdots+\dfrac{1}{n(n+1)}\right)$

(17) $\lim\limits_{n\to\infty}\dfrac{(n+1)(n+2)(n+3)}{5n^3}$

2. 已知 $\lim\limits_{x\to3}\dfrac{x^2-2x+k}{x-3}=4$,求 k 的值.

3. 计算下列极限:

(1) $\lim\limits_{x\to0}\dfrac{\tan5x}{x}$　　　(2) $\lim\limits_{x\to0}\dfrac{\sin4x}{\tan3x}$　　　(3) $\lim\limits_{x\to0}x\cot x$

(4) $\lim\limits_{x\to0^+}\dfrac{x}{\sqrt{1-\cos x}}$　　　(5) $\lim\limits_{x\to0^+}\dfrac{2\arcsin x}{3x}$　　　(6) $\lim\limits_{x\to\infty}\dfrac{3x^2+5}{5x+3}\sin\dfrac{2}{x}$

(7) $\lim\limits_{x\to0}\dfrac{1-\cos2x}{x\sin x}$　　　(8) $\lim\limits_{x\to\infty}x^3\tan\dfrac{4}{x^3}$　　　(9) $\lim\limits_{x\to0}\dfrac{x-\sin x}{x+\sin x}$

(10) $\lim\limits_{x\to\pi}\dfrac{\sin x}{x-\pi}$

4. 计算下列极限:

(1) $\lim\limits_{x\to\infty}\left(1+\dfrac{2}{x}\right)^x$　　　(2) $\lim\limits_{x\to\infty}\left(1-\dfrac{1}{x}\right)^x$　　　(3) $\lim\limits_{x\to0}(1+x)^{\frac{2}{x}}$

(4) $\lim\limits_{x\to\infty}\left(1+\dfrac{1}{x}\right)^{x+3}$　　　(5) $\lim\limits_{x\to0}(1-2x)^{-\frac{1}{x}+4}$　　　(6) $\lim\limits_{x\to\infty}\left(\dfrac{3x+3}{3x+1}\right)^{x+3}$

(7) $\lim\limits_{x\to\infty}\left(\dfrac{x^2+1}{x^2-1}\right)^{2x^2}$　　　(8) $\lim\limits_{x\to\frac{\pi}{2}}(1+\cos x)^{3\sec x}$　　　(9) $\lim\limits_{x\to0}(1+x e^x)^{\frac{1}{x}}$

(10) $\lim\limits_{x\to0}\dfrac{1}{x}\ln\sqrt{\dfrac{1+x}{1-x}}$

5. 已知 $\lim\limits_{x\to\infty}\left(\dfrac{x+c}{x-c}\right)^{\frac{x}{2}}=3$,求 c.

1.4　无穷小量与无穷大量

　　无穷小量是一类十分重要的变量,它在微积分的理论和应用上都起着关键的作用. 无穷小量是极限为零的变量. 在自变量的同一个变化趋势下,无穷大量是无穷小量的倒数.本节重点讲解无穷小量和无穷大量的概念以及无穷小量的比较.

1.4.1　无穷小量

　　定义 1.7　当 $x\to x_0$(或 $x\to\infty$)时,若函数 $f(x)$ 的极限为零,则称函数 $f(x)$ 当 $x\to x_0$(或 $x\to\infty$)时为**无穷小量**,简称**无穷小**.

例如,由于 $\lim\limits_{x\to 0}\sin x=0$,因此,函数 $\sin x$ 为当 $x\to 0$ 时的无穷小量;由于

$\lim\limits_{x\to-\infty}e^x=0$,所以函数 e^x 为当 $x\to-\infty$ 时的无穷小量.再如,由于 $\lim\limits_{n\to\infty}\dfrac{(-1)^n}{n}=0$,所

以当 $n\to\infty$ 时 $\dfrac{(-1)^n}{n}$ 为无穷小量.

注　(1) 谈到某函数(或变量)是无穷小量时,必须指明自变量的变化趋势.无穷小量是相对于自变量的某个变化过程而言的,例如当 $x\to 1$ 时,$f(x)=x-1$ 是无穷小量;而当 $x\to 2$ 时,$f(x)=x-1$ 就不是无穷小量.

(2) 无穷小量与绝对值很小的数不能混为一谈.无穷小量是处于某一变化过程中极限为零的变量,而对于任意非零的常数,无论其绝对值多么小,都不是无穷小量.但是零是可以作为无穷小量的唯一常数.

由于无穷小量是极限为零的函数,因此无穷小量与函数极限之间有着密切的关系.下面的定理给出了这种关系.

定理 1.7　$f(x)$ 在某一变化过程中的极限为 A 的充分必要条件为 $f(x)-A$ 是在同一变化过程中的无穷小量.

证　设在某一变化过程中函数 $f(x)$ 的极限为 A,即 $\lim f(x)=A$. 于是
$$\lim[f(x)-A]=\lim f(x)-\lim A=A-A=0$$
所以 $f(x)-A$ 是无穷小量.

反之,若 $f(x)-A$ 是无穷小量,则 $\lim[f(x)-A]=0$, 所以
$$\lim f(x)-\lim A=0 \quad 即 \quad \lim f(x)=A$$

无穷小量具有下述几条性质.

定理 1.8　在自变量的同一变化过程中,

(1) 有限个无穷小量的代数和仍是无穷小量;

(2) 有限个无穷小量的乘积仍是无穷小量;

(3) 常量与无穷小量的乘积仍是无穷小量;

(4) 有界函数与无穷小量的乘积仍是无穷小量.

证　定理中的(1)、(2)、(3)可直接由极限的四则运算法则推出.现在证明(4).

设在某一变化过程中,$f(x)$ 是无穷小量,即 $\lim f(x)=0$;$g(x)$ 是有界函数,即存在正数 M,使得 $|g(x)|\leqslant M$,则在此变化过程中有 $-M|f(x)|\leqslant f(x)g(x)\leqslant M|f(x)|$,由于
$$\lim(-M|f(x)|)=\lim(M|f(x)|)=0$$
故由极限的夹逼准则知,$\lim f(x)g(x)=0$,所以 $f(x)g(x)$ 是无穷小量.

注　无限多个无穷小量之和未必是无穷小量.例如,当 $n\to\infty$ 时,$\dfrac{k}{n^2}$ （$k=1$,

$2,\cdots,n,\cdots$）都为无穷小量,但当 $n\to\infty$ 时,$\dfrac{1}{n^2}+\dfrac{2}{n^2}+\cdots+\dfrac{n}{n^2}$ 就不是无穷小量.

实际上

$$\lim_{n\to\infty}\left(\frac{1}{n^2}+\frac{2}{n^2}+\cdots+\frac{n}{n^2}\right)=\lim_{n\to\infty}\frac{1}{n^2}(1+2+\cdots+n)=\lim_{n\to\infty}\frac{1}{n^2}\frac{(1+n)n}{2}=\frac{1}{2}$$

1.4.2　无穷小量的比较

定理 1.8 表明,有限个无穷小量的和、差、乘积仍然是无穷小量.但两个无穷小量的商却比较复杂.例如,当 $x\to0$ 时,函数 $f(x)=x^2$、$g(x)=x$、$h(x)=\sin x$ 都是无穷小量,然而

$$\lim_{x\to0}\frac{f(x)}{g(x)}=0,\quad \lim_{x\to0}\frac{g(x)}{f(x)}=\infty,\quad \lim_{x\to0}\frac{h(x)}{g(x)}=1$$

两个无穷小之比得到不同结果是因为各个无穷小量趋近于零的"快慢"程度不同.显然,当 $x\to0$ 时,$f(x)\to0$ 比 $g(x)\to0$ 要"快一些",反过来,$g(x)\to0$ 比 $f(x)\to0$ 要"慢一些",而 $h(x)\to0$ 与 $g(x)\to0$"快慢相仿".为了比较无穷小量趋近于零的"快慢"程度,下面对无穷小量进行"比较".

定义 1.8　设 $\alpha(x)$、$\beta(x)$ 都是当 $x\to x_0$(或 $x\to\infty$)时的无穷小,且 $a(x)\neq0$,

(1) 若 $\lim\dfrac{\beta(x)}{\alpha(x)}=0$,则称 $\beta(x)$ 是比 $\alpha(x)$ **高阶的无穷小**,记为 $\beta=o(\alpha)$;

(2) 若 $\lim\dfrac{\beta(x)}{\alpha(x)}=\infty$,则称 $\beta(x)$ 是比 $\alpha(x)$ **低阶的无穷小**;

(3) 若 $\lim\dfrac{\beta(x)}{\alpha(x)}=C,(C\neq0)$,则称 $\alpha(x)$ 和 $\beta(x)$ 是**同阶无穷小**;

(4) 若 $\lim\dfrac{\beta(x)}{\alpha(x)}=1$,则称 $\alpha(x)$ 和 $\beta(x)$ 是**等价无穷小**,记为 $\alpha(x)\sim\beta(x)$.

例 1.30　比较下列的无穷小量($x\to0$):

(1) $\tan2x$ 和 $3x$　　(2) $1-\cos x$ 和 x　　(3) $1-\cos x$ 和 $\dfrac{1}{2}x^2$

(4) $\sin x$ 和 $\tan x$　　(5) $\sqrt{1+x}-1$ 和 $\dfrac{x}{2}$

解　(1) 由于

$$\lim_{x\to0}\frac{\tan2x}{3x}=\lim_{x\to0}\frac{\sin2x}{2x}\cdot\frac{1}{\cos2x}\cdot\frac{2}{3}=1\times1\times\frac{2}{3}=\frac{2}{3}$$

所以当 $x\to0$ 时,$\tan2x$ 与 $3x$ 是同阶无穷小.

(2) 由于

$$\lim_{x\to0}\frac{1-\cos x}{x}=\lim_{x\to0}\frac{2\sin^2\frac{x}{2}}{x}=\lim_{x\to0}\frac{\sin\frac{x}{2}}{\frac{x}{2}}\cdot\sin\frac{x}{2}=1\times0=0$$

所以当 $x \to 0$ 时，$1 - \cos x$ 是比 x 高阶的无穷小.

（3）由于

$$\lim_{x \to 0} \frac{1 - \cos x}{\frac{1}{2}x^2} = \lim_{x \to 0} \frac{2\sin^2 \frac{x}{2}}{\frac{1}{2}x^2} = \lim_{x \to 0} \left(\frac{\sin \frac{x}{2}}{\frac{x}{2}} \right)^2 = 1^2 = 1$$

所以当 $x \to 0$ 时，$1 - \cos x$ 与 $\frac{1}{2}x^2$ 是等价无穷小.

（4）由于 $\lim\limits_{x \to 0} \dfrac{\tan x}{\sin x} = \lim\limits_{x \to 0} \dfrac{1}{\cos x} = 1$，所以当 $x \to 0$ 时，$\sin x$ 与 $\tan x$ 是等价无穷小.

（5）由于 $\lim\limits_{x \to 0} \dfrac{\sqrt{1+x}-1}{x/2} = \lim\limits_{x \to 0} \dfrac{2(\sqrt{1+x}-1)(\sqrt{1+x}+1)}{x(\sqrt{1+x}+1)}$

$$= \lim_{x \to 0} \frac{2x}{x(\sqrt{1+x}+1)} = 1$$

所以当 $x \to 0$ 时，$\sqrt{1+x}-1$ 与 $\dfrac{x}{2}$ 是等价无穷小.

例 1.30 的（3）～（5）是几对相互等价的无穷小. 可以证明，当 $x \to 0$ 时，$\sin x$、$\tan x$、$\arcsin x$、$\arctan x$、$\ln(1+x)$、$\mathrm{e}^x - 1$ 都等价于 x；$(1+x)^\mu - 1$ 等价于 μx；$1 - \cos x$ 等价于 $\dfrac{1}{2}x^2$.

在应用上，经常利用等价无穷小的性质来计算函数的极限. 下面介绍等价无穷小的替换定理.

定理 1.9　（等价无穷小的替换定理） 设 $\alpha, \alpha', \beta, \beta'$ 为在同一变化过程中的无穷小，且 $\alpha \sim \alpha'$、$\beta \sim \beta'$，若 $\lim \dfrac{\beta'}{\alpha'}$ 存在，则 $\lim \dfrac{\beta}{\alpha}$ 也存在，且 $\lim \dfrac{\beta}{\alpha} = \lim \dfrac{\beta'}{\alpha'}$.

证　$\lim \dfrac{\beta}{\alpha} = \lim \left(\dfrac{\beta}{\beta'} \cdot \dfrac{\beta'}{\alpha'} \cdot \dfrac{\alpha'}{\alpha} \right) = \lim \dfrac{\beta}{\beta'} \cdot \lim \dfrac{\beta'}{\alpha'} \cdot \lim \dfrac{\alpha'}{\alpha} = \lim \dfrac{\beta'}{\alpha'}$.

定理 1.9 表明，求两个无穷小之比的极限时，其分子或分母均可用等价无穷小来替换. 例如，在求 $\lim\limits_{x \to 0} \dfrac{\sin 2x}{\tan 3x}$ 时即可用此方法：当 $x \to 0$ 时，因 $\sin 2x$ 和 $2x$ 等价，$\tan 3x$ 和 $3x$ 等价，因此可用 $2x$ 和 $3x$ 分别替换 $\sin 2x$ 和 $\tan 3x$，得

$$\lim_{x \to 0} \frac{\sin 2x}{\tan 3x} = \lim_{x \to 0} \frac{2x}{3x} = \frac{2}{3}$$

所以如果无穷小的等价替换得当，可使极限的计算大为简化. 下面再举几例.

例 1.31　求 $\lim\limits_{x \to 0} \dfrac{\sqrt{1 + x\sin x} - 1}{\mathrm{e}^{x^2} - 1}$.

解　当 $x \to 0$ 时，$x\sin x \to 0$，$x^2 \to 0$，即 $x\sin x$ 与 x^2 都是无穷小量. 由于当

$u \to 0$时，$e^u - 1 \sim u$，$\sqrt{1+u} \sim \dfrac{u}{2}$，故 $\sqrt{1+x\sin x} - 1 \sim \dfrac{x\sin x}{2}$，$e^{x^2} - 1 \sim x^2$，于是由定理 1.9 得

$$\lim_{x \to 0} \frac{\sqrt{1+x\sin x} - 1}{e^{x^2} - 1} = \lim_{x \to 0} \frac{\dfrac{x\sin x}{2}}{x^2} = \lim_{x \to 0} \frac{x\sin x}{2x^2} = \lim_{x \to 0} \frac{\sin x}{2x} = \frac{1}{2}$$

例 1.32　求 $\displaystyle\lim_{x \to 0} \frac{\tan x - \sin x}{\sin^3 2x}$.

解　当 $x \to 0$ 时，$\sin 2x \sim 2x$，$(1 - \cos x) \sim \dfrac{1}{2}x^2$，$\tan x \sim x$，故

$$\tan - \sin x = \tan x(1 - \cos x) \sim \frac{1}{2}x^3$$

则由定理 1.9 得

$$\lim_{x \to 0} \frac{\tan x - \sin x}{\sin^3 2x} = \lim_{x \to 0} \frac{\dfrac{1}{2}x^3}{(2x)^3} = \frac{1}{16}$$

以上几例说明. 在求函数极限时，恰当地进行等价替换，如将表达式中的根式函数、三角函数、反三角函数、对数函数、指数函数等变为幂函数，然后再求极限，往往可以使计算过程大大简化.

注　利用等价无穷小进行替换时需要特别注意，只有在求无穷小的积或商时，其分子或分母中的因式才可用等价无穷小来代替；而在求无穷小的和、差时，一般不能用等价无穷小来替换.

在例 1.32 中，若将分子中的 $\sin x$ 和 $\tan x$ 分别用它们的等价无穷小 x 代替，就会得到错误的结果：

$$\lim_{x \to 0} \frac{\tan x - \sin x}{\sin^3 2x} = \lim_{x \to 0} \frac{x - x}{\sin^3 2x} = 0$$

*1.4.3　无穷大量

定义 1.9　当 $x \to x_0$（或 $x \to \infty$）时，若函数 $f(x)$ 的绝对值无限增大，则称函数 $f(x)$ 当 $x \to x_0$（或 $x \to \infty$）时为**无穷大量**，简称**无穷大**.

例如，当 $x \to 0$ 时，$\dfrac{1}{x^2}$ 与 $\dfrac{1}{1 - \cos x}$ 都是无穷大量；而当 $x \to +\infty$ 时，$\sqrt{x}$，$\ln x$ 与 e^x 也都是无穷大量.

注　(1)与无穷小量类似，无穷大量也不是常数，不能把无穷大量与很大的常数混为一谈.

(2)当 $x \to x_0$（或 $x \to \infty$）时函数 $f(x)$ 为无穷大量，按通常的意义，它的极限

不存在的. 但为了叙述的方便, 我们仍说成"函数的极限是无穷大", 并记为 $\lim\limits_{x \to x_0} f(x) = \infty$ 或 $\lim\limits_{x \to \infty} f(x) = \infty$. 这里的 ∞ 仅仅是一个符号, 它既不是确定的值, 也不能参与四则运算.

由无穷小量和无穷大量的定义易知, 若在自变量的某一变化过程中, 函数 $f(x)$ 是无穷大量, 则在同一变化过程中, 其倒数 $\dfrac{1}{f(x)}$ 是无穷小量; 反之, 如果 $f(x)$ 是不等于零的无穷小量, 则其倒数 $\dfrac{1}{f(x)}$ 是无穷大量.

例 1.33　求 $\lim\limits_{x \to 3} \left(\dfrac{1}{x-3} - \dfrac{6}{x^2-9} \right)$.

解　当 $x \to 3$ 时, $\dfrac{1}{x-3}$ 和 $\dfrac{6}{x^2-9}$ 都是无穷大量, 所以不能直接应用极限的四则运算法则. 可先将两项通分, 得 $\dfrac{1}{x-3} - \dfrac{6}{x^2-9} = \dfrac{x-3}{x^2-9}$, 于是

$$\lim\limits_{x \to 3} \left(\dfrac{1}{x-3} - \dfrac{6}{x^2-9} \right) = \lim\limits_{x \to 3} \dfrac{x-3}{x^2-9} = \lim\limits_{x \to 3} \dfrac{x-3}{(x-3)(x+3)} = \lim\limits_{x \to 3} \dfrac{1}{x+3} = \dfrac{1}{6}$$

习题 1 − 4

1. 下列变量中哪些是无穷小量? 哪些是无穷大量?

(1) $4x^4$　$(x \to 0)$　　　　(2) $\dfrac{100}{\sqrt{x}}$ $(x \to 0^+)$　　　(3) $\dfrac{x-4}{x^2-16}$ $(x \to 4)$

(4) $1 - e^{\frac{1}{x}}$ $(x \to \infty)$　　　(5) $\dfrac{\sin x}{\tan x}$ $(x \to 0)$　　　(6) $3^x - 1$ $(x \to 0)$

2. 当 $x \to 0$ 时, $2x - x^2$ 与 $x^2 - x^3$ 相比, 哪个是更高阶的无穷小?

3. 当 $x \to 0$ 时, $\sin x + x^2 \cos \dfrac{1}{x}$ 和 $(1 + \cos x) \ln(1+x)$ 是否为同阶无穷小?

4. 当 $x \to 0$ 时, 若 $1 - \cos x$ 和 mx^n 等价, 求 m 和 n 的值.

5. 求下列函数的极限:

(1) $\lim\limits_{x \to 0} \dfrac{\arctan 4x}{5x}$　　　(2) $\lim\limits_{x \to 0} \dfrac{\sin x^n}{(\sin x)^m}$ $(n 、m$ 为正整数$)$

(3) $\lim\limits_{x \to 0} \dfrac{\sin x^3 \tan x}{1 - \cos x^2}$　　(4) $\lim\limits_{x \to 0} \dfrac{\ln(1+3x)}{\sin 2x}$　　(5) $\lim\limits_{x \to 0} \dfrac{\ln(1+3x \sin x)}{\tan^2 x}$

(6) $\lim\limits_{x \to 0} \dfrac{e^{5x}-1}{x}$　　　(7) $\lim\limits_{x \to 1} \dfrac{\sin(x^2-1)}{x-1}$　　(8) $\lim\limits_{x \to 0} \dfrac{\sqrt{1+x \sin x}-1}{x \arctan x}$

(9) $\lim\limits_{x \to 0} (1 - \cos x) \cot^2 x$　(10) $\lim\limits_{x \to 0} \dfrac{2 - 2\cos x^2}{x^2 \sin x^2}$　　(11) $\lim\limits_{x \to 0} \dfrac{x^2 \arcsin x \cdot \sin \dfrac{1}{x}}{\sin 2x}$

1.5　函数的连续性

自然界中的许多现象和事物都是运动变化的,其运动变化的过程有两种不同形式,一种是连续变化的,如时间的流逝、植物的生长、气温的改变等;另一种是突然变化的,如在发射卫星时,一级火箭外壳脱落前后,总的火箭质量就发生了突变.这两种不同形式的变化反映到数学上就分别表现为函数的连续和间断.从几何的直观角度来看,所谓连续是指所描绘的函数曲线是一条连绵不断的曲线,间断则是指曲线发生了断开.本节将以极限为基础,介绍函数连续性的概念及其性质.

1.5.1　函数的连续性

为了描述函数的连续性,首先引入函数增量的概念.

设函数 $y=f(x)$ 在点 x_0 的某一邻域内有定义,当自变量 x 在 x_0 处取得增量 Δx(即自变量 x 在这个邻域内从 x_0 变到 $x_0+\Delta x$)时,相应的函数 $f(x)$ 从 $f(x_0)$ 变到 $f(x_0+\Delta x)$,则称 $\Delta y=f(x_0+\Delta x)-f(x_0)$ 为函数 $y=f(x)$ 所对应的**增量**(见图 1-25).

注　增量可以是正的,也可以是负的;记号 Δy 是一个整体,其中 Δ 与 y 是不可分割的.

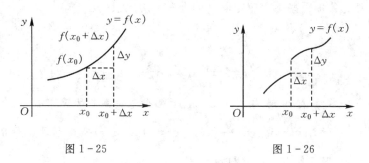

图 1-25　　　　　　　　　图 1-26

下面利用增量的概念引入函数连续的概念.从几何直观上看,如果函数 $y=f(x)$ 在点 x_0 处连续,则当 x 在 x_0 处取得微小增量 Δx 时,函数 y 的相应增量也很微小,并且当 Δx 趋近于 0 时,Δy 也应该趋近于 0,即 $\lim\limits_{\Delta x\to 0}\Delta y=0$. 如果与此相反,例如在图 1-26 中,函数在 x_0 处当 Δx 趋近于 0 时,Δy 不趋近于 0 时,就不能说函数在该处连续了. 因而就有下列关于函数连续性的定义:

定义 1.10　设函数 $y=f(x)$ 在点 x_0 的某一邻域内有定义,当自变量在点 x_0 处的增量 Δx 趋近于零时,函数 $y=f(x)$ 所对应的增量 Δy 也趋近于零,即

$$\lim_{\Delta x\to 0}\Delta y=\lim_{\Delta x\to 0}[f(x_0+\Delta x)-f(x_0)]=0$$

则称函数 $f(x)$ **在点** x_0 **处连续**.

由于 $x=x_0+\Delta x$，$\Delta y=f(x_0+\Delta x)-f(x_0)=f(x)-f(x_0)$，所以 $\Delta x\to0$ 等价于 $x\to x_0$，$\Delta y\to0$ 等价于 $f(x)\to f(x_0)$，因此定义 1.10 可改述为：

定义 1.10-1　设函数 $y=f(x)$ 在点 x_0 的某一邻域内有定义，若 $\lim\limits_{x\to x_0}f(x)$ 存在，且 $\lim\limits_{x\to x_0}f(x)=f(x_0)$，则称函数 $y=f(x)$ 在点 x_0 处连续.

由于函数的连续性是通过极限来定义的，因此类似左极限和右极限的概念，还可以定义函数在点 x_0 处的左连续和右连续.

定义 1.11　若 $\lim\limits_{x\to x_0^-}f(x)=f(x_0)$，则称函数 $f(x)$ 在 x_0 点 **左连续**；若 $\lim\limits_{x\to x_0^+}f(x)=f(x_0)$，则称函数 $f(x)$ 在 x_0 点 **右连续**.

显然，函数 $f(x)$ 在点 x_0 处连续的充分必要条件是它在 x_0 点处既左连续又右连续.

例 1.34　证明函数 $f(x)=\begin{cases}x\sin\dfrac{1}{x}, & x\neq0\\[2mm] 0, & x=0\end{cases}$ 在 $x=0$ 点连续.

证　因为 $\lim\limits_{x\to0}x\sin\dfrac{1}{x}=0$，且 $f(0)=0$，所以有

$$\lim\limits_{x\to0}f(x)=f(0)$$

由定义 1.10-1 知，函数 $f(x)$ 在点 $x=0$ 处连续.

例 1.35　已知函数 $f(x)=\begin{cases}\dfrac{\sin x}{x}, & x<0\\[2mm] 2x+a, & x\geqslant0\end{cases}$ 在 $x=0$ 点连续，求 a 的值.

解　分别求出函数 $f(x)$ 在点 $x=0$ 处左极限和右极限：

$$\lim\limits_{x\to0^-}f(x)=\lim\limits_{x\to0^-}\dfrac{\sin x}{x}=1, \lim\limits_{x\to0^+}f(x)=\lim\limits_{x\to0^+}(2x+a)=a$$

而 $f(0)=a$，因为函数 $f(x)$ 在点 $x=0$ 处连续，故

$$\lim\limits_{x\to0^-}f(x)=\lim\limits_{x\to0^+}f(x)=f(0)=a \quad 即 a=1.$$

如果函数 $f(x)$ 在开区间 (a,b) 上每一点都连续，则称 $f(x)$ 在开区间 (a,b) 上连续；如果函数 $f(x)$ 在开区间 (a,b) 上连续，同时在左端点 $x=a$ 处右连续，在右端点 $x=b$ 处左连续，则称函数 $f(x)$ 在闭区间 $[a,b]$ 上连续. 在定义区间上每一点都连续的函数称为 **连续函数**. 从几何上看，连续函数的图形是一条连绵不断的曲线.

1.5.2　函数的间断点

与函数在点 x_0 处连续相对立的概念是函数在点 x_0 处间断.

1. 间断点的定义

定义 1.12　若 $f(x)$ 在点 x_0 的某一去心邻域内有定义,但在点 x_0 处不连续,则称 $f(x)$ 在点 x_0 处**间断**,或称 x_0 是 $f(x)$ 的**间断点**.

根据连续性的定义,如果函数 $f(x)$ 在点 x_0 处具备下列三个条件之一,则点 x_0 为 $f(x)$ 的间断点:

(1) $f(x)$ 在 x_0 点处没有定义;

(2) 极限 $\lim\limits_{x \to x_0} f(x)$ 不存在;

(3) $f(x)$ 在 $x = x_0$ 处有定义,且 $\lim\limits_{x \to x_0} f(x)$ 存在,但 $\lim\limits_{x \to x_0} f(x) \neq f(x_0)$.

例 1.36　考察函数 $f(x) = \begin{cases} x-2, & x<0 \\ x+2, & x \geqslant 0 \end{cases}$ 在 $x=0$ 处的连续性.

解　函数 $f(x)$ 在 $x=0$ 处有定义,且 $f(0)=2$,由于

$$\lim_{x \to 0^-} f(x) = \lim_{x \to 0^-} (x-2) = -2$$

$$\lim_{x \to 0^+} f(x) = \lim_{x \to 0^+} (x+2) = 2$$

函数在 $x=0$ 处左、右极限都存在,但不相等(如图 1-27 所示),故极限 $\lim\limits_{x \to 0} f(x)$ 不存在,即 $x=0$ 是函数 $f(x)$ 的间断点.

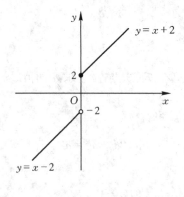

图 1-27

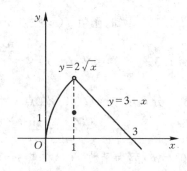

图 1-28

例 1.37　考察分段函数 $f(x) = \begin{cases} 2\sqrt{x}, & 0 \leqslant x < 1 \\ 1, & x=1 \\ 3-x, & x>1 \end{cases}$ 在 $x=1$ 处的连续性.

解　函数 $f(x)$ 在 $x=1$ 处有定义,且左、右极限相等,因为 $\lim\limits_{x \to 1} f(x) = 2$,但该点处的函数值 $f(0)=1$,如图 1-28 所示.故 $\lim\limits_{x \to 1} f(x) = 2 \neq f(1)$,所以 $x=1$ 是函数

$f(x)$的间断点.

例 1.38　设函数 $f(x)=\begin{cases}(1+x)^{\frac{a}{x}}, & x>0 \\ \mathrm{e}, & x=0 \\ \dfrac{\tan ax}{bx}, & x<0\end{cases}$，问 a、b 分别取何值得时，$f(x)$在

$x=0$处连续？

解　由连续性的定义，$f(x)$在 $x=0$ 处连续是指 $\lim\limits_{x\to 0}f(x)=f(0)$，而

$$\lim_{x\to 0^-}f(x)=\lim_{x\to 0^-}\frac{\tan ax}{bx}=\frac{a}{b}$$

$$\lim_{x\to 0^+}f(x)=\lim_{x\to 0^+}(1+x)^{\frac{a}{x}}=\lim_{x\to 0^+}\left[(1+x)^{\frac{1}{x}}\right]^a=\mathrm{e}^a$$

同时注意到 $f(0)=\mathrm{e}$，所以要使 $f(x)$在 $x=0$ 处连续，必须满足 $\dfrac{a}{b}=\mathrm{e}^a=\mathrm{e}$，因此

$$a=1, \quad b=\frac{1}{\mathrm{e}}$$

2. 间断点的分类

一般可将间断点分为两类：一类是左右极限都存在的间断点，称为**第一类间断点**；否则称为**第二类间断点**.

例如，例 1.36 中的函数 $f(x)$在 $x=0$ 处左、右极限都存在但不相等，从图形上看，在这里发生了"跳跃". 这种类型的间断点称为**跳跃间断点**. 例 1.37 中的函数 $f(x)$在 $x=1$ 处的左、右极限都存在而且是相等的，但是极限值不等于函数值，所以也是间断点. 值得注意的是，如果更改函数在 $x=1$ 处的函数值，使函数在 $x=1$ 处的定义值等于它的极限值 $f(1)=2$，则函数在 $x=1$ 处就连续了. 若函数 $f(x)$在 $x=1$处没有定义，则可以通过补充函数在 $x=1$ 处的函数值 $f(1)=2$ 使其在 $x=1$处连续. 这种通过更改或补充函数的函数值即可使函数连续的间断点称为**可去间断点**. 跳跃间断点和可去间断点都是第一类间断点.

例 1.39　考察 $f(x)=\begin{cases}1/x, & x>0 \\ 1, & x\le 0\end{cases}$ 在 $x=0$ 处的连续性.

解　显然，函数 $f(x)$在 $x=1$ 处有定义，但 $\lim\limits_{x\to 0^-}f(x)=1$，$\lim\limits_{x\to 0^+}f(x)=+\infty$，所以 $x=0$ 是函数 $f(x)$ 的间断点，且为第二类间断点（如图 1-29 所示）. 由于函数 $f(x)$当 $x\to 0$ 时的右极限为无穷大，所以称之为**无穷间断点**.

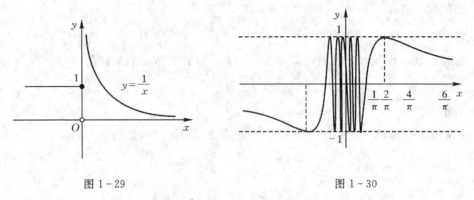

图 1 - 29   图 1 - 30

例 1.40 考察 $f(x) = \sin\dfrac{1}{x}$ 在 $x = 0$ 处的连续性.

解 由于函数 $f(x)$ 在 $x = 0$ 处没有定义,且 $\lim\limits_{x \to 0} f(x)$ 不存在,所以 $x = 0$ 是函数 $f(x)$ 的间断点,且为第二类间断点(如图 1 - 30 所示).当 $x \to 0$ 时,函数 $f(x)$ 的图形是无限振荡的,所以称为**振荡间断点**.

1.5.3 连续函数的性质及初等函数的连续性

1. 连续函数的四则运算

函数在某一点连续的定义是通过极限给出的,而极限有相应的四则运算法则,因此很容易推出连续函数四则运算的如下结论.

定理 1.10 设函数 $f(x)$、$g(x)$ 在点 x_0 处连续,则 $Cf(x)$(C 为常数)、$f(x) \pm g(x)$、$f(x) \cdot g(x)$、$\dfrac{f(x)}{g(x)}(g(x_0) \neq 0)$ 在点 x_0 处也连续.

证 考虑两个函数 $f(x)$ 和 $g(x)$,设它们均在点 x_0 处连续,即
$$\lim\limits_{x \to x_0} f(x) = f(x_0), \lim\limits_{x \to x_0} g(x) = g(x_0)$$
根据极限的四则运算规则,有
$$\lim\limits_{x \to x_0} [f(x) \pm g(x)] = \lim\limits_{x \to x_0} f(x) \pm \lim\limits_{x \to x_0} g(x) = f(x_0) \pm g(x_0)$$
这就说明函数 $f(x) \pm g(x)$ 在点 x_0 处也是连续的.

类似地,也可证明其它几种情形.

例如,由于正弦函数 $y = \sin x$ 和余弦函数 $y = \cos x$ 在 $(-\infty, +\infty)$ 内连续,所以 $\tan x = \dfrac{\sin x}{\cos x}, \cot x = \dfrac{\cos x}{\sin x}, \sec x = \dfrac{1}{\cos x}, \cos x = \dfrac{1}{\sin x}$ 在其定义域内都是连续的.

2. 反函数和复合函数的连续性

关于反函数和复合函数的概念在前面已经介绍过,下面进一步讨论它们的连

续性.

由反函数与直接函数在几何图形上的关系不难知道,当一个函数存在反函数时,若直接函数连续,则其反函数也一定连续.于是可得如下定理.

定理 1.11　若函数 $y=f(x)$ 在区间 I_x 上连续且单调增(或单调减),则其反函数 $x=\varphi(y)$ 也在对应的区间 $I_y=\{y\,|\,y=f(x),\,x\in I_x\}$ 上连续且单调增(或单调减).

以正弦函数 $y=\sin x$ 为例,由于 $y=\sin x$ 在区间 $\left[-\dfrac{\pi}{2},\dfrac{\pi}{2}\right]$ 上连续且单调增,因此它的反函数 $y=\arcsin x$ 在区间 $[-1,1]$ 上也连续且单调增.

类似地,反三角函数 $y=\arccos x$,$y=\arctan x$ 和 $y=\text{arccot}x$ 在其定义域内都是连续的.

关于复合函数连续性,有如下的定理

定理 1.12　设函数 $\varphi(x)$ 在 x_0 点连续,且 $\varphi(x_0)=u_0$,而函数 $f(u)$ 在 $u=u_0$ 处连续,则复合函数 $y=f(\varphi(x))$ 在 $x=x_0$ 处也连续.

该定理说明,由两个连续函数复合而成的函数仍是连续函数.推而广之,有结论:**由有限个连续函数经有限次复合而成的复合函数仍是连续函数.**

例 1.41　讨论函数 $y=\mathrm{e}^{\sqrt{1-x^2}}$ 的连续性.

解　函数 $y=\mathrm{e}^{\sqrt{1-x^2}}$ 可视为由 $y=\mathrm{e}^u$ 和 $u=\sqrt{1-x^2}$ 复合而成.而 e^u 在 $(-\infty,+\infty)$ 上连续,$u=\sqrt{1-x^2}$ 在 $[-1,1]$ 上连续.因此,函数 $y=\mathrm{e}^{\sqrt{1-x^2}}$ 在区间 $[-1,1]$ 上连续.

可以证明,幂函数、指数函数、对数函数、三角函数、反三角函数在其定义域内都是连续的,即基本初等函数在定义域内都是连续函数.而初等函数是由基本初等函数经过有限次四则运算和复合所得到的,所以**一切初等函数在其定义区间内均连续.**

这个结论非常重要,因为在一般应用中所遇到的函数基本上都是初等函数,这个定理使初等函数的连续性得到了保证.同时,它还提供了一个求初等函数极限的很好的方法,就是说,根据连续的定义,对于初等函数 $f(x)$ 来说,在其定义区间内某一点的极限就等于该函数在这一点的函数值.即若 x_0 是其定义区间内的点,则 $\lim\limits_{x\to x_0}f(x)=f(x_0)$.

例 1.42　求 $\lim\limits_{x\to 1}\dfrac{\ln(x^2+2)}{x+2}$.

解　因为函数 $f(x)=\dfrac{\ln(x^2+2)}{x+2}$ 的定义区间为 $(-\infty,-2)\bigcup(-2,+\infty)$,$x=1$ 是定义区间内的点,所以

$$\lim_{x \to 1} \frac{\ln(x^2+2)}{x+2} = \frac{\ln(x^2+2)}{x+2} \bigg|_{x=1} = \frac{\ln 3}{3}$$

例 1.43　求 $\lim\limits_{x \to 3} \dfrac{\sqrt{4x-9}-\sqrt{x}}{x-3}$.

解　因为 $x=3$ 不是 $f(x) = \dfrac{\sqrt{4x-9}-\sqrt{x}}{x-3}$ 定义区间内的点,不能直接应用以上结论,需先对函数进行变形处理,将分子部分有理化得

$$\lim_{x \to 3} \frac{\sqrt{4x-9}-\sqrt{x}}{x-3} = \lim_{x \to 3} \frac{(\sqrt{4x-9}-\sqrt{x})(\sqrt{4x-9}+\sqrt{x})}{(x-3)(\sqrt{4x-9}+\sqrt{x})}$$

$$= \lim_{x \to 3} \frac{3}{\sqrt{4x-9}+\sqrt{x}} = \frac{\sqrt{3}}{2}$$

例 1.44　求 $\lim\limits_{x \to 0} \dfrac{e^x-1}{x}$.

解　设 $t = e^x - 1$,则 $x = \ln(1+t)$,于是 $x \to 0$ 时,$t \to 0$,则

$$\lim_{x \to 0} \frac{e^x-1}{x} = \lim_{t \to 0} \frac{t}{\ln(1+t)} = \lim_{t \to 0} \frac{1}{\ln(1+t)^{\frac{1}{t}}} = \frac{1}{\ln e} = 1$$

例 1.44 给出了两个常用极限,即

$$\lim_{x \to 0} \frac{e^x-1}{x} = 1 \quad \text{和} \quad \lim_{x \to 0} \frac{\ln(1+x)}{x} = 1$$

从而证明了当 $x \to 0$ 时,$\ln(1+x)$、e^x-1 均与 x 等价.

1.5.4　闭区间上连续函数的性质

定义在闭区间上连续函数,有几个在理论和应用中都十分重要的性质.这些性质在几何直观上是很明显的,并且很容易理解,所以略去其严格证明.

定理 1.13　(最大值和最小值定理)　若函数 $f(x)$ 在闭区间 $[a,b]$ 上连续,则 $f(x)$ 在 $[a,b]$ 上一定能取得最大值和最小值.即必存在 $\xi_1,\xi_2 \in [a,b]$,使得

$$f(\xi_1) = \max_{a \leqslant x \leqslant b} f(x), \quad f(\xi_2) = \min_{a \leqslant x \leqslant b} f(x)$$

这个定理的几何意义是明显的.若函数 $f(x)$ 在闭区间 $[a,b]$ 上连续,则在 $[a,b]$ 上 $y=f(x)$ 是一条连续曲线,这条曲线在 $[a,b]$ 上一定会有最高点和最低点,这个最高点和最低点所对应的函数值即为函数在此区间内的最大值和最小值(图 1-31).

若将定理中的闭区间 $[a,b]$ 换成开区间,定理的结论将不成立.读者可结合函数 $y = \sin x$ 在开区间 $(-\dfrac{\pi}{2}, \dfrac{\pi}{2})$ 内的情况自行分析.

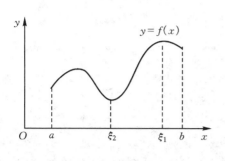
图 1 - 31

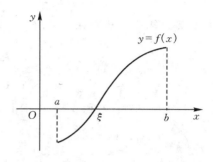
图 1 - 32

由定理 1.13 可直接推出闭区间上连续函数的有界性定理.

定理 1.14（有界性定理）　在闭区间上连续的函数必在该区间上有界.

定理 1.15（零点定理）　若函数 $f(x)$ 在闭区间 $[a,b]$ 上连续,且 $f(a)$ 与 $f(b)$ 异号,则在开区间 (a,b) 中至少存在一点 ξ,使得 $f(\xi)=0$.

零点定理的几何意义也很明显的,即若连续曲线 $y=f(x)$ 在闭区间 $[a,b]$ 的两个端点分别位于 x 轴的上方和下方,则这条曲线与 x 轴至少有一个交点(图 1 - 32).

定理 1.16（介值定理）　设函数 $f(x)$ 在闭区间 $[a,b]$ 上连续,且在该区间的端点有不同的函数值 $f(a)=A,f(b)=B$,则对介于 A 与 B 之间(不含 A 与 B)的任何一个数 C,至少存在一点 $\xi\in(a,b)$,使得 $f(\xi)=C$.

定理 1.16 的几何解释:在闭区间 $[a,b]$ 上连续的曲线 $y=f(x)$ 与水平直线 $y=C$ 至少有一个交点(图 1 - 33).

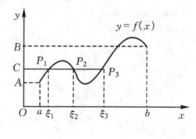
图 1 - 33

介值定理有一个直接推论.

推论　在闭区间上的连续函数一定能在该区间上取得介于最大值 M 与最小值 m 之间(含 M 和 m)的任何值.

关于该推论的几何意义,请读者自行解释.

例 1.45　证明方程 $x^3-4x^2+1=0$ 在区间 $(0,1)$ 内至少有一个实根.

证　设 $f(x)=x^3-4x^2+1$,则 $f(x)$ 在区间 $[0,1]$ 上连续. 而 $f(0)=1>0$, $f(1)=-2<0$,因此根据零点定理,至少存在一点 $\xi\in(0,1)$ 使得 $f(\xi)=0$,即 $\xi^3-4\xi^2+1=0$,所以方程 $x^3-4x^2+1=0$ 在区间 $(0,1)$ 内至少有一个实根.

例 1.46　设函数 $f(x)$ 在区间 $[a,b]$ 上连续,且 $f(a)<a,f(b)>b$,证明至少存在一点 $\xi\in(a,b)$,使得 $f(\xi)=\xi$.

证　构造辅助函数 $F(x)=f(x)-x$,显然则 $F(x)$ 在区间 $[a,b]$ 上连续,而

$$F(a)=f(a)-a<0, F(b)=f(b)-b>0$$

由零点定理知,至少存在一点 $\xi\in(a,b)$,使得 $F(\xi)=0$,即 $f(\xi)=\xi$.

习题 1 - 5

1. 求函数 $y=x^2-2x$ 当 $x=1,\Delta x=0.1$ 时的增量.

2. 研究下列函数的连续性,画出函数的图形:

(1) $f(x)=\begin{cases} x^2, & 0\leqslant x\leqslant 1 \\ 2-x, & 1<x\leqslant 2 \end{cases}$ (2) $f(x)=\begin{cases} x, & |x|\leqslant 1 \\ 1, & |x|>1 \end{cases}$

3. 求下列函数的间断点,并说明该间断点的类型,如果是可去间断点,则补充或改变函数定义使之连续:

(1) $f(x)=\dfrac{1}{(x+1)^3}$ (2) $f(x)=\dfrac{x^2-4}{x^2-3x+2}$ (3) $f(x)=\dfrac{1}{x}\ln(1-x)$

(4) $f(x)=\begin{cases} x+1, & x\leqslant 1 \\ 4-x, & x>1 \end{cases}$ (5) $f(x)=\begin{cases} e^x, & x>0 \\ 0, & x=0 \\ \dfrac{\sin x}{x}, & x<0 \end{cases}$

4. 设 $f(x)=\begin{cases} a+x^2, & x<0 \\ 1, & x=0 \\ \ln(b+x+x^2), & x>0 \end{cases}$,问 a,b 分别为何值时,函数 $f(x)$ 在 $x=0$

点连续?

5. 求下列函数的极限:

(1) $\lim\limits_{x\to 3}\sqrt{x^2-x+3}$ (2) $\lim\limits_{x\to\frac{\pi}{8}}\ln(\sin 2x)$ (3) $\lim\limits_{x\to 0}\dfrac{\ln(1+2x)}{\sin(1+2x)}$

(4) $\lim\limits_{x\to 0}\dfrac{\sqrt{1+x}-1}{x}$ (5) $\lim\limits_{x\to 0}\ln\dfrac{x}{\sin x}$

6. 证明:方程 $x^4-3x^2+7x-10=0$ 在 $(1,2)$ 内必有实根.

7. 证明:方程 $x=a\sin x+b$ $(a>0,b>0)$ 至少有一个不超过 $a+b$ 的正根.

*8. 设 $f(x)$ 对任意 x_1、x_2 都满足 $f(x_1+x_2)=f(x_1)+f(x_2)$,且 $f(x)$ 在 $x=0$ 处连续,证明函数 $f(x)$ 在任意 x_0 点连续.

*9. 设 $f(x)$ 在闭区间 $[0,2a]$ 上连续,且 $f(0)=f(2a)$,证明在 $[0,a]$ 上至少存在一点 ξ,使 $f(\xi)=f(\xi+a)$.(提示:令 $F(x)=f(x)-f(x+a)$)

第 2 章 　导数与微分

　　微分学是微积分的两个主要组成部分之一,其主要的基本概念是导数和微分. 函数的导数是研究函数的因变量随自变量变化的快慢程度,即函数的变化率;而函数的微分是指当自变量有一个"局部微小"改变量时,用函数改变量的线性部分来近似代替该函数改变量而得到的重要概念. 以后,随着学习的深入我们会发现,"导数"与"微分"这两个看似不同的概念,却有着十分密切的联系.

2.1 　导数的概念

　　导数的概念来源于许多实际问题中的变化率问题,它描述了现实世界中非均匀变化的量瞬间变化的快慢程度.为了给出导数的概念,先看两个引例.

2.1.1 　引例

引例 2.1 　变速直线运动的速度

　　众所周知,当物体沿直线作平移运动时,物体运动的平均速度 $\bar{v}$ 是物体移动的位移 s 除以所用的时间 t ,即 $\bar{v}=\dfrac{s}{t}$. 如果物体沿直线作匀速(即速度是均匀的)运动时,平均速度 $\bar{v}$ 就可代表物体运动中每个瞬时的速度. 然而,若物体沿直线作变速运动时,即物体在运动的过程中的速度是变化的,或者说速度是非均匀的,这时就不能用平均速度 $\bar{v}$ 代表物体运动中每个瞬时的速度了. 那么,应该怎样刻画它的瞬时速度呢?

　　设一个物体作变速直线运动,已知位移随时间的变化规律为一个连续函数 $s=s(t)$. 这时物体的运动速度是随时间不断变化的,为了度量该物体在 t_0 时刻的瞬时速度,考察物体从 t_0 时刻到它邻近的 t 时刻的一个微小时段 $[t_0,t]$ 以及在这段时间里通过的位移 $s(t)-s(t_0)$,令 $\Delta t=t-t_0$, $\Delta s=s(t)-s(t_0)$. 则在这段时间里物体的平均速度为

$$\bar{v}=\frac{s(t)-s(t_0)}{t-t_0}=\frac{\Delta s}{\Delta t}$$

因为物体作变速直线运动，所以 $\bar{v}$ 不能刻画物体在 t_0 时刻的瞬时速度，而只能看作它的近似值．当 $|\Delta t|$ 取得越小，上面的近似表达就越精确．如果当 $\Delta t = t - t_0 \to 0$ 时，平均速度 $\dfrac{\Delta s}{\Delta t}$ 的极限存在，那么这个极限值就可定义为 t_0 时刻的瞬时速度 $v(t_0)$，即

$$v(t_0) = \lim_{\Delta t \to 0} \frac{\Delta s}{\Delta t} = \lim_{t \to t_0} \frac{s(t) - s(t_0)}{t - t_0} = \lim_{\Delta t \to 0} \frac{s(t_0 + \Delta t) - s(t_0)}{\Delta t}$$

引例 2.2　平面曲线的切线斜率

什么叫平面曲线的切线呢？大家知道，圆的切线可定义为"与圆只有一个交点的直线"．但是对于一般曲线，用"与曲线只有一个交点的直线"作为切线的定义就不一定合适．例如，对于抛物线 $y = x^2$，在原点 O 处两个坐标轴都符合上述定义，但实际上只有 x 轴才是该抛物线在点 O 处的切线．那么，应该怎样确切地定义平面曲线的切线以及怎样表示切线的方位呢？

设一条平面曲线为 C，它的方程 $y = f(x)$ 是一个连续函数（图 2-1），$M(x_0, y_0)$ 是曲线 C 上任一点，为了刻画曲线 C 上 M 点处的切线，考察曲线 C 上邻近 M 点的另外一点 $N(x, y)$，联结 M、N 得到曲线 C 上割线 MN，它的倾角为 β，则此割线的斜率为

$$\tan\beta = \frac{f(x) - f(x_0)}{x - x_0}$$

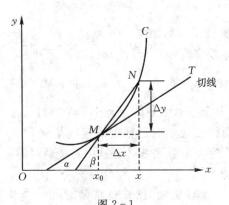

图 2-1

令 $x - x_0 = \Delta x$，$f(x) - f(x_0) = \Delta y$，当 $x \to x_0$，即 $\Delta x \to 0$ 时，点 N 将会沿着曲线 C 趋近于点 M，如果割线 MN 绕点 M 旋转的极限位置 MT 存在，则 MT 被称为曲线 C 在点 M 处的**切线**，这时割线 MN 的斜率就转化为切线 MT 的斜率：

$$\tan\alpha = \lim_{\Delta x \to 0} \tan\beta = \lim_{\Delta x \to 0} \frac{f(x_0 + \Delta x) - f(x_0)}{\Delta x}$$

上面两个例子所涉及的背景虽然很不相同,一个是物理问题,一个是几何问题,但是都用到了同一种方法:先在局部微小的范围内取得相应的近似值,然后通过无限缩小范围的极限方法得到所求的精确值. 以上两例在数学上都归结为当自变量的增量 $\Delta x \to 0$ 时,函数增量 Δy 与自变量增量 Δx 之比的极限,即

$$\lim_{\Delta x \to 0} \frac{\Delta y}{\Delta x} = \lim_{\Delta x \to 0} \frac{f(x_0 + \Delta x) - f(x_0)}{\Delta x}$$

上式中 $\frac{\Delta y}{\Delta x}$ 表示函数在 $[x_0, x_0 + \Delta x]$ 上的平均变化率,而 $\lim_{\Delta x \to 0} \frac{\Delta y}{\Delta x}$ 则为函数在 x_0 处的变化率.

在自然科学与社会科学的很多领域中,有许多实际问题,都可以归结为上述极限形式,即函数变化率问题,所以有必要抛开各个具体问题的实际背景,抓住它们的共性来研究此类极限的性质和求法,也就是要撇开这些量的具体意义,抽象出数量关系上的共性,给出导数的概念.

2.1.2 导数的概念

1. 函数在一点的导数与导函数

定义 2.1 设函数 $y = f(x)$ 在点 x_0 的某个邻域内有定义,在此邻域内,当自变量 x 在 x_0 处有增量 $\Delta x (x_0 + \Delta x$ 仍在邻域内)时,相应地函数 y 在 y_0 处有增量 $\Delta y = f(x_0 + \Delta x) - f(x_0)$;如果当 $\Delta x \to 0$ 时,Δy 与 Δx 之比的极限存在,则称函数 $y = f(x)$ 在点 x_0 处**可导**,并称这个极限为函数 $y = f(x)$ 在点 x_0 处的**导数**,记为 $y' |_{x = x_0}$,即

$$y' |_{x = x_0} = \lim_{\Delta x \to 0} \frac{\Delta y}{\Delta x} = \lim_{\Delta x \to 0} \frac{f(x_0 + \Delta x) - f(x_0)}{\Delta x} \tag{2.1}$$

也可记作 $f'(x_0), \dfrac{\mathrm{d}y}{\mathrm{d}x}\Big|_{x = x_0}$ 或 $\dfrac{\mathrm{d}f(x)}{\mathrm{d}x}\Big|_{x = x_0}$.

函数 $f(x)$ 在点 x_0 处可导,有时也说成 $f(x)$ 在点 x_0 的导数存在。若令 $x = x_0 + \Delta x$,则导数的定义(2.1)式也可改写成下列的形式:

$$f'(x_0) = \lim_{x \to x_0} \frac{f(x) - f(x_0)}{x - x_0} \tag{2.2}$$

或

$$f'(x_0) = \lim_{h \to 0} \frac{f(x_0 + h) - f(x_0)}{h} \tag{2.3}$$

(2.3)式中的 h 即自变量的增量 Δx.

如果函数 $y = f(x)$ 在区间 (a, b) 内的每一点 x 处都存在导数 $f'(x)$,则称函数 $y = f(x)$**在区间 (a, b) 内可导**,此时,由函数的定义可知 $f'(x)$ 是定义在 (a, b) 内的函数,称为 $f(x)$ 的**导函数**,记作 $y', f'(x), \dfrac{\mathrm{d}y}{\mathrm{d}x}$ 或 $\dfrac{\mathrm{d}f(x)}{\mathrm{d}x}$.

在(2.1)式或(2.3)式中把 x_0 换成 x,即得导函数的定义式

$$y' = \lim_{\Delta x \to 0} \frac{f(x + \Delta x) - f(x)}{\Delta x}$$

或

$$f'(x) = \lim_{h \to 0} \frac{f(x + h) - f(x)}{h}$$

注　$f'(x_0)$ 表示 $y = f(x)$ 在 $x = x_0$ 点变化的快慢,即 y 对 x 的变化率.在引例 2.1 中,在 t_0 时刻的瞬时速度就是位移 $s = s(t)$ 对时间 t 的变化率 $v = s'(t_0)$;在引例 2.2 中,曲线在 x_0 处切线的斜率是函数 $y = f(x)$ 对 x 的变化率 $f'(x_0)$.

还可以举一个电学中变化率的例子.

非恒定电流的电流强度

在恒定电流的电路中,导线中通过的电量 $q = q(t)$ 随时间 t 的变化是均匀的,也就是说,单位时间内通过导线的电量 $\dfrac{\Delta q}{\Delta t}$(即电量对时间的变化率)是常数,它就是电流强度 $i = \dfrac{\Delta q}{\Delta t}$. 若电路中的电流是变化的,即电量 $q = q(t)$ 随时间 t 的变化是非均匀的,则

$$\frac{\Delta q}{\Delta t} = \frac{q(t_0 + \Delta t) - q(t_0)}{\Delta t}$$

仅表示 Δt 时间内导线中的平均电流强度.为了求时刻 t_0 的电流强度 $i(t_0)$,就要求 Δt 无限变小趋于零,即 $q = q(t)$ 在 t_0 时刻对 t 的变化率:

$$i(t_0) = \lim_{\Delta t \to 0} \frac{\Delta q}{\Delta t} = \lim_{\Delta t \to 0} \frac{q(t_0 + \Delta t) - q(t_0)}{\Delta t} = q'(t_0)$$

例 2.1　已知函数 $f(x) = x^3$,求 $f'(0)$,$f'(1)$,$f'(x)$.

解　由导数的定义

$$f'(0) = \lim_{x \to 0} \frac{f(x) - f(0)}{x - 0} = \lim_{x \to 0} \frac{x^3}{x} = 0$$

$$f'(1) = \lim_{x \to 1} \frac{f(x) - f(1)}{x - 1} = \lim_{x \to 1} \frac{x^3 - 1}{x - 1} = \lim_{x \to 1}(x^2 + x + 1) = 3$$

$$f'(x) = \lim_{\Delta x \to 0} \frac{f(x + \Delta x) - f(x)}{\Delta x} = \lim_{\Delta x \to 0} \frac{(x + \Delta x)^3 - x^3}{\Delta x}$$

$$= \lim_{\Delta x \to 0} \frac{3x^2 \Delta x + 3x(\Delta x)^2 + (\Delta x)^3}{\Delta x} = \lim_{\Delta x \to 0}[3x^2 + 3x\Delta x + (\Delta x)^2] = 3x^2$$

理解了导数作为变化率的概念及导数的定义后,现在来研究导数存在的判定以及相关的问题.

2. 左导数与右导数

根据函数 $f(x)$ 在点 x_0 处导数的定义,$f'(x_0)$ 是一个极限,而极限存在的充分

必要条件是左、右极限都存在且相等,为此引入如下定义.

定义 2.2　设函数 $y = f(x)$ 在 x_0 的某个邻域内有定义,若函数在 x_0 处下列两个极限存在

$$\lim_{\Delta x \to 0^-} \frac{f(x_0 + \Delta x) - f(x_0)}{\Delta x} \quad 及 \quad \lim_{\Delta x \to 0^+} \frac{f(x_0 + \Delta x) - f(x_0)}{\Delta x}$$

则这两个极限分别称为函数 $f(x)$ 在点 x_0 处的**左导数**和**右导数**,记作 $f'_-(x_0)$ 及 $f'_+(x_0)$,即

$$f'_-(x_0) = \lim_{\Delta x \to 0^-} \frac{f(x_0 + \Delta x) - f(x_0)}{\Delta x}, \quad f'_+(x_0) = \lim_{\Delta x \to 0^+} \frac{f(x_0 + \Delta x) - f(x_0)}{\Delta x}$$

由导数和极限的定义可知,函数在点 x_0 处可导的充分必要条件是左导数 $f'_-(x_0)$ 和右导数 $f'_+(x_0)$ 都存在且相等.

如果函数 $f(x)$ 在开区间 (a,b) 内可导,且 $f'_+(a)$ 及 $f'_-(b)$ 都存在,就说 $f(x)$ 在闭区间 $[a,b]$ 上**可导**.

例 2.2　讨论函数 $f(x) = |x|$ 在 $x = 0$ 处的可导性.

解　因为　$\dfrac{f(0 + \Delta x) - f(0)}{\Delta x} = \dfrac{|\Delta x|}{\Delta x}$,

$$f'_+(0) = \lim_{\Delta x \to 0^+} \frac{f(0 + \Delta x) - f(0)}{\Delta x} = \lim_{\Delta x \to 0^+} \frac{\Delta x}{\Delta x} = 1$$

$$f'_-(0) = \lim_{\Delta x \to 0^-} \frac{f(0 + \Delta x) - f(0)}{\Delta x} = \lim_{\Delta x \to 0^-} \frac{-\Delta x}{\Delta x} = -1$$

因为 $f'_+(0) \neq f'_-(0)$,所以函数在点 $x = 0$ 处不可导.

2.1.3　导数的几何意义

若函数 $f(x)$ 在 x_0 处可导,即 $f'(x_0)$ 存在,它表示曲线 $y = f(x)$ 在点 $(x_0, f(x_0))$ 处切线的斜率,这就是导数 $f'(x_0)$ 的几何意义.

根据导数的几何意义,曲线 $y = f(x)$ 在点 $(x_0, f(x_0))$ 处的**切线方程**为

$$y - f(x_0) = f'(x_0)(x - x_0)$$

因为法线与切线正交,它们的斜率互为负倒数. 故法线的斜率为 $k_1 = -\dfrac{1}{f'(x_0)}$,则曲线 $y = f(x)$ 在点 $(x_0, f(x_0))$ 处的**法线方程**为

$$y - f(x_0) = -\frac{1}{f'(x_0)}(x - x_0) \quad (f'(x_0) \neq 0)$$

例 2.3　求等轴双曲线 $y = \dfrac{1}{x}$ 在点 $\left(\dfrac{1}{2}, 2\right)$ 处的切线的斜率,并写出在该点处的切线方程和法线方程.

解　根据导数的几何意义知道,所求切线的斜率为 $k=y'\Big|_{x=\frac{1}{2}}$,由导数的定义知

$$k=y'\Big|_{x=\frac{1}{2}}=\lim_{x\to\frac{1}{2}}\frac{f(x)-f\left(\frac{1}{2}\right)}{x-\frac{1}{2}}=\lim_{x\to\frac{1}{2}}\frac{\frac{1}{x}-2}{x-\frac{1}{2}}=-4$$

从而所求切线方程为

$$y-2=-4\left(x-\frac{1}{2}\right)$$

即

$$4x+y-4=0$$

设法线的斜率 k_1,则 $k_1=-\frac{1}{k}=\frac{1}{4}$,则所求

法线方程为

$$y-2=\frac{1}{4}\left(x-\frac{1}{2}\right)$$

即

$$2x-8y+15=0$$

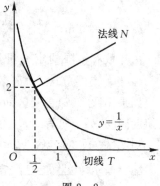

图 2-2

2.1.4　函数的可导性与连续性的关系

由前面的讨论可知,函数 $f(x)$ 在点 x_0 处连续,几何上表示曲线 $y=f(x)$ 在点 $(x_0,f(x_0))$ 处是连续或不间断的,而函数在点 $(x_0,f(x_0))$ 处的导数存在,在几何上表示曲线在该点处有切线;由此直观意义可得到"若函数 $f(x)$ 在点 x_0 处可导则在该点处必连续"的结论. 下面来证明这个结论确实是正确的.

定理 2.1　若函数 $f(x)$ 在点 x_0 处可导,则 $f(x)$ 在点 x_0 处必连续.

证　设函数 $y=f(x)$ 在点 x_0 处可导,即 $\lim_{\Delta x\to 0}\frac{\Delta y}{\Delta x}=f'(x_0)$ 存在. 由函数极限与无穷小的关系知道,$\frac{\Delta y}{\Delta x}=f'(x_0)+\alpha$,其中 α 为当 $\Delta x\to 0$ 时的无穷小量. 上式两边同乘以 Δx,得

$$\Delta y=f'(x_0)\Delta x+\alpha\Delta x$$

由此可见,当 $\Delta x\to 0$ 时,$\Delta y\to 0$. 这就是说,函数 $y=f(x)$ 在点 x_0 处是连续的.

另一方面,一个函数在某点连续却不一定在该点处可导. 例如,$f(x)=|x|$ 在 $x=0$ 处连续但不可导(见例 2.2).

2.1.5　求导数举例

下面根据导数定义,求一些简单函数的导数.

例 2.4　求常值函数 $f(x) = c$　（c 为常数）的导数.

解　$f'(x) = \lim\limits_{\Delta x \to 0} \dfrac{f(x + \Delta x) - f(x)}{\Delta x} = \lim\limits_{\Delta x \to 0} \dfrac{c - c}{\Delta x} = 0$，即 $c' = 0$. 这就是说，常数的

导数等于零.

例 2.5　求幂函数 $f(x) = x^n$（n 为正整数）在 $x = a$ 处的导数.

解
$$f'(a) = \lim\limits_{x \to a} \frac{f(x) - f(a)}{x - a} = \lim\limits_{x \to a} \frac{x^n - a^n}{x - a}$$
$$= \lim\limits_{x \to a}(x^{n-1} + ax^{n-2} + \cdots + a^{n-1}) = na^{n-1}$$

把以上结果中的 a 换成 x 得 $f'(x) = nx^{n-1}$，即　$\dfrac{\mathrm{d}(x^n)}{\mathrm{d}x} = nx^{n-1}$.

例 2.5 的结论可以推广到更一般的情况，即对于幂函数 $y = x^\mu$（μ 为任意常数），有 $(x^\mu)' = \mu x^{\mu-1}$. 这就是幂函数的导数公式. 例如

当 $\mu = \dfrac{1}{2}$ 时，幂函数 $y = x^{\frac{1}{2}} = \sqrt{x}$　（$x > 0$）的导数为

$$\frac{\mathrm{d}}{\mathrm{d}x}(x^{\frac{1}{2}}) = \frac{1}{2}x^{\frac{1}{2}-1} = \frac{1}{2}x^{-\frac{1}{2}}，即　(\sqrt{x})' = \frac{1}{2\sqrt{x}}$$

当 $\mu = -1$ 时，幂函数 $y = x^{-1} = \dfrac{1}{x}$（$x \neq 0$）的导数为

$$(x^{-1})' = (-1)x^{-1-1} = -x^{-2}，即　\left(\frac{1}{x}\right)' = -\frac{1}{x^2}$$

例 2.6　求函数 $f(x) = \sin x$ 的导数.

解　$f'(x) = \lim\limits_{h \to 0} \dfrac{f(x + h) - f(x)}{h} = \lim\limits_{h \to 0} \dfrac{\sin(x + h) - \sin x}{h}$

$$= \lim\limits_{h \to 0} \frac{1}{h} \cdot 2\cos\left(x + \frac{h}{2}\right)\sin\frac{h}{2} = \lim\limits_{h \to 0}\cos\left(x + \frac{h}{2}\right) \cdot \frac{\sin\dfrac{h}{2}}{\dfrac{h}{2}}$$

$$= \cos x$$

即
$$(\sin x)' = \cos x$$

用类似的方法，可求得

$$(\cos x)' = -\sin x$$

例 2.7　求对数函数 $f(x) = \log_a x$（$a > 0, a \neq 1$）的导数.

解　$f'(x) = \lim\limits_{\Delta x \to 0} \dfrac{f(x + \Delta x) - f(x)}{\Delta x} = \lim\limits_{\Delta x \to 0} \dfrac{\log_a(x + \Delta x) - \log_a x}{\Delta x}$

$$= \lim\limits_{\Delta x \to 0} \frac{1}{\Delta x}\left(\log_a \frac{x + \Delta x}{x}\right)　\left(\because \log_a b - \log_a c = \log_a \frac{b}{c}\right)$$

$$= \lim_{\Delta x \to 0} \frac{1}{\Delta x} \left[\log_a \left(1 + \frac{\Delta x}{x} \right) \right] = \frac{1}{x} \lim_{\Delta x \to 0} \frac{x}{\Delta x} \left[\log_a \left(1 + \frac{\Delta x}{x} \right) \right]$$

$$= \frac{1}{x} \lim_{\Delta x \to 0} \log_a \left(1 + \frac{\Delta x}{x} \right)^{x/\Delta x} \quad (\because \quad c \log_a b = \log_a b^c)$$

因为对数函数是连续函数,可以把极限取到对数符号里面去,所以

$$\frac{\mathrm{d}}{\mathrm{d} x} (\log_a x) = \frac{1}{x} \log_a \lim_{\Delta x \to 0} \left(1 + \frac{\Delta x}{x} \right)^{x/\Delta x} = \frac{1}{x} \log_a \lim_{\Delta x/x \to 0} \left(1 + \frac{\Delta x}{x} \right)^{x/\Delta x}$$

$$= \frac{1}{x} \log_a \mathrm{e} \quad [利用了基本极限 \lim_{t \to 0} (1+t)^{1/t} = \mathrm{e}]$$

因为 $\log_a \mathrm{e} = \log_e a = \ln a$,则

$$(\log_a x)' = \frac{1}{x \ln a}$$

当 $a = \mathrm{e}$ 时,即自然对数,则

$$(\ln x)' = \frac{1}{x}$$

例 2.8　求指数函数 $f(x) = a^x (a > 0, a \neq 1)$ 的导数.

解　$f'(x) = \lim_{\Delta x \to 0} \frac{f(x + \Delta x) - f(x)}{\Delta x} = \lim_{\Delta x \to 0} \frac{a^{x + \Delta x} - a^x}{\Delta x} = a^x \lim_{\Delta x \to 0} \frac{a^{\Delta x} - 1}{\Delta x}$

令 $t = a^{\Delta x} - 1$,则 $\Delta x = \log_a (1 + t) = \frac{\ln(1 + t)}{\ln a}$,易见当 $\Delta x \to 0$ 时,$t \to 0$,故

$$f'(x) = a^x \lim_{\Delta x \to 0} \frac{a^{\Delta x} - 1}{\Delta x} = a^x \lim_{t \to 0} \frac{t \ln a}{\ln(1 + t)}$$

$$= a^x \lim_{t \to 0} \frac{\ln a}{\ln(1 + t)^{\frac{1}{t}}} = a^x \ln a$$

即

$$(a^x)' = a^x \ln a$$

特殊地,当 $a = \mathrm{e}$ 时,因 $\ln \mathrm{e} = 1$,故有

$$(\mathrm{e}^x)' = \mathrm{e}^x$$

上式表明,以 e 为底的指数函数的导数就是它自己,这是以 e 为底的指数函数的一个重要特性.

例 2.9　讨论 $f(x) = \begin{cases} x^2 + 1, & x < 1 \\ 2x, & x \geq 1 \end{cases}$ 在点 $x = 1$ 连续性与可导性.

解　$\because f'_-(1) = \lim_{x \to 1^-} \frac{f(x) - f(1)}{x - 1} = \lim_{x \to 1^-} \frac{x^2 + 1 - 2}{x - 1} = 2$

$$f'_+(1) = \lim_{x \to 1^+} \frac{f(x) - f(1)}{x - 1} = \lim_{x \to 1^+} \frac{2x - 2}{x - 1} = 2$$

所以 $f(x)$ 在 $x = 1$ 处可导,$f'(1) = 2$,由定理 2.1 知,函数 $f(x)$ 在 $x = 1$ 点是连续的.

例 2.10　已知 $f'(x_0)=A$，求 $\lim\limits_{h\to 0}\dfrac{f(x_0+h)-f(x_0-h)}{h}$．

解　　$\lim\limits_{h\to 0}\dfrac{f(x_0+h)-f(x_0-h)}{h}$

$$=\lim_{h\to 0}\frac{\left[f(x_0+h)-f(x_0)\right]-\left[f(x_0-h)-f(x_0)\right]}{h}$$

$$=\lim_{h\to 0}\left[\frac{f(x_0+h)-f(x_0)}{h}+\frac{f(x_0-h)-f(x_0)}{-h}\right]$$

$$=2f'(x_0)=2A$$

例 2.11　已知 $f(0)=1,\lim\limits_{x\to 0}\dfrac{f(2x)-1}{3x}=4$，求 $f'(0)$．

解　$\because$　$\lim\limits_{x\to 0}\dfrac{f(2x)-1}{3x}=\lim\limits_{x\to 0}\dfrac{2}{3}\dfrac{f(2x)-f(0)}{2x}=\dfrac{2}{3}f'(0)=4$

$\therefore$　$f'(0)=6$．

习题 2 - 1

1. 设有一根细棒，取棒的一端作为原点，棒上任意点的坐标为 x，于是分布在区间 $[0,x]$ 上细棒的质量 m 是 x 的函数 $m=m(x)$．应怎样确定细棒在点 x_0 处的线密度（对于均匀细棒来说，单位长度细棒的质量叫做这细棒的线密度）？

2. 当物体的温度高于周围介质的温度时，物体就不断冷却。若物体的温度 T 与时间 t 的函数关系为 $T=T(t)$，应怎样确定该物体在时刻 t 的冷却速度？

3. 下列各题中均假定 $f'(x_0)$ 存在，按照导数的定义观察下列极限，指出 A 表示什么：

(1) $\lim\limits_{\Delta x\to 0}\dfrac{f(x_0-\Delta x)-f(x_0)}{\Delta x}=A$；

(2) $\lim\limits_{h\to 0}\dfrac{f(x_0+h)-f(x_0-h)}{h}=A$；

(3) $\lim\limits_{x\to 0}\dfrac{f(x)}{x}=A$　其中 $f(0)=0$，且 $f'(0)$ 存在．

4. 求下列函数的导数：

(1) $y=\sqrt[3]{x^2}$　　(2) $y=\dfrac{1}{\sqrt{x}}$　　(3) $y=\dfrac{x^2\sqrt[3]{x^2}}{\sqrt{x^5}}$

5. 设函数 $f(x)=\begin{cases}x^k\sin\dfrac{1}{x}, & x\neq 0 \\ 0, & x=0\end{cases}$，问 k 满足什么条件时，$f(x)$ 在 $x=0$ 处

(1)连续；　　(2)可导．

6. 设函数 $f(x)=\begin{cases}x^2, & x\leqslant 1\\ ax+b & x>1\end{cases}$,为使函数 $f(x)$ 在 $x=1$ 处连续且可导,a、b 应取什么值?

7. 确定常数 a 与 b,使得 $f(x)=\begin{cases}\dfrac{4}{x}, & x\leqslant 1\\ ax^2+bx+1, & x>1\end{cases}$ 在 $x=1$ 处可导.

8. 求曲线 $y=\sqrt{x}$ 在点 $(1,1)$ 处的切线方程和法线方程.

9. 在抛物线 $y=x^2$ 上取横坐标为 $x_1=1$ 及 $x_2=3$ 的两点,作过这两点的割线,问该抛物线哪一点的切线平行于这条割线?

10. 已知 $f(x)=\begin{cases}\sin x, & x<0\\ x, & x\geqslant 0\end{cases}$,求 $f'(x)$.

11. 抛物镜面的聚光问题. 探照灯、汽车灯以及日用的手电筒,它们的反光镜都采用旋转抛物面,即抛物线绕对称轴一周而成的曲面. 这种反光镜有一个很好的光学特征:如果把光源放在抛物线的焦点 F 处,光线经镜面反射后能变成与对称轴平行的光束(见图 a).

为方便起见,不妨设抛物线的方程为 $y=\sqrt{x}$,焦点 F 的坐标为 $F(\dfrac{1}{4},0)$. 根据光学原理,光线的入射角等于反射角. 所以只要能证明,由焦点 F 处发出的光经曲线上任意一点 P 反射后成为水平线 PM,即 $\beta_1=\beta_2$(见图 b)就可以了. 请利用导数的几何意义证明这个结论.

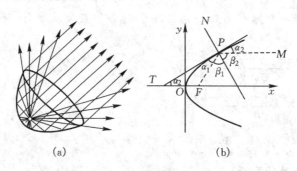

(a)　　　　　　　　　　(b)

第 11 题图

2.2　函数的求导法则

从上一节的一些例子可知,直接利用定义来计算函数导数,对于一些简单的函数还可以,但对于比较复杂函数的求导往往是很困难的. 本节将介绍求函数导数的几个基本法则和基本初等函数的导数公式. 借助于这些法则与公式,就能比较方便地求出常见函数的导数.

2.2.1　导数的四则运算法则

根据导数定义,很容易得到和、差、积、商等函数的四则运算的求导法则.

定理 2.2　若函数 $u(x),v(x)$ 在点 x 处可导,则

$u(x)\pm v(x)$、$u(x)\cdot v(x)$、$\dfrac{u(x)}{v(x)}(v(x)\neq 0)$ 也在点 x 处可导,且

(1) $[u(x)\pm v(x)]'=u'(x)\pm v'(x)$;

(2) $[u(x)\cdot v(x)]'=u'(x)v(x)+u(x)v'(x)$;

(3) $\left[\dfrac{u(x)}{v(x)}\right]'=\dfrac{u'(x)v(x)-u(x)v'(x)}{v^2(x)},v(x)\neq 0$

证　(1) 设 $f(x)=u(x)\pm v(x)$,则

$$f'(x)=\lim_{\Delta x\to 0}\frac{f(x+\Delta x)-f(x)}{\Delta x}$$

$$=\lim_{\Delta x\to 0}\frac{[u(x+\Delta x)\pm v(x+\Delta x)]-[u(x)\pm v(x)]}{\Delta x}$$

$$=\lim_{\Delta x\to 0}\left[\frac{u(x+\Delta x)-u(x)}{\Delta x}\pm\frac{v(x+\Delta x)-v(x)}{\Delta x}\right]$$

由于 $u'(x),v'(x)$ 存在,即

$$u'(x)=\lim_{\Delta x\to 0}\frac{u(x+\Delta x)-u(x)}{\Delta x},\quad v'(x)=\lim_{\Delta x\to 0}\frac{v(x+\Delta x)-v(x)}{\Delta x}$$

所以　　　　　　　　　　$f'(x)=u'(x)\pm v'(x)$

即　　　　　　　　　$[u(x)\pm v(x)]'=u'(x)\pm v'(x)$

(2) 设 $f(x)=u(x)v(x)$,则

$$f'(x)=\lim_{\Delta x\to 0}\frac{f(x+\Delta x)-f(x)}{\Delta x}$$

$$=\lim_{\Delta x\to 0}\frac{u(x+\Delta x)v(x+\Delta x)-u(x)v(x)}{\Delta x}$$

$$=\lim_{\Delta x\to 0}\frac{u(x+\Delta x)v(x+\Delta x)-u(x)v(x+\Delta x)+u(x)v(x+\Delta x)-u(x)v(x)}{\Delta x}$$

$$=\lim_{\Delta x\to 0}\left[\frac{u(x+\Delta x)-u(x)}{\Delta x}\cdot v(x+\Delta x)+u(x)\cdot\frac{v(x+\Delta x)-v(x)}{\Delta x}\right]$$

$$=\lim_{\Delta x\to 0}\frac{u(x+\Delta x)-u(x)}{\Delta x}\cdot\lim_{\Delta x\to 0}v(x+\Delta x)+u(x)\cdot\lim_{\Delta x\to 0}\frac{v(x+\Delta x)-v(x)}{\Delta x}$$

$$=u'(x)v(x)+u(x)v'(x)$$

其中, $\lim\limits_{\Delta x \to 0} v(x+\Delta x)=v(x)$ 是由于 $v(x)$ 在 x 可导,故 $v(x)$ 在点 x 处连续. 因此,函数 $f(x)$ 在点 x 处可导,且

$$f'(x)=u'(x)v(x)+u(x)v'(x)$$

即

$$[u(x)\cdot v(x)]'=u'(x)v(x)+u(x)v'(x)$$

特殊地,如果 $v(x)=c\,(c$ 为常数),则因 $(c)'=0$,故有

$$[cu(x)]'=cu'(x)$$

请读者自行证明(3).

加法和乘积的求导法则也可以推广到任意有限个函数之和与积的情形,例如

$$[u(x)\pm v(x)\pm w(x)]'=u'(x)\pm v'(x)\pm w'(x)$$
$$(uvw)'=[(uv)w]'=(uv)'w+(uv)w'$$
$$=u'vw+uv'w+uvw'$$

例 2.12　设 $f(x)=x^4+4\cos x-\mathrm{e}^3$,求 $f'(x)$ 及 $f'\left(\dfrac{\pi}{2}\right)$.

解　$f'(x)=(x^4)'+4(\cos x)'-(\mathrm{e}^3)'=4x^3-4\sin x$,

将 $x=\dfrac{\pi}{2}$ 代入上式得

$$f'\left(\frac{\pi}{2}\right)=\frac{1}{2}\pi^3-4$$

例 2.13　设 $f(x)=\mathrm{e}^x\sin x$,求 $f'(x)$.

解　由导数的乘法公式,

$$f'(x)=(\mathrm{e}^x)'\sin x+\mathrm{e}^x(\sin x)'=\mathrm{e}^x\sin x+\mathrm{e}^x\cos x$$

例 2.14　设 $y=\tan x$,求 y'.

解　由导数的除法公式,

$$y'=(\tan x)'=\left(\frac{\sin x}{\cos x}\right)'=\frac{(\sin x)'\cos x-\sin x(\cos x)'}{\cos^2 x}$$
$$=\frac{\cos^2 x+\sin^2 x}{\cos^2 x}=\frac{1}{\cos^2 x}=\sec^2 x$$

即

$$(\tan x)'=\sec^2 x$$

例 2.15　设 $y=\sec x$,求 y'.

解　$y'=(\sec x)'=\left(\dfrac{1}{\cos x}\right)'=\dfrac{(1)'\cos x-1\cdot(\cos x)'}{\cos^2 x}=\dfrac{\sin x}{\cos^2 x}=\sec x\tan x$

即

$$(\sec x)'=\sec x\tan x$$

用类似方法,还可求得余切函数及余割函数的导数公式:

$$(\cot x)'=-\csc^2 x,\quad (\csc x)'=-\csc x\cot x$$

例 2.16 设 $y=x\mathrm{e}^x+\dfrac{2\sec x}{1+x^2}$，求 y'.

解 $y'=(x\mathrm{e}^x)'+\left(\dfrac{2\sec x}{1+x^2}\right)'=(\mathrm{e}^x+x\mathrm{e}^x)+\dfrac{(2\sec x)'(1+x^2)-2\sec x(1+x^2)'}{(1+x^2)^2}$

$=\mathrm{e}^x+x\mathrm{e}^x+\dfrac{2\sec x[\tan x(1+x^2)-2x]}{(1+x^2)^2}$

2.2.2 反函数的求导法则

定理 2.3 若函数 $x=\varphi(y)$ 在某区间 I_y 内单调、可导且 $\varphi'(y)\neq0$，那么它的反函数 $y=f(x)$ 在对应区间 I_x 内也可导，且有

$$f'(x)=\frac{1}{\varphi'(y)} \tag{2.4}$$

*证 设 $x\in I_x$ 有个增量 $\Delta x\neq0$，且 $x+\Delta x\in I_x$，由 $y=f(x)$ 的单调性知

$$\Delta y=f(x+\Delta x)-f(x)\neq0$$

于是

$$\frac{\Delta y}{\Delta x}=\frac{1}{\dfrac{\Delta x}{\Delta y}}$$

令 $\Delta x\to0$，由函数的连续性，有 $\Delta y\to0$，等式两边取极限即得

$$f'(x)=\lim_{\Delta x\to0}\frac{\Delta y}{\Delta x}=\frac{1}{\lim\limits_{\Delta y\to0}\dfrac{\Delta x}{\Delta y}}=\frac{1}{\varphi'(y)}$$

定理 2.3 表明：反函数的导数等于直接函数导数的倒数.

例 2.17 已知函数 $y=\arcsin x$，求 y'.

解 设 $x=\sin y$ 为直接函数，则 $y=\arcsin x$ 是它的反函数. 函数 $x=\sin y$ 在开区间 $I_y=\left(-\dfrac{\pi}{2},\dfrac{\pi}{2}\right)$ 内单调、可导，且 $(\sin y)'=\cos y>0$. 因此由定理 2.3，在对应区间 $I_x=(-1,1)$ 内有 $(\arcsin x)'=\dfrac{1}{(\sin y)'}=\dfrac{1}{\cos y}$. 但 $\cos y=\sqrt{1-\sin^2 y}=\sqrt{1-x^2}$，从而得反正弦函数的导数公式：

$$(\arcsin x)'=\frac{1}{\sqrt{1-x^2}}$$

用类似的方法可得下列的导数公式：

$$(\arccos x)'=-\frac{1}{\sqrt{1-x^2}}, \quad (\arctan x)'=\frac{1}{1+x^2}, \quad (\mathrm{arccot}\,x)'=-\frac{1}{1+x^2}$$

至此，全部基本初等函数的求导公式都已给出，读者应通过多做习题把这些基本初等函数的导数公式记牢并能熟练地运用.

2.2.3　复合函数的求导法则

到目前为止，对于 $\ln(\tan x)$，$\sin 2x$，e^{x^2} 这样的复合函数，还不知道它们是否可导？如果可导，怎样求它们的导数？

先看一个简单的复合函数 $y=\sin 2x$ 的求导问题：已知公式 $(\sin x)'=\cos x$，那么，对复合函数 $\sin 2x$ 的导数能否直接在这个公式中将"x"换成"$2x$"呢？即"$(\sin 2x)'=\cos 2x$"是否正确？事实上这是不正确的，那么问题出在哪里呢？因为函数 $y=\sin 2x$ 是一个复合函数，其中 $2x$ 不是真正的自变量，而是一个中间变量！正确的答案如下：

$$(\sin 2x)'=(2\sin x\cos x)'=2[(\sin x)'\cos x+\sin x(\cos x)']$$
$$=2[\cos^2 x-\sin^2 x]=2\cos 2x$$

这里除了有"$\cos 2x$"以外，还多出了一个"2"．可见对复合函数的求导，需要探索新的求导法则．

定理 2.4（复合函数求导法则） 设 $u=\varphi(x)$ 在点 x_0 可导，而 $y=f(u)$ 在与 x_0 相对应的点 $u_0=\varphi(x_0)$ 可导，则复合函数 $y=f(\varphi(x))$ 在点 x_0 可导，且其导数为

$$\left.\frac{\mathrm{d}y}{\mathrm{d}x}\right|_{x=x_0}=f'(u_0)\cdot\varphi'(x_0) \tag{2.5}$$

证 由于 $y=f(u)$ 在点 u_0 可导，因此 $\lim\limits_{\Delta u\to 0}\dfrac{\Delta y}{\Delta u}=f'(u_0)$ 存在，于是根据极限与无穷小的关系有

$$\frac{\Delta y}{\Delta u}=f'(u_0)+\alpha$$

其中 α 是 $\Delta u\to 0$ 时的无穷小量．上式中 $\Delta u\neq 0$，用 Δu 乘上式两边，得

$$\Delta y=f'(u_0)\Delta u+\alpha\cdot\Delta u$$

任取 x 的增量 $\Delta x\neq 0$，当 $\Delta u\neq 0$ 时，将 Δx 除以 $\Delta y=f'(u_0)\Delta u+\alpha\cdot\Delta u$ 两边，得

$$\frac{\Delta y}{\Delta x}=f'(u_0)\frac{\Delta u}{\Delta x}+\alpha\cdot\frac{\Delta u}{\Delta x}$$

于是

$$\lim_{\Delta x\to 0}\frac{\Delta y}{\Delta x}=\lim_{\Delta x\to 0}\left(f'(u_0)\frac{\Delta u}{\Delta x}+\alpha\cdot\frac{\Delta u}{\Delta x}\right)$$

根据函数在某点可导必在该点连续的性质，当 $\Delta x\to 0$ 时，$\Delta u\to 0$，从而推知，

$$\lim_{\Delta x\to 0}\alpha=\lim_{\Delta u\to 0}\alpha=0$$

又因 $u=\varphi(x)$ 在点 x_0 可导，则 $\lim\limits_{\Delta x\to 0}\dfrac{\Delta u}{\Delta x}=\varphi'(x_0)$，故 $\lim\limits_{\Delta x\to 0}\dfrac{\Delta u}{\Delta x}=f'(u_0)\cdot\lim\limits_{\Delta x\to 0}\dfrac{\Delta u}{\Delta x}$，

即
$$\frac{\mathrm{d}y}{\mathrm{d}x}\Big|_{x=x_0}=f'(u_0)\cdot\varphi'(x_0)$$

当 $\Delta u=0$ 时,可证明求导公式同样成立.

复合函数的求导法则,也称为"**链导法**".有了复合函数的链导法,现在再来求复合函数 $y=\sin2x$ 的导数,就有
$$(\sin2x)'=\cos2x\cdot(2x)'=2\cos2x$$

复合函数的求导法则可以推广到多个中间变量的情形.以两个中间变量为例,设 $y=f(u),u=\varphi(v),v=\psi(x)$,则 $\dfrac{\mathrm{d}y}{\mathrm{d}x}=\dfrac{\mathrm{d}y}{\mathrm{d}u}\cdot\dfrac{\mathrm{d}u}{\mathrm{d}x}$,而 $\dfrac{\mathrm{d}u}{\mathrm{d}x}=\dfrac{\mathrm{d}u}{\mathrm{d}v}\cdot\dfrac{\mathrm{d}v}{\mathrm{d}x}$,故复合函数 $y=f\{\varphi[\psi(x)]\}$ 的导数为
$$\frac{\mathrm{d}y}{\mathrm{d}x}=\frac{\mathrm{d}y}{\mathrm{d}u}\cdot\frac{\mathrm{d}u}{\mathrm{d}v}\cdot\frac{\mathrm{d}v}{\mathrm{d}x}=f'(\varphi)\varphi'(\psi)\psi'(x)$$

当然,这里假定上式右端所出现的导数在相应处都存在.

例 2.18　设 $y=\ln\cos(\mathrm{e}^x)$,求 $\dfrac{\mathrm{d}y}{\mathrm{d}x}$.

解　所给函数可分解为 $y=\ln u,u=\cos v$ 和 $v=\mathrm{e}^x$,

因为
$$\frac{\mathrm{d}y}{\mathrm{d}u}=\frac{1}{u},\quad \frac{\mathrm{d}u}{\mathrm{d}v}=-\sin v,\quad \frac{\mathrm{d}v}{\mathrm{d}x}=\mathrm{e}^x$$

故
$$\frac{\mathrm{d}y}{\mathrm{d}x}=\frac{1}{u}(-\sin v)\mathrm{e}^x=-\frac{\sin(\mathrm{e}^x)}{\cos(\mathrm{e}^x)}\cdot\mathrm{e}^x=-\mathrm{e}^x\tan(\mathrm{e}^x)$$

如果不写出中间变量,此例可写成:
$$\frac{\mathrm{d}y}{\mathrm{d}x}=[\ln\cos(\mathrm{e}^x)]'=\frac{1}{\cos(\mathrm{e}^x)}[\cos(\mathrm{e}^x)]'=\frac{-\sin(\mathrm{e}^x)}{\cos(\mathrm{e}^x)}(\mathrm{e}^x)'=-\mathrm{e}^x\tan(\mathrm{e}^x)$$

例 2.19　设 $y=\ln\sin x$,求 $\dfrac{\mathrm{d}y}{\mathrm{d}x}$.

解　$\dfrac{\mathrm{d}y}{\mathrm{d}x}=(\ln\sin x)'=\dfrac{1}{\sin x}(\sin x)'=\dfrac{\cos x}{\sin x}=\cot x.$

在更多的情况下,复合函数的求导法则要与四则运算的求导法则结合起来使用.

例 2.20　设 $y=\ln(\sqrt{x^2+1}+x)$,求 $\dfrac{\mathrm{d}y}{\mathrm{d}x}$.

解
$$\frac{\mathrm{d}y}{\mathrm{d}x}=[\ln(\sqrt{x^2+1}+x)]'$$
$$=\frac{1}{\sqrt{x^2+1}+x}\cdot\left(\frac{1}{2\sqrt{x^2+1}}\cdot2x+1\right)$$
$$=\frac{1}{\sqrt{x^2+1}+x}\cdot\frac{x+\sqrt{x^2+1}}{\sqrt{x^2+1}}=\frac{1}{\sqrt{x^2+1}}$$

例 2.21 设 $y=f(x)=\begin{cases}e^{2x}-x-1, & x<0 \\ x & x\geqslant0\end{cases}$,求 $\dfrac{\mathrm{d}y}{\mathrm{d}x}$.

解 对于分段函数求导,由于分段函数的各分段子区间上的表达式往往都是初等函数,所以可以分别求出各分段子区间内的导函数,再按导数定义求出各子区间的分界点处的导数,最后所得结果用分段函数表示出来.

当 $x\in(-\infty,0)$时,$f(x)=e^{2x}-x-1$, 所以 $f'(x)=2e^{2x}-1$;

当 $x\in(0,+\infty)$时,$f(x)=x$, 所以 $f'(x)=1$;

当 $x=0$ 时,$f'_-(0)=\lim\limits_{x\to0^-}\dfrac{f(x)-f(0)}{x}=\lim\limits_{x\to0^-}\dfrac{e^{2x}-x-1}{x}=\lim\limits_{x\to0^-}\left(\dfrac{e^{2x}-1}{x}-1\right)$

由于当 $x\to0$ 时,$e^x-1\sim x$,所以 $e^{2x}-1\sim2x$,因而 $\lim\limits_{x\to0^-}\dfrac{e^{2x}-1}{x}=\lim\limits_{x\to0^-}\dfrac{2x}{x}=2$,

故　　　　　　　　　　$f'_-(0)=\lim\limits_{x\to0^-}\left(\dfrac{e^{2x}-1}{x}-1\right)=2-1=1$

又　　　　　　　　　　$f'_+(0)=\lim\limits_{x\to0^+}\dfrac{f(x)-f(0)}{x}=\lim\limits_{x\to0^+}\dfrac{x}{x}=1$

所以 $f'(0)=1$.

综上所述得　　　　　　$y'=f'(x)=\begin{cases}2e^{2x}-1, & x<0 \\ 1, & x\geqslant0\end{cases}$

例 2.22 设 $f(x)$是可导函数,$y=f(x^2)+f^2(x)$,求 $\dfrac{\mathrm{d}y}{\mathrm{d}x}$.

解 $\dfrac{\mathrm{d}y}{\mathrm{d}x}=[f(x^2)]'+[f^2(x)]'=f'(x^2)\cdot2x+2f(x)f'(x)$

2.2.4 初等函数求导小结

到目前为止,我们已经求出了基本初等函数的导数. 而初等函数是由基本初等函数经过有限次四则运算和复合运算所构成的. 因此可以利用基本初等函数的导数公式和导数的四则运算法则、链导法则来解决初等函数的求导问题,鉴于基本初等函数的求导公式和上述求导法则在初等函数的求导运算中起着重要的作用,读者一定要熟练地掌握和运用它们,为了便于查阅,现将这些导数公式和求导法则归纳如下:

1. 常数和基本初等函数的导数公式

$C'=0$（C 为常数）	$(x^\mu)'=\mu x^{\mu-1}$（μ 为常数）
$(a^x)'=a^x\ln a(a>0,a\neq1)$	$(e^x)'=e^x$
$(\log_a x)'=\dfrac{1}{x\ln a}(a>0,a\neq1)$	$(\ln x)'=\dfrac{1}{x}$
$(\sin x)'=\cos x$	$(\cos x)'=-\sin x$

续表

$(\tan x)' = \sec^2 x$	$(\cot x)' = -\csc^2 x$
$(\sec x)' = \sec x \tan x$	$(\csc x)' = -\csc x \cot x$
$(\arcsin x)' = \dfrac{1}{\sqrt{1-x^2}}$	$(\arccos x)' = -\dfrac{1}{\sqrt{1-x^2}}$
$(\arctan x)' = \dfrac{1}{1+x^2}$	$(\text{arccot} x)' = -\dfrac{1}{1+x^2}$

2. 函数的和、差、积、商的求导法则

设 $u=u(x), v=v(x)$ 都可导,则

$(u \pm v)' = u' \pm v'$	$(Cu)' = Cu'$(C 是常数)
$(uv)' = u'v + uv'$	$\left(\dfrac{u}{v}\right)' = \dfrac{u'v - uv'}{v^2}$($v \neq 0$)

3. 复合函数的求导法则

设 $y=f(u)$,而 $u=\varphi(x)$ 且 $f(u)$ 及 $\varphi(x)$ 都可导,则复合函数 $y=f[\varphi(x)]$ 的导数为

$$\frac{\mathrm{d}y}{\mathrm{d}x} = \frac{\mathrm{d}y}{\mathrm{d}u} \cdot \frac{\mathrm{d}u}{\mathrm{d}x} \quad 或 \quad y'(x) = f'(u) \cdot \varphi'(x)$$

习题 2－2

1. 求下列函数的导数:

(1) $y = x^3 - \dfrac{5}{x^4} + \sqrt[3]{x}$　　　　(2) $y = x^2 + 2^x - \mathrm{e}^x$

(3) $y = 3\tan x + \sec x - 1$　　　　(4) $y = \dfrac{x^5 - 5x + 1}{x^3}$

(5) $y = \mathrm{e}^x \cos x$　　　　(6) $y = \sqrt{x}\, \sin x$

(7) $y = \dfrac{\mathrm{e}^x \sin x}{x} - \ln 2$　　　　(8) $y = \dfrac{1}{2+\sqrt{x}} - \dfrac{1}{2-\sqrt{x}}$

(9) $y = x^3 \cot x \ln x$　　　　(10) $s = \dfrac{1+\sin t}{1+\cos t}$

2. 设曲线 $y = ax^3 + bx^2 + cx + d$ 在点 $(0,1)$ 和点 $(1,0)$ 都有水平的切线,求常数 a, b, c, d 的值。

3. 求下列函数的导数:

(1) $y = (3x-5)^4$　　　　(2) $y = \sin(1-2x)$

(3) $y=\arcsin(\mathrm{e}^x)$ 　　　　　(4) $y=\ln\sqrt{1-2x}$

(5) $y=\arctan\dfrac{1}{x}$ 　　　　　(6) $y=\ln\ln\ln x$

(7) $y=\tan(x^2)$ 　　　　　(8) $y=f(\sin^2 x)\,(f(u)\text{可导})$

4. 求曲线 $y=\sin 2x+x^2$ 在 $x=0$ 点处的切线方程与法线方程.

5. 求下列函数的导数

(1) $y=\mathrm{e}^{-2x}\cos 3x$ 　　　　　(2) $y=\dfrac{x}{\sqrt{a^2-x^2}}$

(3) $y=\ln(\sec x+\tan x)$ 　　　　　(4) $y=\dfrac{x}{2}\sqrt{a^2-x^2}+\dfrac{a^2}{2}\arcsin\dfrac{x}{a}\,(a>0)$

(5) $y=\sin^n x\cos nx$ 　　　　　(6) $y=\arcsin\sqrt{\dfrac{1-x}{1+x}}$

6. 设 $f(x)$ 在 $(-\infty,+\infty)$ 内可导，求证：

(1) 若 $f(x)$ 为奇函数，则 $f'(x)$ 为偶函数；

(2) 若 $f(x)$ 为偶函数，则 $f'(x)$ 为奇函数.

7. 设 $f(u)$ 可导，已知 $y=f(\sin x)+f(\cos x)$，求 $y'\Big|_{x=0}$.

8. 已知 $f(u)$ 可导，且 $f'(\ln a)=1$，设 $y=f[\ln(x+\sqrt{x^2+a^2})]$，求 $y'(0)$.

2.3　隐函数与参数方程的求导法　高阶导数

函数 $y=f(x)$ 表示两个变量 y 与 x 之间的对应关系. 正如在第 1 章中指出的，函数可以有不同的表示法，最常用的有显函数和隐函数方法，此外还有一种重要的方法称为参数方程法. 在第 2.2 节中已经研究了显函数的求导法，本节将探讨隐函数、参数方程和高阶导数的求导法.

2.3.1　隐函数的导数

隐函数的一般形式由方程 $F(x,y)=0$ 表示. 如果当 x 在区间 I 内取任意值时，相应地总有满足这方程的唯一的 y 值存在，那么就说方程 $F(x,y)=0$ 在该区间内确定了一个隐函数 $y=f(x)$，$x\in I$. 若能把一个隐函数化成显函数，叫做**隐函数的显化**. 例如从方程 $x+y^3-1=0$ 中解出 $y=\sqrt[3]{1-x}$，这就把隐函数化成了显函数. 隐函数的显化有时是有困难的，甚至是不可能的. 因此需要寻求一种直接从隐函数的方程中计算隐函数导数的方法.

设 $y=f(x)$ 是由方程 $F(x,y)=0$ 所确定的隐函数，则 $F(x,f(x))=0$. 由于

此式的左端是一个复合函数,将方程 $F(x,f(x))=0$ 的两边对 x 求导,利用复合函数的求导法,便会得到一个含有 $\dfrac{\mathrm{d}y}{\mathrm{d}x}$ 的方程,从方程中解出 $\dfrac{\mathrm{d}y}{\mathrm{d}x}$ 即可.

下面通过具体例子来说明这种方法.

例 2.23　设 $y=f(x)$ 是由方程 $\mathrm{e}^y+xy-\mathrm{e}=0$ 所确定的隐函数,求它的导数 $\dfrac{\mathrm{d}y}{\mathrm{d}x}$.

解　将方程的两端分别对 x 求导数,注意到 y 是 x 的函数. 方程的左端对 x 求导得

$$\frac{\mathrm{d}}{\mathrm{d}x}(\mathrm{e}^y+xy-\mathrm{e})=\mathrm{e}^y\frac{\mathrm{d}y}{\mathrm{d}x}+y+x\frac{\mathrm{d}y}{\mathrm{d}x}$$

方程的右端对 x 求导为 0. 所以

$$\mathrm{e}^y\frac{\mathrm{d}y}{\mathrm{d}x}+y+x\frac{\mathrm{d}y}{\mathrm{d}x}=0$$

解得

$$\frac{\mathrm{d}y}{\mathrm{d}x}=-\frac{y}{x+\mathrm{e}^y}\quad(x+\mathrm{e}^y\neq0)$$

例 2.24　求曲线 $y^5+y-2x-x^6=0$ 在 $x=0$ 所对应点处的切线方程.

解　由导数的几何意义知,所求切线的斜率为 $k=y'\Big|_{x=0}$,将方程的两端分别对 x 求导,注意到 y 是 x 的函数,有

$$5y^4y'+y'-2-6x^5=0$$

解出 y' 得

$$y'=\frac{2+6x^5}{5y^4+1}$$

将 $x=0$ 代入曲线方程,解得 $y=0$,所以切点为 $(0,0)$. 当 $x=0$ 时 $y=0$,代入导数公式得

$$y'(0)=2,\quad 即\ y'\Big|_{\substack{x=0\\y=0}}=2$$

所以,点 $(0,0)$ 处的切线方程为 $y-0=2(x-0)$,即 $y=2x$.

在本章 2.2 节中已经学过幂函数和指数函数的求导公式. 现在来研究幂指函数的求导问题. **幂指函数**的一般形式为 $y=u(x)^{v(x)}\ (u(x)>0)$,将它变形为 $y=u(x)^{v(x)}=\mathrm{e}^{v(x)\ln u(x)}$ 后,可以利用链导法去求导,也可以对幂指函数 $y=u(x)^{v(x)}$ 两边取对数后求导.

例 2.25　求幂指函数 $y=x^{\sin x}\ (x>0)$ 的导数.

解　求这类函数的导数时,可以先对等式两边取对数,

$$\ln y=\sin x\ln x$$

然后再对上式的两边对 x 求导,注意到 y 是 x 的函数,故得

$$\frac{1}{y}y' = \cos x \ln x + \sin x \frac{1}{x}$$

于是　　　　　$$y' = y\left(\cos x \ln x + \frac{\sin x}{x}\right) = x^{\sin x}\left(\cos x \ln x + \frac{\sin x}{x}\right)$$

在例 2.25 中,利用两边取对数将幂指函数化为隐函数,再利用隐函数求导法求出导数的方法称为**对数求导法**. 对数求导法还可以运用于由多因子乘积及开方等表达的函数的求导运算中.

例 2.26　求函数 $y = \sqrt{\dfrac{(x-1)(x-2)}{(x-3)(x-4)}}$ 的导数.

解　当 $x \in (4, +\infty)$ 时,先在等式两边取对数,得

$$\ln y = \frac{1}{2}\left[\ln(x-1) + \ln(x-2) - \ln(x-3) - \ln(x-4)\right]$$

上式两边同时对 x 求导,注意到 y 是 x 的函数,得

$$\frac{1}{y}y' = \frac{1}{2}\left(\frac{1}{x-1} + \frac{1}{x-2} - \frac{1}{x-3} - \frac{1}{x-4}\right)$$

于是　　　　　$$y' = \frac{y}{2}\left(\frac{1}{x-1} + \frac{1}{x-2} - \frac{1}{x-3} - \frac{1}{x-4}\right)$$

$$= \frac{1}{2}\sqrt{\frac{(x-1)(x-2)}{(x-3)(x-4)}}\left(\frac{1}{x-1} + \frac{1}{x-2} - \frac{1}{x-3} - \frac{1}{x-4}\right)$$

当 $x \in (-\infty, 1)$ 时,$y = \sqrt{\dfrac{(1-x)(2-x)}{(3-x)(4-x)}}$ 及当 $x \in (2,3)$ 时,$y = \sqrt{\dfrac{(x-1)(x-2)}{(3-x)(4-x)}}$,

同样可以利用对数求导法,得到上面相同的结果.

2.3.2　由参数方程确定的函数的导数

研究物体的运动轨迹时,常会遇到参数方程. 例如研究抛射体的运动问题时,若不计空气阻力,则抛射体的运动轨迹可表示为

$$\begin{cases} x = (v_0 \cos\alpha)t \\ y = (v_0 \sin\alpha)t - \dfrac{1}{2}gt^2 \end{cases}$$

其中,v_0 为抛射体的初速度,α 为发射角(见图 2-3),g 为重力加速度,t 为飞行时间,x、y 为飞行体位置的横坐标与纵坐标. 在上式中 x、y 都是 t 的函数. 如果把同一个值所对应的 x、y 作为 x 与 y 之间的函数关系,则称这种表达式为函数的**参数方程**,t 称为**参数**.

一般地,若参数方程

$$\begin{cases} x = \varphi(t) \\ y = \psi(t) \end{cases}$$

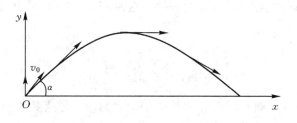

图 2 - 3

确定了 y 是 x 的函数,则称此函数关系所表达的函数为由参数方程所确定的函数.

若函数 $x=\varphi(t)$、$y=\psi(t)$ 都可导. 且函数 $x=\varphi(t)$ 具有单调连续反函数 $t=\delta(x)$,则此反函数能与函数 $y=\psi(t)$ 形成复合函数,那么由参数方程 $\begin{cases} x=\varphi(t) \\ y=\psi(t) \end{cases}$ 所确定的函数可以看成是由函数 $y=\psi(t)$、$t=\delta(x)$ 复合而成的复合函数 $y=\psi[\delta(x)]$. 根据复合函数的求导法则与反函数的导数公式,得

$$\frac{\mathrm{d}y}{\mathrm{d}x}=\frac{\mathrm{d}y}{\mathrm{d}t}\cdot\frac{\mathrm{d}t}{\mathrm{d}x}=\frac{\mathrm{d}y}{\mathrm{d}t}\cdot\frac{1}{\dfrac{\mathrm{d}x}{\mathrm{d}t}}=\frac{\psi'(t)}{\varphi'(t)} \tag{2.6}$$

上式也可写成
$$\frac{\mathrm{d}y}{\mathrm{d}x}=\frac{\mathrm{d}y}{\mathrm{d}t}\bigg/\frac{\mathrm{d}x}{\mathrm{d}t}$$

例 2.27 求椭圆 $\begin{cases} x=a\cos t \\ y=b\sin t \end{cases}$ 在 $t=\dfrac{\pi}{4}$ 处的切线方程.

解 曲线切线的斜率可由曲线方程在该点的导数来表示,对参数方程求导得

$$\frac{\mathrm{d}y}{\mathrm{d}x}=\frac{\dfrac{\mathrm{d}y}{\mathrm{d}t}}{\dfrac{\mathrm{d}x}{\mathrm{d}t}}=\frac{b\cos t}{-a\sin t}=-\frac{b}{a}\cot t$$

在 $t=\dfrac{\pi}{4}$ 处的导数值为 $\dfrac{\mathrm{d}y}{\mathrm{d}x}\bigg|_{t=\frac{\pi}{4}}=-\dfrac{b}{a}\cot t\,\bigg|_{t=\frac{\pi}{4}}=-\dfrac{b}{a}$

把 $t=\dfrac{\pi}{4}$ 代入参数方程 $\begin{cases} x=a\cos t \\ y=b\sin t \end{cases}$ 得 $x=\dfrac{\sqrt{2}}{2}a$,$y=\dfrac{\sqrt{2}}{2}b$. 于是曲线在 $t=\dfrac{\pi}{4}$ 处切线方程为

$$y-\frac{\sqrt{2}}{2}b=-\frac{b}{a}\left(x-\frac{\sqrt{2}}{2}a\right)$$

即
$$ay+bx-\sqrt{2}\,ab=0$$

例 2.28　以初速度 v_0,发射角 α 发射炮弹,不计空气的阻力,其弹道的轨迹方程为

$$\begin{cases} x = (v_0\cos\alpha)t \\ y = (v_0\sin\alpha)t - \dfrac{1}{2}gt^2 \end{cases}$$

求(1)炮弹在时刻 t_0 的运动方向;(2)炮弹在时刻 t_0 的速度大小(见图 2-3).

解　(1)炮弹在时刻 t_0 的运动方向,是炮弹运动轨迹在 t_0 时刻的切线方向,可由切线的斜率来表示.

$$\because \quad \frac{\mathrm{d}y}{\mathrm{d}x} = \frac{y'(t)}{x'(t)} = \frac{\left(v_0 t\sin\alpha - \dfrac{1}{2}gt^2\right)'}{(v_0 t\cos\alpha)'}, \quad \therefore \quad \left.\frac{\mathrm{d}y}{\mathrm{d}x}\right|_{t=t_0} = \frac{v_0\sin\alpha - gt_0}{v_0\cos\alpha}$$

所以炮弹在时刻 t_0 的运动方向的斜率为 $\dfrac{v_0\sin\alpha - gt_0}{v_0\cos\alpha}$.

(2)炮弹在 t_0 时刻沿 x、y 轴方向的速度分别为

$$v_x = \left.\frac{\mathrm{d}x}{\mathrm{d}t}\right|_{t=t_0} = (v_0 t\cos\alpha)'\Big|_{t=t_0} = v_0\cos\alpha$$

$$v_y = \left.\frac{\mathrm{d}y}{\mathrm{d}t}\right|_{t=t_0} = \left(v_0 t\sin\alpha - \frac{1}{2}gt^2\right)'\Big|_{t=t_0} = v_0\sin\alpha - gt_0$$

所以炮弹在时刻 t_0 的速度大小为

$$v = \sqrt{v_x^2 + v_y^2} = \sqrt{v_0^2 - 2v_0 gt_0\sin\alpha + g^2 t_0^2}$$

2.3.3　高阶导数

函数 $y = f(x)$ 的导数 $y' = f'(x)$ 仍然是 x 的函数. 若导函数 $f'(x)$ 仍可导,则把 $f'(x)$ 的导数叫做函数 $y = f(x)$ 的**二阶导数**,记作 y' 或 $\dfrac{\mathrm{d}^2 y}{\mathrm{d}x^2}$,即

$$y'' = (y')' \quad \text{或} \quad \frac{\mathrm{d}^2 y}{\mathrm{d}x^2} = \frac{\mathrm{d}}{\mathrm{d}x}\left(\frac{\mathrm{d}y}{\mathrm{d}x}\right)$$

类似地,二阶导数的导数称为 $f(x)$ 的**三阶导数**,$\cdots$,$(n-1)$ 阶导数的导数称为 $f(x)$ 的 **n 阶导数**,分别记作

$$y''', y^{(4)}, \cdots, y^{(n)}$$

或

$$\frac{\mathrm{d}^3 y}{\mathrm{d}x^3}, \frac{\mathrm{d}^4 y}{\mathrm{d}x^4}, \cdots, \frac{\mathrm{d}^n y}{\mathrm{d}x^n}$$

若函数 $y = f(x)$ 具有 n 阶导数,也常说成函数 $f(x)$ 为 n 阶可导. 二阶及二阶以上的导数统称**高阶导数**. 由此可见,求高阶导数就是对函数多次连续求导. 所以,仍可应用前面学过的求导方法来计算高阶导数.

例 2.29　设 $y = x^2\sin x$,求 y''.

解 $y'=2x\sin x+x^2\cos x$

$y''=2\sin x+2x\cos x+2x\cos x-x^2\sin x$

$=2\sin x+4x\cos x-x^2\sin x$

例 2.30 设 $y=\dfrac{\ln x}{x}$，求 y''.

解 $y'=\dfrac{(\ln x)'x-(x)'\ln x}{x^2}=\dfrac{1-\ln x}{x^2}$

$y''=\dfrac{-x-2x(1-\ln x)}{x^4}=\dfrac{-3+2\ln x}{x^3}$

例 2.31 求指数函数 $y=e^x$ 的 n 阶导数.

解 由于 $y'=e^x,y''=e^x,y'''=e^x,y^{(4)}=e^x,\cdots$，一般地，可得 $y^{(n)}=e^x$.

例 2.32 试求正弦函数 $y=\sin x$ 与余弦函数 $y=\cos x$ 的 n 阶导数.

解 设 $y=\sin x$，则 $y'=\cos x=\sin\left(x+\dfrac{\pi}{2}\right)$，

$$y''=\cos\left(x+\dfrac{\pi}{2}\right)=\sin\left(x+\dfrac{\pi}{2}+\dfrac{\pi}{2}\right)=\sin\left(x+2\cdot\dfrac{\pi}{2}\right)$$

$$y'''=\cos\left(x+2\cdot\dfrac{\pi}{2}\right)=\sin\left(x+3\cdot\dfrac{\pi}{2}\right)$$

$$\vdots$$

一般地，可得 $y^{(n)}=\sin\left(x+n\cdot\dfrac{\pi}{2}\right)$，即

$$(\sin x)^{(n)}=\sin\left(x+n\cdot\dfrac{\pi}{2}\right)$$

用类似方法，可得 $(\cos x)^{(n)}=\cos\left(x+n\cdot\dfrac{\pi}{2}\right)$.

例 2.33 求对数函数 $\ln(1+x)$ 的 n 阶导数.

解 设 $y=\ln(1+x)$，则

$$y'=\dfrac{1}{1+x},\ y''=-\dfrac{1}{(1+x)^2},\ y'''=\dfrac{1\times2}{(1+x)^3},\ y^{(4)}=-\dfrac{1\times2\times3}{(1+x)^4},\cdots$$

一般地，可得 $y^{(n)}=(-1)^{n-1}\dfrac{(n-1)!}{(1+x)^n}$

即 $[\ln(1+x)]^{(n)}=(-1)^{n-1}\dfrac{(n-1)!}{(1+x)^n}$

通常规定 $0!=1$，所以这个公式当 $n=1$ 时也成立.

*例 2.34 设参数方程为 $\begin{cases}x=a\cos^3t\\y=b\sin^3t\end{cases}$，求 $\dfrac{d^2y}{dx^2}$.

解　$\dfrac{\mathrm{d}y}{\mathrm{d}x}=\dfrac{\dfrac{\mathrm{d}y}{\mathrm{d}t}}{\dfrac{\mathrm{d}x}{\mathrm{d}t}}=\dfrac{3b\sin^2 t\cos t}{2a\cos^2 t(-\sin t)}=-\dfrac{b}{a}\tan t$

y 对 x 求二阶导数时,上式右端的 t 看作中间变量,故有

$$\dfrac{\mathrm{d}^2 y}{\mathrm{d}x^2}=\dfrac{\mathrm{d}\left(-\dfrac{b}{a}\tan t\right)}{\mathrm{d}x}=\dfrac{\mathrm{d}\left(-\dfrac{b}{a}\tan t\right)}{\mathrm{d}t}\cdot\dfrac{\mathrm{d}t}{\mathrm{d}x}=\dfrac{\mathrm{d}\left(-\dfrac{b}{a}\tan t\right)}{\mathrm{d}t}\cdot\dfrac{1}{\dfrac{\mathrm{d}x}{\mathrm{d}t}}$$

$$=-\dfrac{b}{a}\sec^2 t\,\dfrac{1}{3a\cos^2 t(-\sin t)}=\dfrac{b}{3a^2}\sec^4 t\csc t$$

*例 2.35　设 $y=y(x)$ 是由方程 $\ln\sqrt{x^2+y^2}=\arctan\dfrac{y}{x}$ 确定的隐函数,求 $\dfrac{\mathrm{d}^2 y}{\mathrm{d}x^2}$.

解　先求一阶导数 $\dfrac{\mathrm{d}y}{\mathrm{d}x}$. 将方程的两边同时对 x 求导,并注意到 y 是 x 的函数,有

$$\dfrac{1}{2}\cdot\dfrac{2x+2yy'}{x^2+y^2}=\dfrac{1}{1+\dfrac{y^2}{x^2}}\cdot\dfrac{y'x-y}{x^2}$$

化简得
$$x+yy'=y'x-y$$

再将上式的两边对 x 求导,注意 y 与 y' 都是 x 的函数,有

$$1+(y')^2+yy''=y''x+y'-y'$$

从上述两个方程中解出得

$$y'=\dfrac{x+y}{x-y},\quad y''=\dfrac{1+(y')^2}{x-y}$$

将 y' 的表达式代入 y'' 的表达式中,得

$$y''=\dfrac{1+\left(\dfrac{x+y}{x-y}\right)^2}{x-y}=\dfrac{2(x^2+y^2)}{(x-y)^3}$$

习题 2 - 3

1. 求由下列方程所确定的隐函数 $y=y(x)$ 的导数 $\dfrac{\mathrm{d}y}{\mathrm{d}x}$:

(1) $\sin xy=1+\dfrac{1}{y-x}$ 　　　　　　(2) $xe^y-ye^x=x^2$

(3) $y-2x=(x-y)\ln(x-y)$ 　　　　(4) $(x^2)^{\frac{1}{y}}=(y^2)^{\frac{1}{x}}$

2. 用对数求导法求下列函数的导数 $\dfrac{\mathrm{d}y}{\mathrm{d}x}$：

(1) $y=\left(\dfrac{x}{1+x}\right)^{x}$ 　　　　　　　　　　(2) $y=\sqrt[3]{\dfrac{x(x^{2}+1)}{(x^{2}-1)^{2}}}$

3. 求下列参数方程所确定函数的导数 $\dfrac{\mathrm{d}y}{\mathrm{d}x}$：

(1) $\begin{cases} x=\cos\theta \\ y=1-2\sin\theta \end{cases}$ 　　　　　　(2) $\begin{cases} x=t-\ln(1+t) \\ y=t^{3}+t^{2} \end{cases}$

4. 设函数 $y=y(x)$ 由方程 $\cos(xy)-\ln\dfrac{x+y}{y}=y$ 确定，求 $\dfrac{\mathrm{d}y}{\mathrm{d}x}\Big|_{x=0}$.

5. 设圆形气球的半径为 r，已知其表面积 $S=4\pi r^{2}$，体积 $V=\dfrac{4}{3}\pi r^{3}$。求当 $r=2$ 时体积关于表面积的变化率.

6. 在椭圆曲线 $\begin{cases} x=2\cos\theta \\ y=\sin\theta \end{cases}$ 上求切线平行于直线 $y=\dfrac{1}{2}x$ 的点.

7. 求下列函数的二阶导数 $\dfrac{\mathrm{d}^{2}y}{\mathrm{d}x^{2}}$：

(1) $y=2x^{3}+\ln x$ 　　　(2) $y=\sin x+\cos 2x$ 　　　(3) $y=\mathrm{e}^{-x^{2}}$

(4) $y=(1+x^{2})\arctan x$ 　(5) $y=\ln(1+x^{2})$ 　　　(6) $y=\ln(x+\sqrt{1+x^{2}})$

8 设 $f''(x)$ 存在，求下列函数的二阶导数 $\dfrac{\mathrm{d}^{2}y}{\mathrm{d}x^{2}}$：

(1) $y=f(x^{2})$ 　　　　　(2) $y=\ln[f(x)]$.

9. 验证 $y=\mathrm{e}^{\sqrt{x}}+\mathrm{e}^{-\sqrt{x}}$ 满足方程 $xy''+\dfrac{1}{2}y'-\dfrac{1}{4}y=0$.

10. 求下列函数的 n 阶导数：

(1) $y=x\mathrm{e}^{x}$ 　　　　　(2) $y=\cos^{2}x$

(3) $y=x\ln x$ 　　　　　(4) $y=\dfrac{x^{2}}{1-x^{2}}$

11. 设函数 $y=y(x)$ 由方程 $\mathrm{e}^{y}+xy=\mathrm{e}$ 所确定，求 $\dfrac{\mathrm{d}^{2}y}{\mathrm{d}x^{2}}\Big|_{x=0}$.

12. 设函数 $y=y(x)$ 由参数方程 $\begin{cases} x=\varphi(t) \\ y=\psi(t) \end{cases}$ 所确定，证明 当 $\varphi'(t)\neq0$ 时有

$$\frac{\mathrm{d}^{2}y}{\mathrm{d}x^{2}}=\frac{\psi''(t)\varphi'(t)-\psi'(t)\varphi''(t)}{[\varphi'(t)]^{3}}$$

2.4　函数的微分

在"微小局部"以均匀变化代替非均匀变化是微积分的一个基本思想方法. 函数的微分是与导数密切相关又有本质差别的一个重要概念. 本节主要介绍微分的概念、计算及简单应用。

在解决许多实际问题时,计算函数增量 $\Delta y = f(x_0 + \Delta x) - f(x_0)$ 常常是人们关心的问题. 一般说来函数增量的计算是比较复杂的,人们希望寻求计算函数增量的近似方法.

2.4.1　引例

一块正方形金属薄片受温度变化的影响,其边长由 x_0 变到 $x_0 + \Delta x$(图 2-4),问此薄片的面积改变了多少?

设此薄片的边长为 x_0,面积为 A,则 $A = x_0^2$. 当边长从 x_0 变到 $x_0 + \Delta x$ 时,函数 A 的相应增量为

$$\Delta A = (x_0 + \Delta x)^2 - x_0^2 = 2x_0 \Delta x + (\Delta x)^2$$

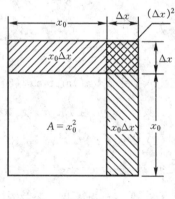

图 2-4

由上式可以看出,ΔA 分成两部分,第一部分 $2x_0 \Delta x$ 是 Δx 的线性函数,称为 ΔA 的线性部分,由图 2-4 中带有斜线的两个矩形面积之和来表示. 当 $\Delta x \to 0$ 时,它与 Δx 是同阶无穷小;第二部分 $(\Delta x)^2$,在图 2-4 中由带有交叉斜线部分的面积来表示. 它是 Δx 的高阶无穷小,若把这个高阶无穷小的部分忽略不计,就可以得到该面积增量的近似表达式

$$\Delta A \approx 2x_0 \Delta x$$

这时,所产生的误差是 Δx 的高阶无穷小. 显然,$|\Delta x|$ 越小,近似程度越好.

在计算函数的增量时,这种在"微小局部"的范围内,用它的线性部分(也称为线性主部)来近似替代它的增量的思想又一次体现了微积分的一个基本思想方法. 由此引出微分的定义.

2.4.2　微分的定义

定义 2.3　设函数 $y = f(x)$ 在某区间内有定义,x_0 及 $x_0 + \Delta x$ 均在这区间内,

若存在关于 Δx 的线性函数 $a\Delta x$，使函数的增量可表示为

$$\Delta y = f(x_0 + \Delta x) - f(x_0) = a\Delta x + o(\Delta x)$$

其中 a 是不依赖于 Δx 的常数，而 $o(\Delta x)$ 是当 $\Delta x \to 0$ 时，对于 Δx 的高阶无穷小，则称 $a\Delta x$ 为函数 $f(x)$ 在点 x_0 处相应于自变量增量 Δx 的**微分**，这时也称**函数 $y = f(x)$ 在点 x_0 处可微**，记作 $\mathrm{d}y\big|_{x=x_0}$ 或 $\mathrm{d}f(x)\big|_{x=x_0}$，即

$$\mathrm{d}y\big|_{x=x_0} = a\Delta x$$

若 $f(x)$ 在该区间的每一点都可微，则称 $f(x)$ 在该区间上可微.

由定义 2.3 可知，若函数在 x_0 处可微，$a\Delta x$ 是函数增量 Δy 的主要部分，称之为函数增量的**线性主部**. 则函数在 x_0 处的微分就是在小区间 $[x_0, x_0 + \Delta x]$ 上函数增量 Δy 的线性主部. 现在要问，什么样的函数是可微的？ 常数 a 是什么？ 怎样来求微分？ 下面的定理回答了这些问题.

定理 2.5　函数 $y = f(x)$ 在 x_0 可微的充要条件是 $f(x)$ 在 x_0 可导. 令 $f'(x_0) = a$，则

$$\mathrm{d}y\big|_{x=x_0} = a\Delta x = f'(x_0)\Delta x \tag{2.7}$$

证　充分性　若 $y = f(x)$ 在 x_0 处可导，即

$$f'(x_0) = \lim_{\Delta x \to 0} \frac{\Delta y}{\Delta x}$$

根据极限与无穷小的关系上式可写为

$$\frac{\Delta y}{\Delta x} = f'(x_0) + \alpha$$

或

$$\Delta y = f'(x_0)\Delta x + \alpha \cdot \Delta x$$

其中，当 $\Delta x \to 0$ 时，$\alpha \to 0$. 而 $f'(x_0)$ 是与 Δx 无关的常数， $\alpha \cdot \Delta x$ 是 Δx 的高阶无穷小， 故 $f(x)$ 在 x_0 处可微.

必要性　若函数 $f(x)$ 在 x_0 处可微，即有

$$\Delta y = a\Delta x + o(\Delta x)$$

其中 a 是与 Δx 无关的常数，$o(\Delta x)$ 是当 $\Delta x \to 0$ 时，对于 Δx 的高阶无穷小. 两边都同除以 Δx，得

$$\frac{\Delta y}{\Delta x} = a + \frac{o(\Delta x)}{\Delta x}$$

所以

$$\lim_{\Delta x \to 0} \frac{\Delta y}{\Delta x} = \lim_{\Delta x \to 0} a + \lim_{\Delta x \to 0} \frac{o(\Delta x)}{\Delta x} = a$$

故函数 $f(x)$ 在 x_0 处可导，且 $a = f'(x_0)$，$\mathrm{d}f(x)\big|_{x=x_0} = a\Delta x = f'(x_0)\Delta x$.

我们规定，自变量的微分等于自变量的增量，即 $\mathrm{d}x = \Delta x$. 则函数 $y = f(x)$ 在

x_0 的微分可写成

$$\mathrm{d}f(x)\bigg|_{x=x_0}=f'(x_0)\mathrm{d}x \quad 或 \quad \mathrm{d}y\bigg|_{x=x_0}=f'(x_0)\mathrm{d}x$$

若函数在一个区间的每一点 x 都可微,则函数在任一点的微分可写成

$$\mathrm{d}y=f'(x)\mathrm{d}x \tag{2.8}$$

定理 2.5 表明,对于一元函数来说,虽然导数与微分是两个不同的概念,但是函数的可导性与可微性是等价的. 今后对它们不再区分. 由式(2.8)知,只要能求出函数的导数,再乘以 $\mathrm{d}x$ 就得到相应的微分. 将式(2.8)两端同除以 $\mathrm{d}x$ 得

$$\frac{\mathrm{d}y}{\mathrm{d}x}=f'(x) \tag{2.9}$$

(2.9)式表明,函数的导数等于函数的微分与自变量的微分之商. 故导数又称为**微商**.

例 2.36 求函数 $y=x^2$ 当 $x=2, \Delta x=0.01$ 时的增量和微分.

解 函数的增量为

$$\Delta y=f(x+\Delta x)-f(x)=f(2+0.01)-f(2)$$
$$=(2+0.01)^2-2^2=2\times2\times0.01+0.01^2=0.0401$$

因为

$$y'=(x^2)'=2x, \quad y'\bigg|_{x=2}=2\times2=4$$

所以

$$\mathrm{d}y\bigg|_{x=2}=y'(2)\Delta x=4\times0.01=0.04$$

注 函数在一点处的微分是函数增量的近似值,它与函数增量仅相差 Δx 的高阶无穷小. 下面两个公式是常用的近似计算公式:

$$\Delta y\approx\mathrm{d}y=f'(x_0)\Delta x \quad 和 \quad f(x_0+\Delta x)\approx f(x_0)+f'(x_0)\Delta x$$

2.4.3 微分的几何意义

为了对函数的微分有比较直观的了解,我们通过图形来说明微分的几何意义. 在图 2-5 中,函数 $y=f(x)$ 的图形是一条曲线. 在曲线上一点 $M(x_0, y_0)$ 处,当自变量 x 有微小增量 Δx 时,就得到曲线上另一点 $N(x_0+\Delta x, y_0+\Delta y)$,$MQ=\Delta x$,$QN=\Delta y$. 而函数 $y=f(x)$ 在 M 点的导数 $f'(x_0)$ 就是曲线在 M 处切线的斜率 $\tan\alpha$,因此

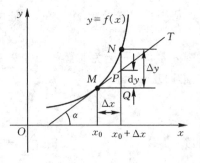

图 2-5

$$\mathrm{d}y=f'(x_0)\Delta x=\tan\alpha MQ=QP$$

由此可见,函数 $y=f(x)$ 在 x_0 处的微分的几何意义就是曲线 $y=f(x)$ 在 M

点处切线上纵坐标的相应增量. 因为 $\Delta y = f(x_0 + \Delta x) - f(x_0) = QN$，当 $|\Delta x|$ 很小时，$|\Delta y - dy| = |QN - QP|$ 要比 $|\Delta x|$ 小得多. 因此在点 M 的邻近，可以用 dy 来近似代替 Δy，也就是用线性函数 $y = f(x_0) + f'(x_0)\Delta x$ 来近似地代替非线性函数 $y = f(x)$.

在微小局部用线性函数近似代替非线性函数（在几何上是用切线近似代替曲线）是微积分的基本思想方法之一，通常也称为非线性函数的**局部线性化**. 这种思想方法在解决实际问题时是非常重要的.

2.4.4　微分的运算法则及微分公式表

1. 基本初等函数的微分公式表

$d(x^\mu) = \mu x^{\mu-1} dx$	$d(\sin x) = \cos x dx$
$d(\cos x) = -\sin x dx$	$d(\tan x) = \sec^2 x dx$
$d(\cot x) = -\csc^2 x dx$	$d(\sec x) = \sec x \tan x dx$
$d(\csc x) = -\csc x \cot x dx$	$d(a^x) = a^x \ln a dx$
$d(e^x) = e^x dx$	$d(\log_a x) = \dfrac{1}{x \ln a} dx$
$d(\ln x) = \dfrac{1}{x} dx$	$d(\arcsin x) = \dfrac{1}{\sqrt{1-x^2}} dx$
$d(\arccos x) = -\dfrac{1}{\sqrt{1-x^2}} dx$	$d(\arctan x) = \dfrac{1}{1+x^2} dx$
$d(\text{arccot} x) = -\dfrac{1}{1+x^2} dx$	

2. 微分的四则运算法则

由 $dy = f'(x)dx$，很容易得到微分的运算法则及微分公式表（当 u、v 都可导）：

$d(v \pm v) = du \pm dv$	$d(Cu) = Cdu$
$d(u \cdot v) = vdu + udv$	$d\left(\dfrac{u}{v}\right) = \dfrac{vdu - udv}{v^2}$

3. 复合函数微分法则

与复合函数的求导法则相应的复合函数的微分法则如下：

设 $y = f(u)$ 及 $u = \varphi(x)$ 都可导，则复合函数 $y = f(\varphi(x))$ 的微分为

$$dy = y'_x dx = f'(u)\varphi'(x)dx$$

由于 $\varphi'(x)dx = du$，所以复合函数 $y = f(\varphi(x))$ 的微分公式也可以写成

$$dy = f'(u)du \text{ 或 } dy = y'_u du$$

式中 y'_x 和 y'_u 分别为函数 y 对 x 和 y 对 u 的导数.

4. 微分形式不变性

设函数 $y = f(u)$ 在 u 处可微,则

(1) 当 u 为自变量时,有 $dy = f'(u)du$;

(2) 当 u 不是自变量而是 x 的函数 $u = \varphi(x)$,且 $\varphi'(x)$ 存在时,则有 $y = f[\varphi(x)]$,根据复合函数的求导法则,得

$$dy = y'_x dx = f'(u) \cdot \varphi'(x)dx = f'(u)du$$

由此可见,不论 u 是自变量还是中间变量,公式 $dy = f'(u)du$ 都成立,将其称为**微分形式不变性**.它是复合函数求导法则在微分运算中的体现.

例 2.37　求函数 $y = 5^{\ln x}$ 的微分 dy.

解法 1　利用微分定义.

$$dy = (5^{\ln x})'dx = 5^{\ln x}\ln 5(\ln x)'dx = \frac{1}{x}5^{\ln x}\ln 5 dx$$

解法 2　利用微分形式不变性.

$$dy = d(5^{\ln x}) = 5^{\ln x}\ln 5 d(\ln x) = \frac{1}{x}5^{\ln x}\ln 5 dx$$

例 2.38　已知函数 $y = e^{-x}\cos x$,求 dy.

解法 1　$dy = (e^{-x}\cos x)'dx = (-e^{-x}\cos x - e^{-x}\sin x)dx$
$$= -e^{-x}(\cos x + \sin x)dx$$

解法 2　$dy = d(e^{-x}\cos x) = \cos x d(e^{-x}) + e^{-x}d(\cos x)$
$$= \cos x \cdot (-e^{-x})dx - e^{-x}\sin x dx$$
$$= -e^{-x}(\cos x + \sin x)dx$$

*2.4.5　微分在近似计算中的应用

在一些工程实际问题中,经常会遇到一些计算较复杂的函数. 如果直接用这些公式来计算函数值,有时会遇到很多困难. 往往可以利用微分的思想,通过局部线性化的近似方法来简化计算.

由前面的讨论可知,当自变量在 x_0 处增量的绝对值 $|\Delta x|$ 很小时,函数 $y = f(x)$ 的相应增量 Δy 的近似公式为

$$\Delta y \approx dy = f'(x_0)\Delta x$$

即
$$f(x_0 + \Delta x) - f(x_0) \approx f'(x_0)\Delta x$$

或
$$f(x_0 + \Delta x) \approx f(x_0) + f'(x_0)\Delta x$$

令 $x_0 = 0$, $|\Delta x| = x$,则当 $|x|$ 很小时,上式变为

$$f(x) \approx f(0) + f'(0)x \tag{2.10}$$

应用(2.10)式,可以推得一些在工程上常用的近似公式(下面都假定 $|x|$ 很小):

(1) $\sqrt[n]{1+x} \approx 1 + \dfrac{1}{n}x$　　　(2) $\sin x \approx x$　　　(3) $\tan x \approx x$

(4) $\ln(1+x) \approx x$　　　(5) $e^x \approx 1+x$

例 2.39　计算 $\sin 29°$ 的近似值.

解　设 $f(x) = \sin x, f'(x) = \cos x$,取 $x_0 = 30° = \dfrac{\pi}{6}, \Delta x = -1° = -\dfrac{\pi}{180}$,

则
$$f\left(\frac{\pi}{6}\right) = \sin\frac{\pi}{6} = \frac{1}{2}, f'\left(\frac{\pi}{6}\right) = \cos\frac{\pi}{6} = \frac{\sqrt{3}}{2}$$

所以
$$\sin 29° \approx f\left(\frac{\pi}{6}\right) + f'\left(\frac{\pi}{6}\right)\Delta x = \frac{1}{2} + \frac{\sqrt{3}}{2} \times \left(-\frac{\pi}{180}\right) \approx 0.4849$$

例 2.40　计算 $\sqrt[3]{8.02}$ 的近似值.

解　利用微分的近似公式 $\sqrt[n]{1+x} \approx 1 + \dfrac{1}{n}x$,得

$$\sqrt[3]{8.02} = \sqrt[3]{8 + 0.02} = \sqrt[3]{8(1 + \frac{0.02}{8})} = 2\sqrt[3]{1 + \frac{0.01}{4}}$$

$$\approx 2\left(1 + \frac{1}{3} \times \frac{0.01}{4}\right) \approx 2.0017$$

例 2.41　半径为 10 cm 的金属圆片加热后,其半径增加了 0.05 cm,求该金属圆片面积增大的精确值和近似值.

解　圆面积为 $S(r) = \pi r^2$,已知 $r = 10$ cm, $\Delta r = 0.05$ cm ,故圆面积的增量为
$$\Delta S = \pi(10 + 0.05)^2 - \pi \times 10^2 = 1.0025\pi(\text{cm}^2)$$
利用微分的思想,圆面积增量的近似值为
$$\Delta S \approx dS = S'(r)\Big|_{r=10} \cdot \Delta r = 2\pi \times 10 \times 0.05 = \pi(\text{cm}^2)$$

习题 2 - 4

1. 设 $y = x^3 + x + 1$,当 $x = 2, \Delta x = 0.01$ 时分别计算 Δy 和 dy.

2. 求下列函数的微分 dy:

(1) $y = 2^{\sin x}$　　　(2) $y = \sqrt{x} + \ln x$

(3) $y = e^{\sqrt{x}}\sin x$　　　(4) $y = \dfrac{x}{1+x^2}$

(5) $y = \arcsin\sqrt{1-x^2}$　　　(6) $y = f(\cos\sqrt{x})$

3. 将适当的函数填入括号中使等式成立:

(1) d( ) $=2\mathrm{d}x$　　(2) d( ) $=\dfrac{2}{1+x^2}\mathrm{d}x$

(3) d( ) $=\cos 2x\mathrm{d}x$　(4) d( ) $=\dfrac{1}{\sqrt{x}}\mathrm{d}x$

(5) d( ) $=\sec^2 x\mathrm{d}x$　(6) d( ) $=\dfrac{1}{\sqrt{1-x^2}}\mathrm{d}x$

4. 求由方程 $y+\ln(x+y)=1+\mathrm{e}^y$ 所确定的隐函数 $y=y(x)$ 的微分 $\mathrm{d}y$.

5. 求下列近似值：

(1) $\arctan 1.02$　　　(2) $\sqrt[4]{15.6}$

6. 一个直径为 10 cm 的金属圆形薄片，经加热后，半径增加了 0.1 cm，求金属圆片面积的增量大约是多少？

7. 设扇形的圆心角 $\alpha=60°$，半径 $R=100$ cm。如果 R 不变，α 减少 $30'$，问扇形面积大约改变了多少？又如果 α 不变，R 增加 1 cm，问扇形面积大约改变了多少？

8. 证明 $|x|$ 当很小时，(1) $\ln(1+x)\approx x$；(2) $\sqrt[3]{1+x}\approx 1+\dfrac{x}{3}$.

*2.5　相关变化率

　　函数的导数实质上就是因变量对自变量的变化率. 在实际问题中还会提出另一类问题：在某变化过程中，变量 x 与 y 都是另一个变量 t 的函数，即 $x=x(t)$，$y=y(t)$，而变量 x 与 y 之间又存在着相互依赖关系，因而它们的变化率 $x'(t)$ 与 $y'(t)$ 也相互联系，研究这两个变化率之间关系的问题称为**相关变化率**问题. 先来看一个例题.

　　例 2.42　设一球状雪球正在融化，其体积以 1 cm³/min 的速率减少，若雪球融化的过程始终按球形缩小，问雪球直径为 10 cm 时，直径的减少率为多少？

　　解　设雪球的直径为 D，体积为 V，直径与体积的关系式为

$$V=\frac{4}{3}\pi r^3=\frac{1}{6}\pi D^3$$

等式两边同时对时间 t 求导得

$$V'=\frac{1}{6}\pi(3D^2)D'$$

将已知条件 $V'=1$ cm³/min，$D=10$cm，代入得

$$D'=\frac{2}{\pi D^2}V'=\frac{1}{50\pi}\approx 0.0064(\mathrm{cm/min})$$

　　求解相关变化率问题，通常要先建立变量 $x=x(t)$ 与 $y=y(t)$ 之间函数关系的

方程,然后利用求导法则在方程两端对 t 求导,得到两个变化率之间所满足的关系式并解出所求变化率,最后将已知信息代入得到所需的结果. 下面再举一例.

例 2.43 设有一深为 18 cm,顶部直径为 12 cm 的正圆锥形漏斗装满水,下面接一个直径为 10 cm 的正圆柱形水桶(图 2-6). 水从漏斗流入桶内,当漏斗中水深为 12 cm,水面下降速度为 1 cm/s 时,求桶中水面上升的速度.

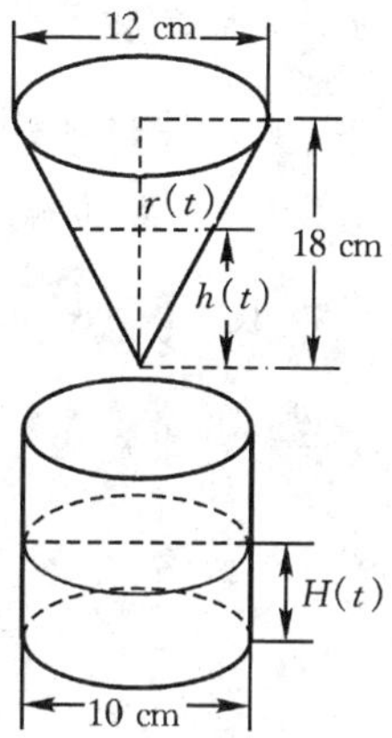

解 设在时刻 t 漏斗中水面的高度为 $h=h(t)$,漏斗在高为 $h(t)$ 的截面圆的半径为 $r(t)$,桶中水面的高度为 $H=H(t)$.

(1) 建立变量 h 与 H 的关系.

由于在任何时刻 t,漏斗中水量与水桶中水量之和应等于开始时装满漏斗的总水量,设水的密度为 1,则有

$$\frac{\pi}{3}r^2(t)h(t)+5^2\pi H(t)=6^3\pi$$

又因为 $\dfrac{r(t)}{6}=\dfrac{h(t)}{18}$,所以 $r(t)=\dfrac{1}{3}h(t)$,代入上式得

$$\frac{\pi}{27}h^3(t)+25\pi H(t)=6^3\pi$$

图 2-6

(2) 求 $h'(t)$ 与 $H'(t)$ 之间的关系. 将上式的两边对 t 求导得

$$\frac{\pi}{9}h^2(t)h'(t)+25\pi H'(t)=0$$

或

$$h^2(t)h'(t)+9\times25H'(t)=0$$

解出 $H'(t)$ 得

$$H'(t)=-\frac{h^2(t)}{9\times25}h'(t)$$

当 $h(t)=12$ cm,$h'(t)=-1$,水面下降速度为 1 cm/s,桶中水面上升的速度为 $\dfrac{16}{25}$ cm/s.

习题 2-5

1. 设一架飞机以 1000 km/h 的速度在高速为 2 km 的上空水平飞行,飞过正下方地面的雷达站,求飞机距雷达站 4 km 处飞机与雷达站距离的增加率.

2. 设 12:00 时甲船位于乙船西 100 km 处,甲船以 35 km/h 的速度向南航行,而乙船以 25 km/h 的速度向北航行. 求 16:00 时两船距离的增加率.

3. 一气球在离观察员 500 m 处离地往上升,上升速率是 140 m/min. 当气球高

度为 500 m 时,观察员的仰角的增加率是多少?

　　4. 当油船破裂时,有体积 V m³ 的石油漏入大海中,假定石油在海面上以厚度均匀的圆形扩散开来,已知油层的厚度随时间的变化规律为 $h(t) = \dfrac{k}{\sqrt{t}}$,$(t>0)$试求油层向外扩散的速率.

　　5. 一开窗机构是由一些刚性细杆组成,如图所示.其中 S 为滑块,设 $AO = 3$ cm,$AS = 4$ cm 求滑块的垂直速度 $\dfrac{\mathrm{d}x}{\mathrm{d}t}$ 与的角速度 $\dfrac{\mathrm{d}\theta}{\mathrm{d}t}$ 之间的关系.

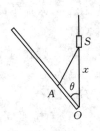

第 5 题图

第3章 中值定理与导数的应用

上一章讨论了导数、微分的概念及它们的运算问题. 函数的导数刻画了函数在一点处的变化率,它反映了函数的局部变化性态. 本章将首先介绍微分学的基本定理——微分中值定理. 微分中值定理把函数的导数与函数值在区间上的变化联系起来,使我们能应用导数去研究函数在区间上的整体性态,从而成为导数应用的理论基础. 然后利用微分中值定理导出"不定式"极限的一种简便求法,借助导数研究函数图形的性态及函数的最大、最小值问题等.

3.1 中值定理

导数和微分在研究局部微小增量 $\Delta y = f(x+\Delta x) - f(x)$ 中发挥了重要的作用. 自然要问:它们是否也有助于对宏观增量 $f(b) - f(a)$ 的研究? 微分中值定理对此做出肯定的回答. 本节将由易到难地介绍三个定理,并统称为**微分中值定理**.

定理 3.1(罗尔定理) 设函数 $y=f(x)$ 满足条件:

(1) 在闭区间 $[a,b]$ 上连续;

(2) 在开区间 (a,b) 内可导;

(3) $f(a)=f(b)$,

则至少存在一点 $\xi \in (a,b)$,使得 $f'(\xi)=0$.

分析 先从几何角度(图 3-1)分析定理的含义:

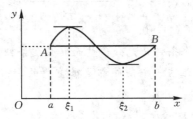

图 3-1

　　条件 (1)、(3) 表明曲线 $y=f(x)$ 是平面上一条两个端点 $A(a,f(a))$,$B(b,f(b))$ 有相同高度的连续曲线,且 AB 弦平行于 x 轴;条件(2)是说曲线上对应于(a,b)内的任意点$(x,f(x))$处都有不垂直于 x 轴的切线. 定理的结论是说在开区间(a,b)内至少有一点 ξ,使得曲线 $y=f(x)$ 在该点$(\xi,f(\xi))$的切线是水平的,即平行于 AB 弦.

　　这个结论从几何上看是很明显的,但如何严格地证明? 从图 3-1 可见,在曲线上使函数取得最大值或最小值的点处的切线总是水平的. 这就启示我们,应从曲线上使函数取得最大值或最小值的点处去寻找点 ξ.

　　证　由于 $f(x)$在闭区间$[a,b]$上连续,根据闭区间上连续函数的最大、最小值定理,$f(x)$必在闭区间$[a,b]$上取得最大值 M 与最小值 m,且 $M \geqslant m$. 这样,只有两种可能情形:

　　(1) 若 $M=m$,则函数 $f(x)$在$[a,b]$上的值都是常数 M,因而 $f'(x)=0$,这时可以选取(a,b)内的任意一点作为 ξ,且有 $f'(\xi)=0$.

　　(2) 若 $M>m$,因为 $f(a)=f(b)$,所以 M 与 m 中至少有一个不等于端点处的函数值;不妨设 $M \neq f(a)$(如果设 $m \neq f(a)$,证法完全类似),则存在 $\xi \in (a,b)$,使得 $f(\xi)=M$,下面要证 $f'(\xi)=0$.

　　由于 $f(x)$在开区间 (a,b) 内可导,所以 $f'(\xi)$存在,即有

$$f'(\xi)=\lim_{\Delta x \to 0}\frac{f(\xi+\Delta x)-f(\xi)}{\Delta x}$$

因为 $f(\xi)=M$ 是 $f(x)$在区间$[a,b]$上的最大值,所以对 ξ 处任意增量 Δx,只要 $\xi+\Delta x \in [a,b]$,总有 $f(\xi+\Delta x) \leqslant f(\xi)$,即 $f(\xi+\Delta x)-f(\xi) \leqslant 0$.

　　当 $\Delta x > 0$ 时,$\dfrac{f(\xi+\Delta x)-f(\xi)}{\Delta x} \leqslant 0$,由极限的保号性,

$$f'(\xi)=\lim_{\Delta x \to 0^+}\frac{f(\xi+\Delta x)-f(\xi)}{\Delta x} \leqslant 0$$

　　当 $\Delta x < 0$ 时,$\dfrac{f(\xi+\Delta x)-f(\xi)}{\Delta x} \geqslant 0$,由极限的保号性,

$$f'(\xi)=\lim_{\Delta x \to 0^-}\frac{f(\xi+\Delta x)-f(\xi)}{\Delta x} \geqslant 0$$

结合上面两个不等式得 $f'(\xi)=0$.

　　注　罗尔定理的三个条件是充分条件而非必要条件,这三个条件不完全满足时,结论也有可能成立. 但这三个条件都是很重要的,缺了其中一个,结论就可能不成立.

　　例 3.1　设函数 $f(x)=(x-1)(x-2)(x-3)(x-4)$,在不求导数的情况下证明方程$f'(x)=0$有三个实根,并指出它们所在的区间.

解　因 $f(x)=(x-1)(x-2)(x-3)(x-4)$ 在区间 $[1,4]$ 上可导，又 $f(1)=f(2)=f(3)=f(4)=0$，所以 $f(x)$ 在 $[1,2]$，$[2,3]$，$[3,4]$ 上满足罗尔定理的条件，因此 $f'(x)=0$ 至少有三个实根，且分别位于区间内 $(1,2)$，$(2,3)$，$(3,4)$.

又因函数 $f(x)$ 是一个四次多项式，$f'(x)$ 是三次多项式，因而方程 $f'(x)=0$ 恰有三个实根，分别位于区间 $(1,2)$ $(2,3)$，$(3,4)$ 内.

罗尔定理的条件(1)，(2)都很重要，且具有一般性，但条件(3)有些特殊. 事实上，一般来说函数在区间的端点处的函数值并不相等，如图 3-2 所示. 然而，从图中可以看出，应该会有与罗尔定理相似的结论，即至少存在一点 $\xi\in(a,b)$，使得曲线 $y=f(x)$ 在该点的切线平行 AB 弦：

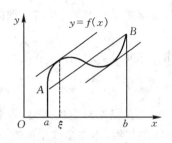

图 3-2

$$f'(\xi)=\frac{f(b)-f(a)}{b-a}$$

因而，可以把罗尔定理推广为下面的拉格朗日定理.

定理 3.2（拉格朗日中值定理）

设函数 $y=f(x)$ 满足条件：

(1) 在闭区间 $[a,b]$ 上连续；

(2) 在开区间 (a,b) 内可导，

则至少存在一点 $\xi\in(a,b)$，使得

$$f'(\xi)=\frac{f(b)-f(a)}{b-a}$$

分析　实际上这也是一个"中值"定理，自然想到用罗尔定理来证明. 由于本定理的条件中，$f(a)$ 不必等于 $f(b)$，因此必须加以变形.

为了证明结论成立，只要证明至少存在一点 $\xi\in(a,b)$，使

$$f'(\xi)-\frac{f(b)-f(a)}{b-a}=0$$

由图 3-2，容易看出 $\dfrac{f(b)-f(a)}{b-a}$ 是直线段 AB 的斜率，设表示该线段的函数为 $y=s(x)$. 即

$$s'(x)=\frac{f(b)-f(a)}{b-a}, \ \forall x\in(a,b)$$

因而有　　　　　　　　　　　　$f'(\xi)-s'(\xi)=0.$

若引进一个新的函数 $F(x)=f(x)-s(x)$，则上式变形为 $F'(\xi)=0$. 由此启示我们利用 $F(x)$ 来证明.

*证　直线段 AB 经过点 $(a,f(a))$,由直线的点斜式方程得

$$s(x)=f(a)+\frac{f(b)-f(a)}{b-a}(x-a)$$

作辅助函数

$$F(x)=f(x)-\left[f(a)+\frac{f(b)-f(a)}{b-a}(x-a)\right]$$

显然函数 $F(x)$ 满足罗尔定理的条件(1)与(2),又满足条件(3)

$$F(a)=F(b)=0$$

由罗尔定理,至少存在一点 $\xi\in(a,b)$,使 $F'(\xi)=0$,即

$$f'(\xi)=\frac{f(b)-f(a)}{b-a}$$

　　由拉格朗日定理知道,若函数 $y=f(x)$ 连续,且对应的曲线上处处有不垂直于 x 轴的切线,则在曲线上必有一点的切线是平行于 AB 弦.

　　如果函数用参数方程表示时,拉格朗日中值定理应如何表述?

　　设函数由参数方程

$$\begin{cases} X=g(x) \\ Y=f(x) \end{cases}, \quad x\in[a,b]$$

表示(图 3-3),其中 $f(x)$,$g(x)$ 都是连续函数,且处处有不垂直于 x 轴的切线,端点 $A(f(a),g(a))$、$B(f(b),g(b))$ 的连线为 AB 弦,它的斜率是 $\dfrac{f(b)-f(a)}{g(b)-g(a)}$. 另一方面,参数方程所确定函数 $Y=F(x)$ 的导数(即该曲线的切线的斜率)为

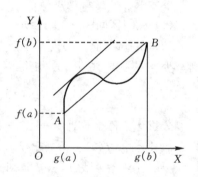

$$\frac{\mathrm{d}Y}{\mathrm{d}X}=\frac{f'(x)}{g'(x)} \quad (g'(x)\neq0)$$

则至少存在一点 $\xi\in(a,b)$,使得

$$\frac{f'(\xi)}{g'(\xi)}=\frac{f(b)-f(a)}{g(b)-g(a)}$$

图 3-3

于是就有如下的第三个中值定理:

　　定理 3.3(柯西中值定理)　设函数 $f(x)$、$g(x)$ 满足条件:

　　(1) 在闭区间 $[a,b]$ 上连续,

　　(2) 在开区间 (a,b) 内可导,

　　(3) 对任一 $x\in(a,b)$,$g'(x)\neq0$,

则至少存在一点 $\xi\in(a,b)$,使得

$$\frac{f'(\xi)}{g'(\xi)}=\frac{f(b)-f(a)}{g(b)-g(a)}.$$

证　为了应用罗尔定理,构造一个辅助函数:

$$\varphi(x)=f(x)-\frac{f(b)-f(a)}{g(b)-g(a)}[g(x)-g(a)]$$

容易验证,函数 $\varphi(x)$ 满足的罗尔定理三个条件,因而至少存在一点 $\xi\in(a,b)$,使得 $\varphi'(\xi)=0$,即

$$f'(\xi)-\frac{f(b)-f(a)}{g(b)-g(a)}g'(\xi)=0$$

即

$$\frac{f'(\xi)}{g'(\xi)}=\frac{f(b)-f(a)}{g(b)-g(a)}$$

注　如果取函数 $g(x)=x$,柯西中值定理就变成拉格朗日中值定理了,所以拉格朗日中值定理是柯西中值定理的一个特例.

上面三个中值定理统称为**微分中值定理**. 微分中值定理有很多应用.

例 3.2　证明当 $x>0$ 时,下列不等式成立:

$$\frac{x}{1+x}<\ln(1+x)<x$$

证　设 $f(x)=\ln(1+x)$,显然函数 $f(x)$ 在 $[0,x](x>0)$ 满足拉格朗日中值定理的条件,则有

$$f(x)-f(0)=\ln(1+x)-\ln 1=f'(\xi)(x-0),\quad 0<\xi<x$$

即 $\ln(1+x)=\frac{1}{1+\xi}x$,而 $\frac{1}{1+x}<\frac{1}{1+\xi}<1$,从而有

$$\frac{x}{1+x}<\ln(1+x)<x$$

例 3.3　设 $0<a<b$,函数 $f(x)$ 在 $[a,b]$ 上连续,在 (a,b) 内可导,证明存在 $\xi\in(a,b)$,使得

$$f(a)-f(b)=\xi f'(\xi)\ln\frac{b}{a}$$

证　将所证等式变形为 $\frac{f(b)-f(a)}{\ln b-\ln a}=\frac{f'(\xi)}{1/\xi}$. 现设函数 $g(x)=\ln x$,则函数 $f(x)$、$g(x)$ 在闭区间 $[a,b]$ 上满足柯西中值定理的全部条件,所以存在 $\xi\in(a,b)$,使得

$$\frac{f(b)-f(a)}{\ln b-\ln a}=\frac{f'(\xi)}{1/\xi}$$

即

$$f(a)-f(b)=\xi f'(\xi)\ln\frac{b}{a}$$

习题 3 – 1

1. 下列函数在给定区间上是否满足罗尔定理的条件? 若满足时,求出定理结论中的 ξ 值.

(1) $f(x) = 2x^2 - x - 3, x \in \left[-1, \frac{3}{2}\right]$

(2) $f(x) = \ln(\sin x), \quad x \in \left[\frac{\pi}{6}, \frac{5}{6}\pi\right]$

(3) $f(x) = 1 - \sqrt[3]{x^2}, \quad x \in [-1, 1]$

(4) $f(x) = x\sqrt{3-x}, \quad x \in [0, 3]$

2. 下列函数在给定区间上是否满足拉格朗日定理的条件? 若满足时,求出定理结论中的 ξ 值.

(1) $f(x) = \ln x \quad x \in [1, 2]$

(2) $f(x) = x^2 - 5x^2 + x - 2, x \in [-1, 0]$

(3) $f(x) = \begin{cases} x^2, & -1 \leqslant x < 0 \\ 1, & 0 \leqslant x \leqslant 1 \end{cases}, x \in [-1, 0]$

(4) $f(x) = x - x^3 \quad x \in [-2, 1]$

3. 不求 $f(x) = x(x-1)(x-2)$ 的导数,说明方程 $f'(x) = 0$ 有几个实根,并指出它们所在的区间.

4. 试证明对函数 $y = px^2 + qx + r(p \neq 0)$ 的任一区间 $[a, b]$ 应用拉格朗日中值定理时所求得的点 ξ 总是位于该区间的中点.

5. 若函数 $f(x)$ 在 (a, b) 内具有二阶导数,且 $f(x_1) = f(x_2) = f(x_3)$,其中 $a < x < x_2 < x_3 < b$,证明:在 (x_1, x_3) 内至少有一点 ξ 使 $f''(\xi) = 0$.

6. 证明恒等式 $\arcsin x + \arccos x = \frac{\pi}{2}(-1 \leqslant x \leqslant 1)$.

7. 设 $a > b > 0$,证明:$\dfrac{a-b}{a} < \ln \dfrac{b}{a} < \dfrac{a-b}{b}$.

8. 设 $a > b > 0, n > 1$,证明:$nb^{n-1}(a-b) < a^n - b^n < na^{n-1}(a-b)$.

9. 下列函数在给定区间上是否满足柯西定理的条件? 若满足时,求出定理结论中的 ξ 值.

(1) $f(x) = e^x, g(x) = ex, x \in [0, 1]$

(2) $f(x) = x^3, g(x) = x^2 + 1, x \in [1, 2]$

3.2 洛必达法则

在第 1 章 1.4 节中讨论无穷小和无穷大的比较时,常常会碰到难以判断它们的极限是否存在以及如何去计算的情况. 例如, 当 $x \to a$(或 $x \to \infty$)时, 函数 $f(x)$ 与 $g(x)$ 都是无穷小(或都是无穷大)时, 极限 $\lim\limits_{x \to a} \dfrac{f(x)}{g(x)}$ 可能存在也可能不存在. 这种类型的极限叫做**不定式**, 并分别简记为 $\dfrac{0}{0}$ 型或 $\dfrac{\infty}{\infty}$ 型. 如重要极限 $\lim\limits_{x \to 0} \dfrac{\sin x}{x}$ 就是 $\dfrac{0}{0}$ 型不定式. 即便是知道不定式的极限存在, 也不能直接用商的极限法则来求. 本节以柯西中值定理为理论依据, 建立一个简便而有效的计算 $\dfrac{0}{0}$ 型或 $\dfrac{\infty}{\infty}$ 型不定式极限的方法——洛必达法则. 下面以 $x \to a$ 为例来叙述和证明.

定理 3.4 **(洛必达法则)**如果函数 $f(x)$ 与 $g(x)$ 满足:

(1) $\lim\limits_{x \to a} f(x) = 0, \lim\limits_{x \to a} g(x) = 0$;

(2) $f(x)$ 与 $g(x)$ 在 a 的某个去心邻域内可导, 并且 $g'(x) \neq 0$;

(3) $\lim\limits_{x \to a} \dfrac{f'(x)}{g'(x)} = A$　(A 为有限值或 ∞),

则
$$\lim\limits_{x \to a} \dfrac{f(x)}{g(x)} = \lim\limits_{x \to a} \dfrac{f'(x)}{g'(x)} = A$$

*证　因为在 $x \to a$ 的极限过程中, 不涉及函数 $f(x)$ 与 $g(x)$ 在 a 的函数值, 所以可以重新定义函数值 $f(a) = g(a) = 0$, 于是这两个函数就在点 a 处就连续了. 在 a 的邻近任取一点 x, 由条件 (2) 知, 函数 $f(x)$ 和 $g(x)$ 在以 a 和 x 为端点的闭区间上连续, 在以 a 和 x 为端点的开区间内可导, 且 $g'(x) \neq 0$, 由柯西中值定理, 得

$$\frac{f(x)}{g(x)} = \frac{f(x) - f(a)}{g(x) - g(a)} = \frac{f'(\xi)}{g'(\xi)}$$

其中 ξ 介于 x 与 a 之间. 又因为 $x \to a$ 时 $\xi \to a$, 所以

$$\lim\limits_{x \to a} \frac{f(x)}{g(x)} = \lim\limits_{\xi \to a} \frac{f'(\xi)}{g'(\xi)} = A$$

对于 $\dfrac{\infty}{\infty}$ 型的不定式, 有完全类似的结论.

定理 3.5　如果函数 $f(x)$ 与 $g(x)$ 满足

(1) $\lim\limits_{x \to a} f(x) = \infty, \quad \lim\limits_{x \to a} g(x) = \infty$;

(2) $f(x)$ 与 $g(x)$ 在 a 的某去心邻域内可导, 并且 $g'(x) \neq 0$;

(3) $\lim\limits_{x \to a} \dfrac{f'(x)}{g'(x)} = A$　(A 为有限值或 ∞),

则
$$\lim\limits_{x \to a} \dfrac{f(x)}{g(x)} = \lim\limits_{x \to a} \dfrac{f'(x)}{g'(x)} = A$$

例 3.4　求极限 $\lim\limits_{x \to \pi} \dfrac{1 + \cos x}{\tan^2 x}$.

解　显然所求的极限是 $\dfrac{0}{0}$ 型的不定式,且满足洛必达法则的条件,故

$$\lim_{x\to\pi}\frac{1+\cos x}{\tan^2 x}=\lim_{x\to\pi}\frac{(1+\cos x)'}{(\tan^2 x)'}=\lim_{x\to\pi}\frac{-\sin x}{2\tan x\sec^2 x}=-\frac{1}{2}\lim_{x\to\pi}\cos^3 x=\frac{1}{2}$$

例 3.5　计算 $\lim\limits_{x\to+\infty}\dfrac{\ln x}{x^a}(a>0)$.

解　原式是 $\dfrac{\infty}{\infty}$ 型的不定式,且满足洛必达法则的条件,故

$$\lim_{x\to+\infty}\frac{\ln x}{x^a}=\lim_{x\to+\infty}\frac{\dfrac{1}{x}}{ax^{a-1}}=\frac{1}{a}\lim_{x\to+\infty}\frac{1}{x^a}=0$$

注　(1) 在使用洛必达法则之前,要检查所求极限是不是 $\dfrac{0}{0}$ 型或 $\dfrac{\infty}{\infty}$ 型的不定式.

(2) 利用洛必达法则计算极限时,若 $\lim\limits_{x\to a}\dfrac{f'(x)}{g'(x)}$ 仍为 $\dfrac{0}{0}$ 型或 $\dfrac{\infty}{\infty}$ 型不定式时,还可以重复使用洛必达法则,即可计算极限 $\lim\limits_{x\to a}\dfrac{f''(x)}{g''(x)}$,但在每次使用时必须重新验证洛必达法则的条件.

例 3.6　计算 $\lim\limits_{x\to0}\dfrac{\mathrm{e}^x+\mathrm{e}^{-x}-2}{1-\cos x}$.

解　原式是 $\dfrac{0}{0}$ 型的不定式,且满足洛必达法则的条件,故

$$\lim_{x\to0}=\frac{\mathrm{e}^x+\mathrm{e}^{-x}-2}{1-\cos x}=\lim_{x\to0}\frac{\mathrm{e}^x-\mathrm{e}^{-x}}{\sin x}$$

因为上式右端仍是 $\dfrac{0}{0}$ 型的不定式,且满足洛必达法则的条件,于是可以再应用一次洛必达法则,得

$$\lim_{x\to0}\frac{\mathrm{e}^x+\mathrm{e}^{-x}-2}{1-\cos x}=\lim_{x\to0}\frac{\mathrm{e}^x-\mathrm{e}^{-x}}{\sin x}=\lim_{x\to0}\frac{(\mathrm{e}^x-\mathrm{e}^{-x})'}{\sin' x}=\lim_{x\to0}\frac{\mathrm{e}^x+\mathrm{e}^{-x}}{\cos x}=2$$

例 3.7　计算 $\lim\limits_{x\to+\infty}\dfrac{x^a}{b^x}(a>0,b>1)$.

解　原式是 $\dfrac{\infty}{\infty}$ 型的不定式,且满足洛必达法则的条件,故

$$\lim_{x\to+\infty}\frac{x^a}{b^x}=\lim_{x\to+\infty}\frac{ax^{a-1}}{b^x\ln b}$$

当 $0<a\leqslant1$ 时,　　　　$\lim\limits_{x\to+\infty}\dfrac{x^a}{b^x}=\lim\limits_{x\to+\infty}\dfrac{ax^{a-1}}{b^x\ln b}=0$

当 $a>1$ 时,存在自然数 n,使得 $n-1<a\leqslant n$,再连续应用 $n-1$ 次洛必达法则,得

$$\lim_{x\to+\infty}\frac{x^a}{b^x}=\lim_{x\to+\infty}\frac{a(a-1)x^{a-2}}{b^x(\ln b)^2}=\cdots=\lim_{x\to+\infty}\frac{a(a-1)\cdots(a-n+1)x^{a-n}}{b^x(\ln b)^n}=0$$

另外,在使用洛必达法则时,正确地应用等价代换可简化求导运算.

例 3.8 求极限 $\lim\limits_{x\to0}\dfrac{x-\arcsin x}{\sin^3 x}$.

解 因为当 $x\to0$ 时,$\sin x\sim x$,故可以利用无穷小量的等价代换,得

$$\lim_{x\to0}\frac{x-\arcsin x}{\sin^3 x}=\lim_{x\to0}\frac{x-\arcsin x}{x^3}$$

应用洛必达法则,

$$原式=\lim_{x\to0}\frac{1-\dfrac{1}{\sqrt{1-x^2}}}{3x^2}=\frac{1}{3}\lim_{x\to0}\frac{\sqrt{1-x^2}-1}{x^2\sqrt{1-x^2}}=\frac{1}{3}\lim_{x\to0}\frac{\sqrt{1-x^2}-1}{x^2}$$

再应用一次洛必达法则,得

$$原式=\frac{1}{3}\lim_{x\to0}\frac{\sqrt{1-x^2}-1}{x^2}=\frac{1}{6}\lim_{x\to0}\frac{-x}{x\sqrt{1-x^2}}=-\frac{1}{6}$$

另外还有五类常见的不定式:$0\cdot\infty,\infty-\infty,1^\infty,0^0,\infty^0$ 等型,它们都可以通过倒置、通分和取对数等方法,使其转化为 $\dfrac{0}{0}$ 或 $\dfrac{\infty}{\infty}$ 型的不定式,然后再使用洛必达法则.下面通过例题加以说明.

例 3.9 求极限 $\lim\limits_{x\to0^+}x^a\ln x$ $(a>0)$.

解 原式是 $0\cdot\infty$ 型的不定式,为了使用洛必达法则,必须将 $0\cdot\infty$ 型转化为 $\dfrac{\infty}{\infty}$ 型或 $\dfrac{0}{0}$ 型的不定式来求解.倒置 x^a,则 $\lim\limits_{x\to0^+}x^a\ln x=\lim\limits_{x\to0^+}\dfrac{\ln x}{x^{-a}}$,等式右端是 $\dfrac{\infty}{\infty}$ 型,因而就可应用洛必达法则,于是有

$$\lim_{x\to0^+}x^a\ln x=\lim_{x\to0^+}\frac{\ln x}{x^{-a}}=\lim_{x\to0^+}\frac{\dfrac{1}{x}}{-ax^{-a-1}}=-\frac{1}{a}\lim_{x\to0^+}x^a=0$$

例 3.10 求极限 $\lim\limits_{x\to1}\left(\dfrac{x}{x-1}-\dfrac{1}{\ln x}\right)$.

解 原式是 $\infty-\infty$ 型的不定式,所以也要转化为 $\dfrac{0}{0}$ 或 $\dfrac{\infty}{\infty}$ 型的不定式,

$$\lim_{x\to1}\left(\frac{x}{x-1}-\frac{1}{\ln x}\right)=\lim_{x\to1}\frac{x\ln x-x+1}{(x-1)\ln x}$$

$$=\lim_{x\to1}\frac{1+\ln x-1}{\dfrac{x-1}{x}+\ln x} \quad (它是\dfrac{0}{0}型不定式)$$

$$= \lim_{x \to 1} \frac{x \ln x}{x-1+x \ln x} = \lim_{x \to 1} \frac{\ln x}{x-1+x \ln x} \quad (\text{它仍是} \frac{0}{0} \text{型不定式})$$

$$= \lim_{x \to 1} \frac{1}{x(1+1+\ln x)} = \frac{1}{2}$$

例 3.11　求极限 $\lim\limits_{x \to 0^+} x^x \ (x > 0)$.

解　原式是 0^0 型的不定式,把 x^x 改写为 $e^{\ln x^x}$,即 $e^{x \ln x}$,则

$$\lim_{x \to 0^+} x^x = \lim_{x \to 0^+} e^{x \ln x} = \exp\left(\lim_{x \to 0^+} \frac{\ln x}{x^{-1}}\right) = e^0 = 1$$

注　本节中定理给出了求不定式极限的一种方法. 当定理条件满足时,所求的极限当然存在(或为 ∞),但当定理条件不满足时,所求极限却不一定不存在,这就是说,当 $\lim \dfrac{f'(x)}{g'(x)}$ 不存在时(等于无穷大的情形除外),$\lim \dfrac{f(x)}{g(x)}$ 仍可能存在(见本节习题第 2 题).

习题 3 - 2

1. 利用洛必达法则求下列函数的极限:

(1) $\lim\limits_{x \to 0} \dfrac{e^x - e^{-x}}{x}$

(2) $\lim\limits_{x \to a} \dfrac{\sin x - \sin a}{x-a}$

(3) $\lim\limits_{x \to 0} \dfrac{x(e^x - 1)}{\cos x - 1}$

(4) $\lim\limits_{x \to \frac{\pi}{2}^+} \dfrac{\ln\left(x - \dfrac{\pi}{2}\right)}{\tan x}$

(5) $\lim\limits_{x \to +\infty} \dfrac{\dfrac{\pi}{2} - \arctan x}{\dfrac{1}{x}}$

(6) $\lim\limits_{x \to 0}\left(\cot x - \dfrac{1}{x}\right)$

(7) $\lim\limits_{x \to 0}\left(\dfrac{1}{x} - \dfrac{1}{e^x - 1}\right)$

(8) $\lim\limits_{x \to \infty} x \ln \dfrac{x+a}{x-a}$

(9) $\lim\limits_{x \to \frac{\pi}{2}} (\sin x)^{\tan^2 x}$

(10) $\lim\limits_{x \to 0^+} (x)^{\sin x}$

(11) $\lim\limits_{x \to 0} \dfrac{\tan x - \sin x}{x^3}$

(12) $\lim\limits_{x \to \infty} x^2 \left(1 - x \sin \dfrac{1}{x}\right)$

2. 说明下列极限的存在性,能否用洛必达法则求之?

(1) $\lim\limits_{x \to \infty} \dfrac{x - \sin x}{x}$

(2) $\lim\limits_{x \to \infty} \dfrac{x + \sin x}{2x - \cos x}$

(3) $\lim\limits_{x \to 0} \dfrac{x^2 \sin \dfrac{1}{x}}{\sin x}$

(4) $\lim\limits_{x \to \infty} \dfrac{\sqrt{1+x^2}}{x}$.

3. 设 $g(x)$ 在 $x = 0$ 处二阶可导,且 $g(0) = 0$,试确定 a 值,使

$$f(x) = \begin{cases} \dfrac{g(x)}{x}, & x \neq 0 \\ a, & x = 0 \end{cases} \quad \text{在 } x = 0 \text{ 处可导,并求 } f'(0).$$

3.3　函数的单调性与曲线的凹凸性

3.3.1　函数的单调性

在第 1 章 1.1 节中讨论基本初等函数时,介绍了函数的单调性. 从几何上看,如果函数 $y = f(x)$ 在 $[a,b]$ 上单调增,那么它的图形是一条沿 x 轴正向上升的曲线(如图 3 - 4(a));如果函数 $y = f(x)$ 在 $[a,b]$ 上单调减,则它的图形是一条沿 x 轴正向下降的曲线(如图 3 - 4(b)).

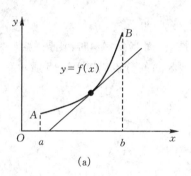 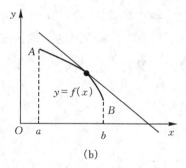

(a)　　　　　　　　　　　　　　　　(b)

图 3 - 4

由导数的几何意义,如果函数在 $[a,b]$ 上可导,即函数的曲线处处有切线,当函数单调增时,切线与 x 轴的正向夹角为锐角,即导数为正;当函数单调减时,切线与 x 轴的正向夹角为钝角,即导数为负. 可见函数的单调性与导数的符号有着密切的关系,于是就有下列函数单调性的判定定理.

定理 3.6　设函数 $y = f(x)$ 在 $[a,b]$ 上连续,在 (a,b) 内可导,

(1)如果在 (a,b) 内 $f'(x) > 0$,那么函数 $y = f(x)$ 在 $[a,b]$ 上单调增;

(2)如果在 (a,b) 内 $f'(x) < 0$,那么函数 $y = f(x)$ 在 $[a,b]$ 上单调减.

证　(1)为了证明函数 $y = f(x)$ 在 $[a,b]$ 上单调增,只要证明对任意的 $x_1, x_2 \in [a,b]$,当 $x_2 > x_1$ 时,必有 $f(x_2) > f(x_1)$ 即可.

事实上,由拉格朗日中值定理,则必存在 $\xi \in (x_1, x_2)$,使得

$$\frac{f(x_2) - f(x_1)}{x_2 - x_1} = f'(\xi) > 0$$

因为 $x_2 > x_1$,故 $f(x_2) > f(x_1)$.

类似地可证(2).

如果把这个判定定理中的闭区间换成其他各种区间(包括无穷区间),结论也成立.

例 3.12　讨论函数 $y=\mathrm{e}^x-x-1$ 的单调性.

解　函数的定义域为 $(-\infty,+\infty)$，且 $y'=\mathrm{e}^x-1$.

当 $x\in(-\infty,0)$ 时，$y'<0$，故函数在 $(-\infty,0)$ 上单调减；

当 $x\in(0,+\infty)$ 时，$y'>0$，故函数在 $(0,+\infty)$ 上单调增.

$x=0$ 是函数 $y=\mathrm{e}^x-x-1$ 的单调区间的分界点，而在该点处 $y'=0$.

例 3.13　讨论函数 $y=\sqrt[3]{x^2}$ 的单调性.

解　函数的定义域为 $(-\infty,+\infty)$. 当 $x\neq 0$ 时，函数的导数为 $y'=\dfrac{2}{3\sqrt[3]{x}}$.

在 $(-\infty,0)$ 内，$y'<0$，因此函数 $y=\sqrt[3]{x^2}$ 在 $(-\infty,0)$ 上单调减少；在 $(0,+\infty)$ 内，$y'>0$，因此函数 $y=\sqrt[3]{x^2}$ 在 $(0,+\infty)$ 上单调增加.

$x=0$ 是函数 $y=\sqrt[3]{x^2}$ 的单调区间的分界点，而当 $x=0$ 时，函数的导数不存在. 可见 y' 不存在的点也可能是划分函数单调区间的分点，如图 3-5 所示.

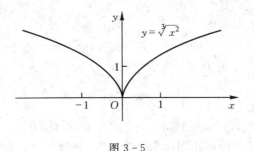

图 3-5

在讨论函数的单调性时，一般地要先确定方程 $f'(x)=0$ 的根及 $f'(x)$ 不存在的点，并以这些点为分界点将函数的定义域划分为若干分区间，这些分区间就是函数 $f(x)$ 的单调区间.

例 3.14　试确定函数 $y=2x+\dfrac{8}{x}$ 的单调区间.

解　函数 $y=2x+\dfrac{8}{x}$ 的定义域为 $(-\infty,0)\cup(0,+\infty)$. 导函数为

$$y'=2+\frac{-8}{x^2}=\frac{2(x-2)(x+2)}{x^2}, \quad x\neq 0$$

令 $y'=0$，得 $x=\pm 2$；当 $x=0$ 时，导数不存在. 所以 $x=-2,0,+2$ 把函数定义域 $(-\infty,0)\cup(0,+\infty)$；划分成四个区间 $(-\infty,-2),(-2,0),(0,2),(2,+\infty)$，函数在这四个区间上的单调性如下表所示：

x	$(-\infty, -2)$	$(-2, 0)$	$(0, 2)$	$(2, +\infty)$
y'	$+$	$-$	$-$	$+$
y	↗	↘	↘	↗

所以函数 $y=2x+\dfrac{8}{x}$ 在 $(-\infty, -2)$ 及 $(2, +\infty)$ 内单调增，在 $(-2, 0)$ 及 $(0, 2)$ 单调减少.

例 3.15　证明：当 $x>1$ 时，$2\sqrt{x}>3-\dfrac{1}{x}$.

证　为了证明此不等式，作辅助函数 $f(x)=2\sqrt{x}-\left(3-\dfrac{1}{x}\right)$，只要证明当 $x>1$ 时，$f(x)>0$ 即可.

由于 $f'(x)=\dfrac{1}{\sqrt{x}}-\dfrac{1}{x^2}=\dfrac{1}{x^2}(x\sqrt{x}-1)$，并且 $f(x)$ 在 $(1, +\infty)$ 内 $f'(x)>0$，所以函数 $f(x)$ 在 $[1, +\infty)$ 上单调增，从而当 $x>1$ 时，

$$f(x)=2\sqrt{x}-\left(3-\dfrac{1}{x}\right)>f(1)=0$$

即

$$2\sqrt{x}>3-\dfrac{1}{x}, \quad x>1$$

利用函数的单调性可以证明较为复杂的函数不等式.

＊例 3.16　证明当 $x>4$ 时，$\quad 2^x>x^2$.

解　作辅助函数 $f(x)=2^x-x^2, x\in[4, +\infty)$. 为了证明题中不等式，只要证明当 $x>4$ 时，$f(x)>0$. 由于 $f'(x)=2^x\ln2-2x$，再求导得

$$f''(x)=2^x(\ln2)^2-2=2[2^{x-1}(\ln2)^2-1]=2\cdot[2^{x-3}\cdot(\ln4)^2-1]$$

当 $x\in[4, +\infty)$ 时，$f''(x)>0$. 因此 $f'(x)$ 在区间 $[4, +\infty)$ 上单调增，即 $f'(x)>f'(4)$. 而 $f'(4)=2^4\ln2-2\times4=8(\ln4-1)>0$，于是 $f'(x)>0$，则 $f(x)$ 在 $[4, +\infty)$ 上也是单调增的. 从而有 $f(x)>f(4)=2^4-4^2=0$，即 $2^x>x^2$.

3.3.2　曲线的凹凸性与拐点

如果只知道函数的单调性，有时还不能全面反映该函数图形的性态. 例如图 3-6 中有两条曲线弧分别是 $y=\sqrt{x}$ 与 $y=x^2$ 的图形，虽然这两个函数都是单调增的，但图形却有显著的不同. 函数 $y=x^2$ 在 $[0,1]$ 上的图形是一段向上凹的弧，而 $y=\sqrt{x}$ 在 $[0,1]$ 上的图形是一段向上凸的弧.

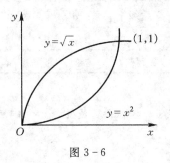

图 3-6

事实上,曲线的凹(凸)向特性的判断是可以通过对几何图形的数学分析得出的.下面就来研究曲线的凹、凸性的定义及其判定法.

定义 3.1　设 $f(x)$ 在区间 I 上连续,如果对 I 上任意两点 x_1、x_2,恒有

$$f\left(\frac{x_1+x_2}{2}\right) < \frac{f(x_1)+f(x_2)}{2}$$

则称 $f(x)$ 在 I 上的图形是**(向上)凹的弧**(或称凹弧)(如图 3-7(a));

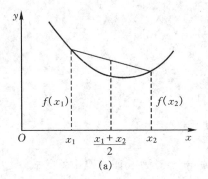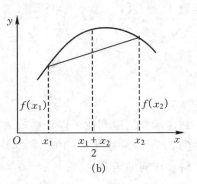

(a)　　　　　　　　　　　　　　(b)

图 3-7

如果在 I 上恒有

$$f\left(\frac{x_1+x_2}{2}\right) > \frac{f(x_1)+f(x_2)}{2}$$

则称 $f(x)$ 在 I 上的图形是**(向上)凸的弧**(或称凸弧)(如图 3-7(b)).

前面已经看到,函数的单调性可以用函数的一阶导数的符号来判定.下面将讨论利用函数的二阶导数来判定函数图形的凹、凸性.

定理 3.7　设 $f(x)$ 在 $[a,b]$ 上连续,在 (a,b) 内具有二阶导数,那么

(1) 若在 (a,b) 内 $f''(x)>0$,则 $f(x)$ 在 $[a,b]$ 上的图形是凹的;

(2) 若在 (a,b) 内 $f''(x)<0$,则 $f(x)$ 在 $[a,b]$ 上的图形是凸的.

*证　(1) 设 x_1 和 x_2 为 $[a,b]$ 内任意两点,且 $x_1<x_2$,令 $\dfrac{x_1+x_2}{2}=x_0$,并记

$x_2-x_0=x_0-x_1=h$，则 $x_1=x_0-h, x_2=x_0+h$，，由拉格朗日中值定理得

$$f(x_0+h)-f(x_0)=f'(\xi_1)h, \quad \xi_1\in(x_0, x_0+h)$$

$$f(x_0)-f(x_0-h)=f'(\xi_2)h, \quad \xi_2\in(x_0-h, x_0)$$

两式相减即得

$$f(x_0+h)+f(x_0-h)-2f(x_0)=[f'(\xi_1)-f'(\xi_2)]h$$

对 $f'(x)$ 在区间 $[\xi_2, \xi_1]$ 上再一次利用拉格朗日中值定理得

$$[f'(\xi_1)-f'(\xi_2)]h=f''(\xi)(\xi_1-\xi_2)h, \quad \xi\in(\xi_2, \xi_1)$$

由假设 $f''(\xi)>0$，故有

$$f(x_0+h)+f(x_0-h)-2f(x_0)>0$$

或

$$\frac{f(x_0+h)+f(x_0-h)}{2}>f(x_0)$$

即　　$\dfrac{f(x_1)+f(x_2)}{2}>f\left(\dfrac{x_1+x_2}{2}\right)$，所以 $f(x)$ 在 $[a, b]$ 上的图形是凹的.

类似地可证明（2）.

例 3.17　判断曲线 $y=\ln x$ 的凹凸性.

解　由于 $y=\ln x$ 在定义域为 $(0, +\infty)$，$y'=\dfrac{1}{x}$，$y''=-\dfrac{1}{x^2}<0$，所以曲线是凸的.

例 3.18　判断曲线 $y=x^3$ 的凹凸性.

解　由于 $y'=3x^2$，$y''=6x$，所以当 $x<0$ 时，$y''<0$，曲线在 $(-\infty, 0]$ 内为凸弧；当 $x>0$ 时，$y''>0$，曲线在 $[0, +\infty)$ 内为凹弧.

注　$(0, 0)$ 是曲线凸、凹的分界点.

上面已经讨论过，函数一阶导数 $f'(x)$ 的零点和不存在的点可能是函数 $f(x)$ 单调区间的分界点，在分界点的两侧区间，有时单调性不变，有时改变单调性.

对于函数的二阶导数，也有类似的情况. 函数二阶导数 $f''(x)$ 的零点和不存在的点可能是函数曲线凹、凸区间的分界点. 在分界点的两侧区间，曲线的凹凸性有时不变；有时会改变. 如果曲线在分界点的两侧由凹弧变为凸弧（或者相反），则曲线上该分界处所对应的点称为曲线的"拐点".

定义 3.2　设函数 $y=f(x)$ 在区间 $[a, b]$ 上连续，x_0 是 $[a, b]$ 内的点. 如果在点 $(x_0, f(x_0))$ 的两侧曲线的凹、凸性发生改变，则称点 $(x_0, f(x_0))$ 为该曲线的**拐点**.

根据拐点的定义，不难给出曲线拐点的求法：

设 $f(x)$ 在 $[a, b]$ 上连续，在 (a, b) 内具有一阶导数和二阶导数，那么

（1）令 $f''(x)=0$，解出这方程在区间 I 内的实根，并求出在区间 I 内 $f''(x)$ 不存在的点；

（2）对于（1）中求出的每一个实根或二阶导数不存在的点 x_0，检查 $f''(x)$ 在

x_0 左右两侧邻近的符号,当两侧的符号相反时,则点$(x_0, f(x_0))$就是函数曲线的拐点,当两侧的符号相同时,点$(x_0, f(x_0))$就不是拐点.

例 3.19　求曲线 $y = 3x^4 - 4x^3 + 1$ 的凹、凸区间与拐点.

解　易见函数 $y = 3x^4 - 4x^3 + 1$ 的定义域为$(-\infty, +\infty)$,$y' = 12x^3 - 12x^2$,$y'' = 36x\left(x - \dfrac{2}{3}\right)$,令 $y'' = 0$,解得 $x_1 = 0$ 及 $x_2 = \dfrac{2}{3}$,它们把函数的定义域$(-\infty, +\infty)$分成三个部分区间:

$$(-\infty, 0), \quad \left[0, \frac{2}{3}\right], \quad \left[\frac{2}{3}, +\infty\right)$$

在$(-\infty, 0)$中,$y'' > 0$,故$(-\infty, 0)$是曲线的凹区间;在$\left(0, \dfrac{2}{3}\right)$中,$y'' < 0$,故$\left(0, \dfrac{2}{3}\right)$是曲线的凸区间;在$\left(\dfrac{2}{3}, +\infty\right)$中,$y'' > 0$,故$\left(\dfrac{2}{3}, +\infty\right)$是曲线的凹区间.当 $x = 0$ 时,$y = 1$,点$(0, 1)$是这曲线的一个拐点.而当 $x = \dfrac{2}{3}$ 时,$y = \dfrac{11}{27}$,点$\left(\dfrac{2}{3}, \dfrac{11}{27}\right)$也是曲线的拐点.

习题 3 - 3

1. 求下列函数的单调区间:

(1) $y = 2x^3 - 6x^2 - 18x + 7$　　　(2) $y = 2x + \dfrac{8}{x}$　　　(3) $y = x - \ln(1+x)$

(4) $y = \dfrac{36x}{(x+3)^2} + 1$　　　(5) $y = \dfrac{3}{2}x^{\frac{3}{2}} - x$　　　(6) $\sqrt[3]{(2x - x^2)^2}$

2. 证明下列不等式

(1) 当 $x > 0$ 时,$1 + \dfrac{1}{2}x > \sqrt{1+x}$

(2) 当 $x > 0$ 时,$1 + x\ln(x + \sqrt{1+x^2}) > \sqrt{1 - x^2}$

3. 试证方程 $\sin x = x$ 只有一个实根.

4. 求下列曲线凹凸区间及拐点.

(1) $y = x^3 - 3x^2 + x - 1$　　　(2) $y = \dfrac{x}{1+x^2}$

(3) $y = \dfrac{2x}{\ln x}$　　　(4) $y = \ln(x^2 - 1)$

5. 求 a 与 b,使函数 $y = ax^3 + bx^2$ 的曲线在$(1, 3)$处有拐点.

3.4 函数的极值与最值

在 3.3 节中已经讨论过，如果函数一阶导数 $f'(x)$ 的零点和 $f'(x)$ 不存在的点是函数 $f(x)$ 单调区间的分界点，则分界点的两侧的单调性会发生改变，从单调增变为单调减或者从单调减变为单调增，这样的分界点就形成函数局部的极大或极小，统称为"极值点".

3.4.1 函数极值的定义

设函数 $f(x)$ 在 x_0 的某一邻域 $U(x_0)$ 内有定义，如果对于去心邻域 $\mathring{U}(x_0)$ 内的任一 x，有 $f(x) < f(x_0)$（或 $f(x) > f(x_0)$），则称 $f(x_0)$ 是函数 $f(x)$ 的一个**极大值**（或**极小值**）.

函数的极大值与极小值统称为函数的**极值**，使函数取得极值的点称为**极值点**.

注 函数极值的概念是一个局部概念. 如果 $f(x_0)$ 是函数 $f(x)$ 的一个极大值（或极小值），那只是对 x_0 的一个局部范围来说 $f(x_0)$ 是 $f(x)$ 的一个最大值，但对于整个函数的定义域来说，$f(x_0)$ 就不一定是最大值了. 而极小值也有可能较极大值更大. 如图 3-8，$f(x_1)$ 是极大值，$f(x_4)$ 是极小值，而 $f(x_1) < f(x_4)$.

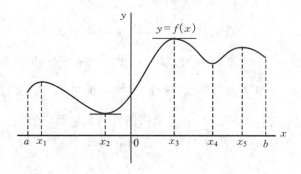

图 3-8

3.4.2 函数的极值判别与求法

从图 3-8 中可以看出，如果可导函数在某点取得极值，则曲线在与该点对应处的切线总是水平的. 换句话说，可导函数在极值点处导数值为零.

定理 3.8（一阶必要条件） 设函数 $y = f(x)$ 定义在 $[a, b]$ 上，$x_0 \in (a, b)$，若函数在 x_0 点处可导，且在 x_0 处取得极值，则函数在 x_0 处的导数为零，即 $f'(x_0) = 0$.

使导数为零的点 x_0（即方程 $f'(x_0)=0$ 的实根）称为函数 $f(x)$ 的**驻点**. 定理 3.8 是说可导函数的极值点必为驻点. 但是定理 3.8 只给出函数在 x_0 处取得极值的必要条件，而不是充分条件。换句话说，函数的驻点不一定是函数的极值点.

考察函数 $f(x)=x^3$ 在 $x=0$ 处的情况. 显然 $x=0$ 是函数 $f(x)=x^3$ 的驻点，但 $x=0$ 却不是函数 $f(x)=x^3$ 的极值点. 此外，函数在它的导数不存在的点处也可能取到极值. 例如函数 $f(x)=|x|$ 在点 $x=0$ 处不可导，但函数在该点处取得极小值.

怎样判定函数在驻点或不可导的点处究竟是否取得极值？下面给出一个判定极值的充分条件.

定理 3.9（二阶充分条件） 设函数 $f(x)$ 在点 x_0 处具有连续的二阶导数，且 $f'(x_0)=0$，$f''(x_0)\neq0$，那么

(1) 当 $f''(x_0)<0$ 时，函数 $f(x)$ 在 x_0 处取得极大值；

(2) 当 $f''(x_0)>0$ 时，函数 $f(x)$ 在 x_0 处取得极小值.

这个定理在几何直观上是很容易理解的. 当 $f''(x_0)<0$ 时，由二阶导数的连续性，必有 x_0 处的邻域，函数在该邻域内的二阶导数都小于零，因而相应的曲线是下凹的，又由于 $f'(x_0)=0$，即曲线在 x_0 处的切线是水平的，故函数在 x_0 处位于曲线的顶点，所以函数在该点取得极大值. 同理，当 $f''(x_0)>0$ 时，函数 $f(x)<0$ 在 x_0 处取得极小值.

* 证 （1）由于 $f''(x_0)<0$，由二阶导数的定义有

$$f''(x_0)=\lim_{x\to x_0}\frac{f'(x)-f'(x_0)}{x-x_0}<0$$

根据函数极限的局部保号性，当 x 在 x_0 的充分小的去心邻域内时，$\dfrac{f'(x)-f'(x_0)}{x-x_0}<0$. 而 $f'(x_0)=0$，所以 $\dfrac{f'(x)}{x-x_0}<0$. 于是 $f'(x)$ 与 $x-x_0$ 符号相反. 因此当 $x<x_0$ 时，$f'(x)>0$，由函数单调性的判别法，函数在 x_0 的左侧单调增；当 $x>x_0$ 时，$f'(x)<0$，函数在 x_0 的右侧单调减，所以 $f(x)$ 在 x_0 处取得一个极大值.

类似地可以证明情形（2）.

例 3.20 求函数 $f(x)=x^3+3x^2-24x-20$ 的极值.

解 先求函数的导数：
$$f'(x)=3x^2+6x-24=3(x+4)(x-2)$$

令 $f'(x)=0$，得驻点 $x_1=-4$，$x_2=2$，由于 $f''(-4)=-18<0$，所以 $f(-4)=60$ 是极大值；而 $f''(2)=18>0$，所以 $f(2)=-48$ 是极小值. 函数 $f(x)=x^3+3x^2-24x-20$ 的曲线如图 3-9.

注　(1)定理 3.9 只适用于二阶导数 $f''(x_0)\neq0$ 的情况,如果 $f''(x_0)=0$,就不能直接应用定理 3.9.要用其他方法去判断.

例如,讨论函数 $f(x)=x^4$,$g(x)=x^3$ 在点 $x=0$ 是否有极值? 因为 $f'(x)=4x^3$,$f''(x)=12x^2$,所以 $f'(0)=0$,$f''(0)=0$,由于当 $x<0$ 时,$f'(x)<0$;当 $x>0$ 时,$f'(x)>0$,所以 $f(0)$ 为极小值.而 $g'(x)=3x^2$,$g''(x)=6x$,所以,$g'(0)=0$,$g''(0)=0$,容易看出 $g(0)$ 不是函数的极值.

(2) 若函数在 x_0 处不可导,该点仍有可能是函数的极值点.

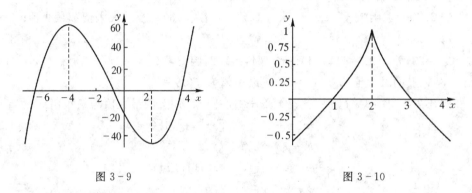

图 3-9　　　　　　　　　　　　　　图 3-10

例 3.21　求函数 $f(x)=(x^2-1)^3+1$ 的极值.

解　$f'(x)=6x(x^2-1)^2$

令 $f'(x)=0$,求得驻点 $x_1=-1$,$x_2=0$,$x_3=1$. 又 $f''(x)=6(x^2-1)(5x^2-1)$,由于 $f''(0)=6>0$,因此 $f(x)$ 在 $x=0$ 处取得极小值,极小值为 $f(0)=0$.

因为 $f''(-1)=f''(1)=0$,故不能用定理 3.9 来判别. 但是 $f(x)$ 在 $x=-1$ 的左、右邻域内均有 $f'(x)<0$,所以 $x=-1$ 不是 $f(x)$ 极值点.

同理,$x=1$ 也不是 $f(x)$ 的极值点.

例 3.22　求函数 $f(x)=1-(x-2)^{\frac{2}{3}}$ 的极值.

解　由于　　　　　$f'(x)=-\dfrac{2}{3}(x-2)^{-\frac{1}{3}}$　$(x\neq2)$

所以 $x=2$ 时函数 $f(x)$ 的导数不存在. 当 $x<2$ 时,$f'(x)>0$;当 $x>2$ 时,$f'(x)<0$.所以 $f(2)=1$ 为 $f(x)$ 的极大值(如图 3-10).

3.4.3　最大、最小值问题

在实际工作中,常常会遇到这样一类问题:在一定条件下,怎样使"产量最多"、"用料最省"、"成本最低"、"效率最高"等,这类问题在数学上常常可以归结为求某一函数(通常称为**目标函数**)的最大值或最小值问题.

由闭区间上连续函数的性质,函数在$[a,b]$上必能取得最大值和最小值.显然函数的最大(小)值一定是极大(小)值,但是函数的极大(小)值未必是函数的最大(小)值.

1. 最大值和最小值的求法

设函数$f(x)$在闭区间$[a,b]$上可导,设函数$y=f(x)$在(a,b)内的驻点和不可导点(它们是可能的极值点)为$x_1,x_2,\cdots,x_n$,再加上区间的两个端点a、b,则比较$f(a),f(x_1),f(x_2),\cdots,f(x_n),f(b)$的大小,其中的最大者就是函数$f(x)$在$[a,b]$上的最大值,最小者就是函数$f(x)$在$[a,b]$上的最小值.

例 3.23　求函数$y=2x^3+3x^2-12x+14$在$[-3,4]$上的最大值和最小值.

解　$y'=f'(x)=6x^2+6x-12$,解方程$f'(x)=0$,得$x_1=-2,x_2=1$.由于$f(-3)=23,f(-2)=34;f(1)=7;f(4)=142$,因此函数$y=2x^3+3x^2-12x+14$在$[-3,4]$上的最大值为$f(4)=142$,最小值为$f(1)=7$.

例 3.24　求函数$f(x)=|x^2-3x+2|$在$[-3,4]$上的最大值与最小值.

解　由于　　$f(x)=\begin{cases}x^2-3x+2,& x\in[-3,1]\bigcup[2,4]\\-x^2+3x-2,& x\in(1,2)\end{cases}$

所以　　　　　　$f'(x)=\begin{cases}2x-3,& x\in(-3,1)\bigcup(2,4)\\-2x+3,& x\in(1,2)\end{cases}$

令$f'(x)=0$,解得$f(x)$在$(-3,4)$内的驻点为$x=\dfrac{3}{2}$,容易看出函数在$x_1=1$,$x_2=2$处不可导,因为$f(-3)=20,f(1)=0,f\left(\dfrac{3}{2}\right)=\dfrac{1}{4},f(2)=0,f(4)=6$.经比较得$f(x)$在$x=-3$处取得最大值20,在$x_1=1,x_2=2$处函数取得最小值0.

2. 最大值、最小值的应用

在解决实际问题时,首先要建立目标函数$f(x)$,其次要根据实际问题的性质来判断函数目标函数确有唯一的最大值或最小值,而且在定义区间的内部取得.这时如果函数在区间的内部只有一个驻点x_0,一般可以不必用二阶充分条件去判别,而直接断定$f(x_0)$必为所求的最大值或最小值.

例 3.25　设某工厂铁路线上AB段的距离为$100\ km$,工厂C位于A处的正南方,AC垂直于AB,AC为$20\ km$(图3-11).为了运输的需要,要在AB线上选定一点D,修筑一条公路CD.已知铁路每公里货运的运费与公路上每公里货运的运费之比$3:5$.为了使货物从供应站B运到工厂C的运费最省,问D点应选在何处?

解　设$AD=x$,则$DB=100-x$,$CD=\sqrt{20^2+x^2}=\sqrt{400+x^2}$.再设从$B$点到$C$点需要的总运费为$y$,则

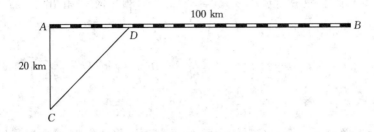

$$\text{图 }3-11$$

$$y = 5k\sqrt{400+x^2} + 3k(100-x) \quad (0 \leqslant x \leqslant 100)$$

其中 k 为正数,于是问题归结为: x 在 $[0,100]$ 内取何值时目标函数 y 的值最小.

先求 y 对 x 的导数: $y' = k\left(\dfrac{5x}{\sqrt{400+x^2}} - 3\right)$,再令 $y'=0$ 后解得 $x=15$. 由于驻点是唯一的,因此当 $AD = x = 15$ 时总运费 y 最省.

例 3.26 把一根直径为 d 的圆木锯成截面为高 h 和宽 b 的矩形梁(图 3 - 12). 由材料力学知,矩形梁的抗弯曲能力与矩形截面模量 $W = \dfrac{1}{6}bh^2$ 成正比. 问矩形截面的应如何选择才能使梁的抗弯截面模量 W 最大?

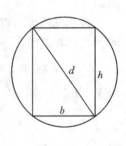

解 由于 h 与 b 有下面的关系: $h^2 = d^2 - b^2$,因而

$$W = \frac{1}{6}b(d^2 - b^2) \quad (0 < b < d)$$

$$\text{图 }3-12$$

于是问题转化为:当 b 等于多少时,目标函数 W 取最大值?

为此, 求 W 对 b 的导数 $W' = \dfrac{1}{6}(d^2 - 3b^2)$. 令 $W' = 0$,

解得驻点 $b = \sqrt{1/3}\,d$.

由于梁的最大抗弯截面模量一定存在,且在 $(0,d)$ 内部取得. 又函数 $W = \dfrac{1}{6}b(d^2 - b^2)$ 在 $(0,d)$ 内只有一个驻点,所以当 $b = \sqrt{\dfrac{1}{3}}\,d$ 时,W 的值最大.

此时,$h^2 = d^2 - b^2 = d^2 - \dfrac{1}{3}d^2 = \dfrac{2}{3}d^2$, 即 $h = \sqrt{\dfrac{2}{3}}\,d$. 故当选取 $d:h:b = \sqrt{3}:\sqrt{2}:1$ 时,W 的值最大.

例 3.27 某房地产公司有 50 套公寓要出租,租金定为每月 1800 元时,公寓能全部租出去. 当租金每增加 100 元时,就会有一套公寓租不出去,而租出去的房子每月需花费 200 元的整修维护费. 试问房租定为多少可获得最大收入?

解 设每月的房租为 x 元,当 $x \geqslant 1800$ 时. 租出去的房子有 $\left(50-\dfrac{x-1800}{100}\right)$ 套,每月总收入为

$$R(x)=(x-200)\left(50-\frac{x-1800}{100}\right)=(x-200)\left(68-\frac{x}{100}\right)$$

对 $R(x)$ 求导,$R'(x)=\left(68-\dfrac{x}{100}\right)+(x-200)\left(-\dfrac{1}{100}\right)=70-\dfrac{x}{50}$

令 $R'(x)=0$,解得 $x=3500$(唯一驻点),故每月每套租金为 3500 元时租出去的房子有 33 套,最大收入为 $R(x)=(3500-200)\left(68-\dfrac{3500}{100}\right)=108900(元)$.

例 3.28 设一个曲边三角形由直线 $y=0,x=8$ 及抛物线 $y=x^2$ 围成(如图 3-13),要在曲边 $y=x^2$ 上求一点,使曲线在该点处的切线与直线 $y=0,x=8$ 所围成的三角形面积最大.

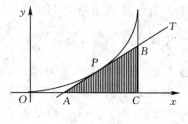

图 3-13

解 设所求切点为 $P(x_0,y_0)$,该点处切线 PT 的方程为:

$$y-y_0=2x_0(x-x_0)$$

由于 $A\left(\dfrac{1}{2}x_0,0\right),C(8,0),B(8,16x_0-x_0^2)$,因此,$\triangle ABC$ 的面积为

$$S=\frac{1}{2}\left(8-\frac{1}{2}x_0\right)(16x_0-x_0^2),\quad 0\leqslant x_0\leqslant8$$

令

$$S'=\frac{1}{4}(3x_0^2-64x_0+16\times16)=0$$

解得 $x_0=\dfrac{16}{3},x_0=16$(舍去). 又因为 $S''\left(\dfrac{16}{3}\right)=-8<0$,所以 $S\left(\dfrac{16}{3}\right)=\dfrac{4096}{27}$ 为极大值,最大的三角形面积为

$$S\left(\frac{16}{3}\right)=\frac{4096}{27}\approx151.7$$

习题 3-4

1. 填空:

(1) 函数的极值点只可能是两种点,一种是_____,一种是_____;

(2) $f(x)=\sqrt[3]{(x-1)^2}$,$f'(1)$_____,$f(x)$ 在 $x=1$ 处取_____值 $f(1)=0$.

2. 求下列函数的极值:

(1) $y=2x^3-6x^2-18x+7$ (2) $y=\dfrac{2x}{1+x^2}$ (3) $y=3-2(x+1)^{\frac{1}{3}}$

(4) $y=(x-1)x^{\frac{2}{3}}$　　　　　　(5) $y=x+\sqrt{1-x}$　(6) $y=x-\ln(x+1)$

3. 试证明:如果函数 $y=ax^3+bx^2+cx+d$ 满足条件 $b^2-3ac<0$,那么这函数没有极值.

4. 试问 a 为何值时,函数 $f(x)=a\sin x+\dfrac{1}{3}\sin 3x$ 在 $x=\dfrac{\pi}{3}$ 处取得极值? 它是极大值还是极小值? 并求此极值.

5. 求下列各函数在闭区间上的最值:

(1) $y=x^3-3x^2+6x-2$　$[-1,1]$　　　(2) $y=\dfrac{2x^2}{1+x}$　$\left[-\dfrac{1}{2},1\right]$

(3) $y=\ln(x^2+1)$　$[-1,2]$　　　(4) $y=x+2\sqrt{x}$　$[0,4]$

6. 一汽船拖载重相等的小船若干只,在两港之间来回运送货物.已知每次拖 4 只小船一日能来回 16 次,每次拖 7 只小船一日能来回 10 次,如果小船增多的只数与来回减少的次数成正比,问每日来回多少次,每次拖多少只小船能使运货总量达到最大?

7. 某车间靠墙壁要盖一间长方形小屋,现有存砖只够砌 20 m 长的墙壁,问应围成怎样的长方形才能使这间小屋的面积最大?

8. 某工厂每天生产 x 台收音机的总成本为 $c(x)=\dfrac{1}{9}x^2+x+100$(元),该种收音机独家经营市场需求规律为 $x=75-3P$,其中 P 是收音机的单价(元),问每天生产多少台时,获利润最大? 此时每台收音机的价格为多少元?

3.5　函数图形的描绘

在前面几节中,利用导数研究了函数的单调性、凹凸性、拐点、极值等,综合这些内容,可以显示函数在定义区间内的变化特征,从而对函数的曲线在某一区间的变化轮廓有了较为全面的了解,从而可以比较准确地描绘函数的图形.

3.5.1　曲线的渐近线

定义 3.3　若曲线 C 上的动点 P 沿着曲线无限地远离原点时,点 P 与某一固定直线 l 的距离趋于零,则称直线 l 为曲线 C 的**渐近线**.

1. 水平渐近线

定义 3.4　若 $\lim\limits_{x\to\infty}f(x)=a$ (或 $\lim\limits_{x\to+\infty}f(x)=a$, $\lim\limits_{x\to-\infty}f(x)=a$),则称直线 $y=a$ 为曲线 $y=f(x)$ 的**水平渐近线**.

例如 $\lim\limits_{x\to+\infty}\arctan x=\dfrac{\pi}{2}$，$\lim\limits_{x\to-\infty}\arctan x=-\dfrac{\pi}{2}$，所以直线 $y=\dfrac{\pi}{2}$ 与 $y=-\dfrac{\pi}{2}$ 是曲线 $y=\arctan x$ 的水平渐近线.

2. 垂直渐近线

定义 3.5 若 $\lim\limits_{x\to x_0}f(x)=\infty$ （或 $\lim\limits_{x\to x_0^+}f(x)=\infty$，$\lim\limits_{x\to x_0^-}f(x)=\infty$），则称直线 $x=x_0$ 为曲线 $y=f(x)$ 的**垂直渐近线**.

例 3.29 求函数 $f(x)=\dfrac{x^3}{(x+3)(x-1)}$ 的垂直渐近线.

解 因为 $\lim\limits_{x\to1}f(x)=\infty$，$\lim\limits_{x\to-3}f(x)=\infty$，所以 $x=1,x=-3$ 为曲线 $y=f(x)$ 的垂直渐近线.

*3. 斜渐近线

定义 3.6 若 $f(x)$ 满足：(1) $\lim\limits_{x\to\infty}\dfrac{f(x)}{x}=k$，(2) $\lim\limits_{x\to\infty}(f(x)-kx)=b$，则称直线 $y=kx+b$ 为曲线 $y=f(x)$ 的**斜渐近线**.

例 3.30 考察曲线 $y=\dfrac{x^3}{(x+3)(x-1)}$ 的斜渐近线.

解 因为 $\lim\limits_{x\to\infty}\dfrac{f(x)}{x}=\lim\limits_{x\to\infty}\dfrac{x^3}{x^3+2x^2-3x}=1$，所以 $k=1$；又因

$$\lim\limits_{x\to\infty}(f(x)-x)=\lim\limits_{x\to\infty}\left(\dfrac{x^3}{x^2+2x-3}-x\right)=-2$$

故 $b=-2$，即曲线的斜渐近线为 $y=x-2$.

3.5.2 函数图形的描绘

利用导数描绘函数图形的一般步骤如下：
(1) 确定函数的定义域，并求函数的一阶和二阶导数；
(2) 求出一阶、二阶导数为零的点，求出一阶、二阶导数不存在的点；
(3) 分析函数是否有奇偶性和周期性，列表确定曲线的单调性和凹凸性；
(4) 确定曲线的渐近线；
(5) 确定并描出曲线上极值对应的点、拐点、与坐标轴的交点以及其它特殊点；
(6) 联结这些点画出函数的图形.

例 3.31 描绘函数 $f(x)=\dfrac{4(x+1)}{x^2}-2$ 的图形.

解 函数的定义域为 $D：x\neq0$，函数没有奇、偶性和周期性. 因为

$$f'(x) = -\frac{4(x+2)}{x^3}, f''(x) = \frac{8(x+3)}{x^4}$$

令 $f'(x) = 0$，得驻点 $x = -2$. 再令 $f''(x) = 0$ 得 $x = -3$，又

$$\lim_{x \to \infty} f(x) = \lim_{x \to \infty} \left[\frac{4(x+1)}{x^2} - 2 \right] = -2$$

得水平渐近线为 $y = -2$，而

$$\lim_{x \to 0} f(x) = \lim_{x \to 0} \left[\frac{4(x+1)}{x^2} - 2 \right] = +\infty$$

得铅直渐近线为 $x = 0$.

综合上述信息并列表如下：

x	$(-\infty, 3)$	-3	$(-3, -2)$	-2	$(-2, 0)$	0	$(0, +\infty)$
$f'(x)$	$-$		$-$	0	$+$	不存在	$-$
$f''(x)$	$-$	0	$+$		$+$		$+$
$f(x)$	$\downarrow$	拐点 $(-3, \frac{26}{9})$	$\downarrow$	极值点 $y=-3$	$\uparrow$	间断点	$\downarrow$

补充点：$(1-\sqrt{3}, 0), (1+\sqrt{3}, 0)$ 和 $A(-1, -2), B(1, 6), C(2, 1)$，这样就可画出函数 $f(x) = \frac{4(x+1)}{x^2} - 2$ 的图形（图 3-14）

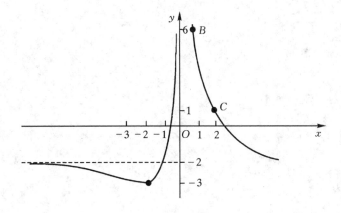

图 3-14

习题 3 − 5

1. 求下列函数的渐近线：

(1) $y = \dfrac{2x-1}{(x-1)^2}$　　　　　(2) $y = \dfrac{x}{x+1}$　　　　　(3) $y = \dfrac{\ln x}{x+1}$

(4) $y = \ln \dfrac{x^2 - 3x + 2}{x^2 + 1}$　　*(5) $y = \dfrac{x^2}{x+1}$

2. 作出下列函数的图形：

(1) $y = \ln(x^2 + 1)$　　　　(2) $y = \dfrac{x^3}{(x-1)^2}$

第4章 一元函数积分学

高等数学的核心内容是微积分. 在第 2、3 章中讨论了一元函数微分学——导数、微分及其应用. 本章讨论一元函数积分学, 它是微积分的又一个主要内容.

4.1 定积分的概念与性质

定积分问题是积分学的一个基本问题, 起源于求平面曲线围成的图形面积与已知直线运动点的运动速度求路程等实际问题. 本节从分析和解决几何、物理中这两个典型问题出发, 引入定积分的概念和性质.

4.1.1 引例

引例 4.1 曲边梯形的面积

初等数学里学过一些图形面积的求法, 基本上都是以直线为边的图形面积, 如三角形、矩形、梯形和多边形等, 而在实际问题中, 往往需要求由曲线围成的曲边形的面积, 如何分析和解决这类问题呢?

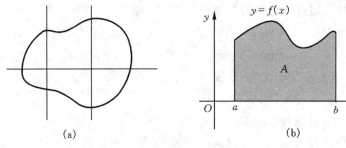

(a)   (b)

图 4-1

平面上由封闭曲线所围成的平面图形一般都可以用一些相互垂直的直线将它划分成若干个由几条直边与一条曲边组成的梯形——曲边梯形, 如图 4-1(a). 典型的 **曲边梯形** 是由三条直线和一条曲线所围成的图形, 其中两条直线相互平行并与第三条直线垂直,且两条相互平行的直线最多有一个交点.不失一般性,设曲边梯形由 $x=a$, $x=b$ 及 x 轴三条直线和一条曲线 $y=f(x)$ 所围成,其中 $f(x)$ 是 $[a,b]$ 区间上的非负连续函数(如图 $4-1$(b)).因此,求平面图形的面积问题就转化为求曲边梯形面积的问题.

求曲边梯形面积的困难在于不能直接应用长方形面积等初等几何的公式.但如果把区间 $[a,b]$ 划分为许多小区间,并将曲边梯形分割为若干个狭长的小曲边梯形,由于 $y=f(x)$ 是连续的,每一个小曲边梯形的"高" $f(x)$ 随 x 的变化都很小,可以近似地看成定值.这样每个小曲边梯形就可近似地看成小矩形.因而可以用这些狭长的小矩形的面积近似地代替小曲边梯形的面积.于是曲边梯形的面积就近似地等于这些小矩形面积之和(如图 $4-2$).

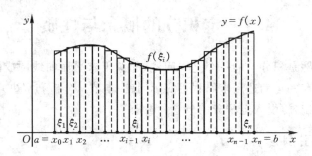

图 $4-2$

不难看出,区间 $[a,b]$ 的划分越细,这些小矩形底边的"宽度"就越小,则用小矩形面积代替小曲边梯形面积的近似程度就越好.当 $[a,b]$ 被无限细分,且每个小区间长度都趋于零时,这些小矩形面积之和就将无限地趋近于曲边梯形的面积.

现将以上的分析过程归纳为下列四个具体步骤:

第一步　分割 在区间 $[a,b]$ 内插入 $n-1$ 个分点 $x_1, x_2, \cdots, x_{n-1}$,使

$$a=x_0<x_1<x_2<\cdots<x_{n-1}<x_n=b$$

此时 $[a,b]$ 被分割为 n 个小区间 $[x_0,x_1]$, $[x_1,x_2]$, $\cdots$, $[x_{n-1},x_n]$,它们的长度依次为

$$\Delta x_1=x_1-x_0, \Delta x_2=x_2-x_1, \cdots, \Delta x_n=x_n-x_{n-1}$$

过每一个分点作平行于 y 轴的直线段,把曲边梯形划分成 n 个小曲边梯形(图 $4-2$).

第二步　近似 在每一个小区间 $[x_{i-1},x_i]$ 上任取一点 ξ_i,并以 $[x_{i-1},x_i]$ 为底、$f(\xi_i)$ 为高的狭长小矩形近似代替第 i 个小曲边梯形,则第 i 个小曲边梯形的面积可近似表示为 $\Delta A_i \approx f(\xi_i)\Delta x_i(i=1,2,\cdots,n)$.

第三步　**求和**　将这样得到的 n 个小矩形的面积求和,作为所求曲边梯形面积 A 的近似值,

$$A = \sum_{i=1}^{n} A_i \approx f(\xi_1)\Delta x_1 + f(\xi_2)\Delta x_2 + \cdots + f(\xi_n)\Delta x_n = \sum_{i=1}^{n} f(\xi_i)\Delta x_i$$

第四步　**精确**　当 n 取得越大,且每个小区间的长度越小时,上面的近似和式越精确. 因此当 $n \to \infty$,且最大的小区间的长度无限趋近于零(记作 $\lambda = \max\{\Delta x_1, \Delta x_2, \cdots, \Delta x_n\} \to 0$) 时,如果和式的极限存在,那么上述曲边梯形面积的近似值就转化为所求曲边梯形面积的精确值,即

$$A = \lim_{\lambda \to 0} \sum_{i=1}^{n} f(\xi_i)\Delta x_i$$

引例 4.2　变速直线运动的位移

设物体作变速直线运动,已知速度在时间间隔 $[T_1, T_2]$ 上的变化规律为 t 的连续函数 $v = v(t)$,求在时间区间 $[T_1, T_2]$ 内物体所经过的位移 s.

若物体作匀速直线运动,由于速度 v 为常量,则位移 s 可由公式 $s = v(T_2 - T_1)$ 求得. 但当速度 v 为变量,速度函数 $v = v(t)$ 随时间 t 变化时,就不能简单地用匀速直线运动的公式来计算位移. 然而,若在微小的时间间隔里速度的变化很小,就可近似看成是匀速运动. 因此,将时间区间 $[T_1, T_2]$ 分割为若干个小区间,在每个小区间内,物体的运动可近似看成匀速运动,就能求出局部位移的近似值. 再将各小区间内的位移近似值相加,得到在 $[T_1, T_2]$ 内总位移的近似值. 最后,通过对时间区间无限细分,且令每个小区间长度都趋于零,于是各小区间内位移近似值之和就将无限地趋近于所求变速直线运动位移的精确值.

通过对这个问题的分析可以看出,求解它的基本思路与求曲边梯形面积问题的分析思路是一致的,仍然可以归纳为四个具体步骤:

第一步　**分割**　在区间 $[T_1, T_2]$ 内插入 $n - 1$ 个分点 $T_1 = t_0 < t_1 < t_2 < \cdots < t_{n-1} < t_n = T_2$,将 $[T_1, T_2]$ 分割成 n 个小时间区间 $[t_0, t_1], [t_1, t_2], \cdots, [t_{n-1}, t_n]$,各个小时间区间的长依次为

$$\Delta t_1 = t_1 - t_0, \quad \Delta t_2 = t_2 - t_1, \cdots, \quad \Delta t_n = t_n - t_{n-1}$$

相应于各个小时间区间内物体经过的位移依次为 $\Delta s_1, \Delta s_2, \cdots, \Delta s_n$.

第二步　**近似**　在每一个小时间区间 $[t_{i-1}, t_i]$ 上任取一时刻 τ_i,并以时刻 τ_i 的速度 $v(\tau_i)$ 近似代替 $[t_{i-1}, t_i]$ 上的速度,即近似看成匀速运动,则第 i 个小时间区间所经过的位移的近似值为

$$\Delta s_i \approx v(\tau_i)\Delta t_i \quad (i = 1, 2, \cdots, n)$$

第三步　**求和**　将得到的 n 个位移的近似值求和,作为所求变速直线运动在区间 $[T_1, T_2]$ 内位移 s 的近似值,即

$$s = \sum_{i=1}^{n} \Delta s_i \approx v(\tau_1)\Delta t_1 + v(\tau_2)\Delta t_2 + \cdots + v(\tau_n)\Delta t_n = \sum_{i=1}^{n} v(\tau_i)\Delta t_i$$

第四步　精确　令 $n \to \infty$，且 $\lambda = \max\{\Delta t_1, \Delta t_2, \cdots, \Delta t_n\} \to 0$，如果上述和式的极限存在，则在时间区间 $[T_1, T_2]$ 内位移 s 的近似值就转化为所求变速直线运动在 $[T_1, T_2]$ 内位移的精确值，因此，对该和式取极限，即有

$$s = \lim_{\lambda \to 0} \sum_{i=1}^{n} v(\tau_i)\Delta t_i$$

引例 4.1 和 4.2 是完全不同的两个实际问题，但它们解决问题的思想方法和步骤却是一致的，而且都归结为一个特殊和式的极限. 在日常生活和工程实际中，还存在着大量这样的问题，它们的实际背景各不相同，但都能通过"分割、近似、求和、精确"的步骤转化为形如 $\sum_{i=1}^{n} f(\xi_i)\Delta x_i$ 的和式极限问题. 这种处理问题的思想是定积分的基本思想，在工程实际中有着广泛的应用. 如果抛开这些问题的具体含义，保留其数学结构，便可抽象出定积分的定义.

以上的分析过程充分体现了"以不变代变"及"从量变到质变"的转化过程，蕴涵着丰富的辩证思想.

4.1.2　定积分的定义

定义 4.1　设函数 $f(x)$ 在区间 $[a,b]$ 上有定义，在 $[a,b]$ 中任意插入 $n-1$ 个分点

$$a = x_0 < x_1 < x_2 < \cdots < x_{n-1} < x_n = b$$

把 $[a,b]$ 分成 n 个小区间，各小区间的长度依次为

$$\Delta x_1 = x_1 - x_0, \Delta x_2 = x_2 - x_1, \cdots, \Delta x_n = x_n - x_{n-1}$$

在每个小区间 $[x_{i-1}, x_i]$ 上任取一点 $\xi_i (x_{i-1} \leqslant \xi_i \leqslant x_i)$，作乘积 $f(\xi_i)\Delta x_i$ 的和式

$$\overline{S} = \sum_{i=1}^{n} f(\xi_i)\Delta x_i$$

如果无论区间 $[a,b]$ 怎样分割，无论 ξ_i 怎样选取，当 $\lambda = \max\{\Delta x_1, \Delta x_2, \cdots, \Delta x_n\} \to 0$ 时，该和式 $\overline{S}$ 都趋于同一个常数 I，那么就称函数 $f(x)$ 在区间 $[a,b]$ 上**可积**，并称极限值 I 为 $f(x)$ 在区间 $[a,b]$ 上的**定积分**，记作 $\int_a^b f(x)\mathrm{d}x$，即

$$\int_a^b f(x)\mathrm{d}x = I = \lim_{\lambda \to 0} \sum_{i=1}^{n} f(\xi_i)\Delta x_i \tag{4.1}$$

其中 $f(x)$ 称为**被积函数**，$f(x)\mathrm{d}x$ 称为**被积表达式**，x 称为**积分变量**，$[a,b]$ 称为**积分区间**，a、b 分别称为**积分下限**和**积分上限**.

关于定积分的定义，应注意以下几点：

（1）定积分 $\int_a^b f(x)\mathrm{d}x$ 是和式 $\sum_{i=1}^n f(\xi_i)\Delta x_i$ 的极限值，即它是一个确定的数，它的值仅与被积函数 $f(x)$ 和积分区间 $[a,b]$ 有关，而与积分变量用什么字母表示无关. 因此，若积分变量改用其他字母表示，例如 t 或 u 等，积分的值不会改变，即

$$\int_a^b f(x)\mathrm{d}x = \int_a^b f(t)\mathrm{d}t = \int_a^b f(u)\mathrm{d}u$$

（2）定积分也称为积分和，当函数 $f(x)$ 在区间 $[a,b]$ 上的定积分存在时，称其在区间 $[a,b]$ 上**可积**，否则称为**不可积**.

关于定积分，还有一个重要的问题：满足什么条件时，才能保证函数 $f(x)$ 在区间 $[a,b]$ 上可积？两个常用的结论如下（证明从略）：

定理 4.1　设函数 $f(x)$ 在 $[a,b]$ 上连续，则 $f(x)$ 在 $[a,b]$ 上可积.

定理 4.2　设函数 $f(x)$ 在 $[a,b]$ 上有界，且只有有限个第一类间断点，则 $f(x)$ 在 $[a,b]$ 上可积.

根据定积分的定义，引例 4.1 和 4.2 可以分别表述如下：

（1）由曲线 $y=f(x)(f(x)\geqslant 0)$、直线 $x=a$、$x=b$ 及 x 轴所围成的曲边梯形面积 A 等于 $f(x)$ 在区间 $[a,b]$ 上的定积分，即

$$A = \int_a^b f(x)\mathrm{d}x$$

（2）以变速 $v=v(t)$ 作直线运动的物体，从时刻 $t=T_1$ 到时刻 $t=T_2$ 所经过的位移 s 等于速度 $v(t)$ 在区间 $[T_1,T_2]$ 上的定积分，即

$$s = \int_{T_1}^{T_2} v(t)\mathrm{d}t$$

4.1.3　定积分的几何意义

由引例 4.1 知，当在 $[a,b]$ 上 $f(x)\geqslant 0$ 时，定积分 $\int_a^b f(x)\mathrm{d}x$ 的值等于由曲线 $y=f(x)$、直线 $x=a$、$x=b$ 及 x 轴所围成的曲边梯形面积，即

$$\int_a^b f(x)\mathrm{d}x = A$$

如果在 $[a,b]$ 上 $f(x)\leqslant 0$，则由曲线 $y=f(x)$、直线 $x=a$、$x=b$ 及 x 轴所围成的曲边梯形位于 x 轴的下方. 此时 $f(\xi_i)\Delta x_i$ 为负值，所以要用它的绝对值表示第 i 个小区间上小曲边梯形面积的近似值. 因而积分 $\int_a^b f(x)\mathrm{d}x = \lim_{\lambda\to 0}\sum_{i=1}^n f(\xi_i)\Delta x_i$ 为负值. 由于曲边梯形的面积总是正的，所以 $A = -\int_a^b f(x)\mathrm{d}x$.

当 $f(x)$ 在区间 $[a,b]$ 上变号时，以图 4-3 为例，从直观上不难看出，定积分

$\int_a^b f(x)\mathrm{d}x$ 的值等于曲边梯形面积的代数和. 即

$$\int_a^b f(x)\mathrm{d}x = A_1 - A_2 + A_3 - A_4 + A_5$$

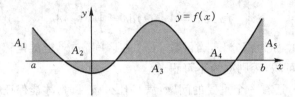

图 4-3

例 4.1 利用定义计算定积分 $\int_0^1 x^2\,\mathrm{d}x$.

解 因为被积函数 $f(x) = x^2$ 在区间 $[0,1]$ 上连续,故可积.不妨把区间 $[0,1]$ n 等分(图 4-4),分点为 $x_i = \dfrac{i}{n}(i = 0,1,2,\cdots,n)$,每个小区间 $[x_{i-1},x_i]$ 的长度为 $\lambda = \Delta x_i = \dfrac{1}{n}(i = 1,2,\cdots,n)$,$\xi_i$ 取每个小区间的右端点, 即 $\xi_i = x_i$ $(i = 1,2,\cdots,n)$,则得到和式

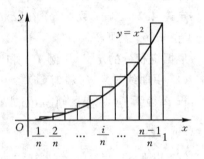

图 4-4

$$\sum_{i=1}^n f(\xi_i)\Delta x_i = \sum_{i=1}^n \xi_i^2 \Delta x_i = \sum_{i=1}^n x_i^2 \Delta_{x_i} = \sum_{i=1}^n \left(\frac{i}{n}\right)^2 \cdot \frac{1}{n}$$

$$= \frac{1}{n^3}\sum_{i=1}^n i^2 = \frac{1}{n^3}(1^2 + 2^2 + \cdots + n^2) = \frac{1}{n^3}\frac{n(n+1)(2n+1)}{6}$$

$$= \frac{1}{6}\left(1 + \frac{1}{n}\right)\left(2 + \frac{1}{n}\right)$$

当 $\lambda \to 0$ 即 $n \to \infty$ 时,对上式取极限,根据定积分的定义,即得

$$\int_0^1 x^2\,\mathrm{d}x = \lim_{\lambda \to 0}\sum_{i=1}^n f(\xi_i)\Delta x_i = \lim_{n \to \infty}\frac{1}{6}\left(1 + \frac{1}{n}\right)\left(2 + \frac{1}{n}\right) = \frac{1}{3}$$

例 4.2 利用定积分的几何意义求 $\int_0^a \sqrt{a^2 - x^2}\,\mathrm{d}x(a > 0)$.

解 根据定积分的几何意义,此定积分的值等于以上半圆周 $y = \sqrt{a^2 - x^2}$ 为曲边,以区间 $[0,a]$ 为底的曲边梯形面积,即半径为 a 的四分之一圆的面积(如图 4-5),故

$$\int_0^a \sqrt{a^2 - x^2}\, \mathrm{d}x = \frac{1}{4}\pi a^2.$$

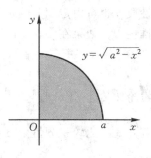

4.1.4　定积分的性质

为了计算和应用的方便,先对定积分作两点补充规定:

(1) 当 $a = b$ 时,$\displaystyle\int_a^b f(x)\mathrm{d}x = 0$;

(2) 当 $a > b$ 时,$\displaystyle\int_a^b f(x)\mathrm{d}x = -\int_b^a f(x)\mathrm{d}x.$

图 4 - 5

根据上述规定,互换定积分的上、下限,它的值要改变符号.这样,对定积分上下限的大小就没有限制了.下面所讨论的定积分的性质,都假定所涉及的定积分存在.

性质 1　$\displaystyle\int_a^b \big[f(x) \pm g(x)\big]\mathrm{d}x = \int_a^b f(x)\mathrm{d}x \pm \int_a^b g(x)\mathrm{d}x.$

证　$\displaystyle\int_a^b \big[f(x) \pm g(x)\big]\mathrm{d}x = \lim_{\lambda \to 0}\sum_{i=1}^n \big[f(\xi_i) \pm g(\xi_i)\big]\Delta x_i$

$$= \lim_{\lambda \to 0}\sum_{i=1}^n f(\xi_i)\Delta x_i \pm \lim_{\lambda \to 0}\sum_{i=1}^n g(\xi_i)\Delta x_i$$

$$= \int_a^b f(x)\mathrm{d}x \pm \int_a^b g(x)\mathrm{d}x$$

注　性质 1 可推广到有限多个函数的情形.

性质 2　$\displaystyle\int_a^b k f(x)\mathrm{d}x = k\int_a^b f(x)\mathrm{d}x$　(k 是常数).

证　$\displaystyle\int_a^b k f(x)\mathrm{d}x = \lim_{\lambda \to 0}\sum_{i=1}^n k f(\xi_i)\Delta x_i = \lim_{\lambda \to 0} k\sum_{i=1}^n f(\xi_i)\Delta x_i$

$$= k\lim_{\lambda \to 0}\sum_{i=1}^n f(\xi_i)\Delta x_i = k\int_a^b f(x)\mathrm{d}x$$

注　性质 1 和性质 2 统称为定积分的线性性质.

性质 3　$\displaystyle\int_a^b f(x)\mathrm{d}x = \int_a^c f(x)\mathrm{d}x + \int_c^b f(x)\mathrm{d}x$,其中 a、b、c 为三个任意常数.

证明从略.性质 3 表明,定积分对于积分区间具有**可加性**.

性质 4　$\displaystyle\int_a^b 1 \cdot \mathrm{d}x = \int_a^b \mathrm{d}x = b - a.$

显然,常数函数 1 在区间 $[a, b]$ 上的定积分在几何上表示以 $[a, b]$ 为底、高为 1 的矩形面积.

性质 5　如果在 $[a, b]$ 上 $f(x) \geqslant 0$,则 $\displaystyle\int_a^b f(x)\mathrm{d}x \geqslant 0$　($a < b$).

性质 5 也可由定积分的定义直接得到,由此还可以立即得到下面的推论.

推论 1　　如果在 $[a,b]$ 上 $f(x) \leqslant g(x)(a < b)$,则

$$\int_a^b f(x)\mathrm{d}x \leqslant \int_a^b g(x)\mathrm{d}x.$$

推论 2　　$\left| \int_a^b f(x)\mathrm{d}x \right| \leqslant \int_a^b |f(x)|\,\mathrm{d}x \quad (a < b).$

例 4.3　　比较积分值 $\int_0^{-2} \mathrm{e}^x \mathrm{d}x$ 和 $\int_0^{-2} x\mathrm{d}x$ 的大小.

解　　令 $f(x) = \mathrm{e}^x - x$,由于在区间 $[-2,0]$ 上,始终有 $f(x) > 0$,

所以　　　$\int_{-2}^0 f(x)\mathrm{d}x = \int_{-2}^0 (\mathrm{e}^x - x)\mathrm{d}x > 0,$　　即　　$\int_{-2}^0 \mathrm{e}^x \mathrm{d}x > \int_{-2}^0 x\mathrm{d}x$

又由于　　　　　　　　　　$\int_0^{-2} f(x)\mathrm{d}x = -\int_{-2}^0 f(x)\mathrm{d}x$

从而　　　　　　　　　　　$\int_0^{-2} \mathrm{e}^x \mathrm{d}x < \int_0^{-2} x\mathrm{d}x$

性质 6　　设 M、m 分别是函数 $f(x)$ 在 $[a,b]$ 上的最大值和最小值,则

$$m(b-a) \leqslant \int_a^b f(x)\mathrm{d}x \leqslant M(b-a).$$

由性质 4 和性质 5,很容易证明性质 6. 这个性质也称为定积分的**估值定理**. 其几何意义是明显的,即以 $[a,b]$ 为底,以 $f(x)$ 为曲边的曲边梯形面积介于同一底边,而高分别为 M 和 m 的矩形面积 $M(b-a)$ 与 $m(b-a)$ 之间(如图 4-6).

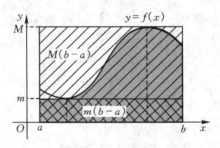

图 4-6

例 4.4　　估计积分 $\int_2^4 (x^2 + 2)\mathrm{d}x$ 的值.

解　　设 $f(x) = x^2 + 2$,由于 $f(x)$ 在区间 $[2,4]$ 上是单调增的,所以 $f(x)$ 在 $[2,4]$ 上的最大值和最小值分别为 $M = f(4) = 18, m = f(2) = 6$,所以由性质 6,有

$$6(4-2) \leqslant \int_2^4 (x^2 + 2)\mathrm{d}x \leqslant 18(4-2)$$

即
$$12 \leqslant \int_2^4 (x^2 + 2)\mathrm{d}x \leqslant 36$$

性质 7(积分中值定理) 如果函数 $f(x)$ 在闭区间 $[a,b]$ 上连续,则在 $[a,b]$ 上至少存在一点 ξ,使下式成立:
$$\int_a^b f(x)\mathrm{d}x = f(\xi)(b-a) \quad (a \leqslant \xi \leqslant b)$$

这个公式称为**积分中值公式**.

证　将性质 6 中的不等式两边除以区间长度 $b-a$,则有
$$m \leqslant \frac{1}{b-a}\int_a^b f(x)\mathrm{d}x \leqslant M$$

这表明数值 $\dfrac{1}{b-a}\displaystyle\int_a^b f(x)\mathrm{d}x$ 介于函数 $f(x)$ 的最大值 M 和最小值 m 之间,根据闭区间上连续函数的介值定理知,在 $[a,b]$ 上至少存在一点 ξ,使
$$\frac{1}{b-a}\int_a^b f(x)\mathrm{d}x = f(\xi) \quad (a \leqslant \xi \leqslant b)$$

故
$$\int_a^b f(x)\mathrm{d}x = f(\xi)(b-a) \quad (a \leqslant \xi \leqslant b)$$

积分中值公式的几何解释:在区间 $[a,b]$ 上至少存在一点 ξ,使得以区间 $[a,b]$ 为底,以曲线 $y = f(x)$ 为曲边的曲边梯形的面积等于同一底边而高为 $f(\xi)$ 的矩形的面积(见图 $4-7$).

通常称 $\dfrac{1}{b-a}\displaystyle\int_a^b f(x)\mathrm{d}x$ 为函数 $f(x)$ 在区间 $[a,b]$ 上的**平均值**.

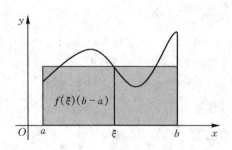

图 $4-7$

例 4.5　设 $f(x)$ 连续,且 $\lim\limits_{x\to\infty} f(x) = 1$,求 $\lim\limits_{x\to\infty}\displaystyle\int_x^{x+2} t\sin\dfrac{3}{t}f(t)\mathrm{d}t$.

解　由积分中值定理知,对任意的 x,存在 $\xi \in [x, x+2]$,使
$$\int_x^{x+2} t\sin\frac{3}{t}f(t)\mathrm{d}t = \xi\sin\frac{3}{\xi}f(\xi)(x+2-x) = 2\xi\sin\frac{3}{\xi}f(\xi)$$

因为当 $x \to \infty$ 时,$\xi \to \infty$,而且 $\sin \dfrac{3}{\xi} \sim \dfrac{3}{\xi}$,所以

$$\lim_{x \to \infty} \int_x^{x+2} t \sin \frac{3}{t} f(t) \mathrm{d}t = 2 \lim_{\xi \to \infty} \xi \sin \frac{3}{\xi} f(\xi)$$

$$= 2 \lim_{\xi \to \infty} \left(\xi \frac{3}{\xi} \right) \lim_{\xi \to \infty} f(\xi) = 6 \lim_{\xi \to \infty} f(\xi) = 6$$

习题 4-1

1. 填空题

(1) 设 $f(x)$ 在区间 $[a,b]$ 上连续,则 $\dfrac{\mathrm{d}}{\mathrm{d}x} \displaystyle\int_a^b f(x) \mathrm{d}x = ($ $)$.

(2) 定积分的值只与(   )和(   )有关,而与(   )的记号无关.

(3) 定积分的几何意义是(   ).

(4) 被积函数在区间 $[a,b]$ 上连续是定积分存在的(   )条件.

(5) 区间 $[a,b](a < b)$ 的长度用定积分表示为(   ).

2. 根据定义计算定积分 $\displaystyle\int_0^1 x \mathrm{d}x$.

3. 根据定积分的几何意义说明下列等式成立.

(1) $\displaystyle\int_1^2 4x \mathrm{d}x = 6$

(2) $\displaystyle\int_0^2 \sqrt{4-x^2} \mathrm{d}x = \pi$

(3) $\displaystyle\int_0^{2\pi} \cos x \mathrm{d}x = 0$

(4) $\displaystyle\int_0^{\pi} \sin x \mathrm{d}x = 2 \int_0^{\frac{\pi}{2}} \sin x \mathrm{d}x$

4. 比较下列每组定积分的大小:

(1) $\displaystyle\int_1^2 \ln x \mathrm{d}x$ 与 $\displaystyle\int_1^2 \ln^2 x \mathrm{d}x$

(2) $\displaystyle\int_3^4 \ln x \mathrm{d}x$ 与 $\displaystyle\int_3^4 \ln^2 x \mathrm{d}x$

(3) $\displaystyle\int_0^1 x \mathrm{d}x$ 与 $\displaystyle\int_0^1 \ln(1+x) \mathrm{d}x$

(4) $\displaystyle\int_0^{\frac{\pi}{2}} x \mathrm{d}x$ 与 $\displaystyle\int_0^{\frac{\pi}{2}} \sin x \mathrm{d}x$

5. 估计下列各积分值:

(1) $\displaystyle\int_{\frac{\pi}{4}}^{\frac{5\pi}{4}} (1 + \sin^2 x) \mathrm{d}x$

(2) $\displaystyle\int_1^2 \dfrac{x}{1+x^2} \mathrm{d}x$

4.2 微积分基本公式

在例 4.1 中,利用定积分的定义计算了 $\displaystyle\int_0^1 x^2 \mathrm{d}x$. 可以看出,对于 $f(x) = x^2$ 这样简单的函数用定义来计算其定积分已经比较困难了,实际上这种方法也只能应用于少数被积函数非常简单的情形.因此需要寻找更简便而有效的计算定积分的

方法. 现在来介绍微积分基本公式.

首先来回忆并更深入研究变速直线运动问题.

设物体作变速直线运动,一方面,如果已知在 $[T_1,T_2]$ 上的速度函数 $v=v(t)$ 为连续函数,则物体在 $[T_1,T_2]$ 内所经过的位移可表示为定积分 $s=\displaystyle\int_{T_1}^{T_2}v(t)\mathrm{d}t$. 另一方面,在运动的过程中,物体的位移也是一个随时间 t 变化的函数,称为位移函数,记为 $s(t)$. 而物体在 $[T_1,T_2]$ 内经过的位移 s 又可用位移函数 $s(t)$ 在区间 $[T_1,T_2]$ 上的增量 $s(T_2)-s(T_1)$ 表示. 由此得到速度函数与位移函数之间的关系:

$$\int_{T_1}^{T_2}v(t)\mathrm{d}t=s(T_2)-s(T_1) \tag{4.2}$$

现在的问题是如何从已知的速度函数 $v(t)$ 求得位移函数 $s(t)$?我们知道已知位移函数求速度是一个求导运算:$s'(t)=v(t)$,那么已知速度函数 $v(t)$ 求位移函数 $s(t)$ 就是求导运算的逆运算了. 受此启发,人们最终找到了计算定积分的新方法 —— 微积分的基本公式. 为了建立这个公式,先引入原函数的概念.

4.2.1　原函数的概念

定义 4.2　设 $f(x)$ 是定义在区间 $[a,b]$ 上的函数,如果存在函数 $F(x)$,使得 $F'(x)=f(x)$,则称函数 $F(x)$ 为 $f(x)$ 在区间 $[a,b]$ 上的**原函数**.

一个函数的原函数不是唯一的. 例如,$(x^3)'=(x^3+2)'=3x^2$,故 x^3 和 x^3+2 都是 $3x^2$ 的原函数.

原函数具有以下两个性质:

(1) 如果函数 $f(x)$ 存在原函数,那么 $f(x)$ 就有无穷多个原函数.

(2) 如果 $F(x)$ 是函数 $f(x)$ 的一个原函数,那么 $f(x)$ 的所有原函数就是 $F(x)+C$,其中 C 为任意常数. 也就是说,一个函数的任意两个原函数之间只相差一个常数.

事实上,性质(1)可由原函数的定义得到. 性质(2)的证明如下:

首先,若 $F(x)$ 是函数 $f(x)$ 的一个原函数,则由原函数的定义易见 $F(x)+C$ 是函数 $f(x)$ 的原函数. 下面证明 $F(x)+C$ 是 $f(x)$ 的所有原函数.

设 $G(x)$ 是函数 $f(x)$ 的任意一个原函数,则

$$[F(x)-G(x)]'=F'(x)-G'(x)=f(x)-f(x)=0$$

易证在一个区间上导数恒为零的函数必为常数,因而,$F(x)-G(x)=C$(C 为任意常数),故 $G(x)=F(x)+C$.

这就说明,函数 $f(x)$ 的任意原函数都可表示为 $F(x)+C$ 的形式,因此,$F(x)+C$ 是 $f(x)$ 的所有原函数.

由原函数的定义易知,位移函数 $s(t)$ 就是速度函数 $v(t)$ 的原函数. 式(4.2)表

明,速度函数 $v(t)$ 在区间 $[T_1,T_2]$ 上的定积分等于其原函数在区间 $[T_1,T_2]$ 上的增量.因此只要能够求得原函数,速度函数 $v(t)$ 的定积分就可直接由式(4.2)求出.

这个结论是否具有一般性呢?也就是说,如果在 $[a,b]$ 区间上 $F'(x)=f(x)$,是否有 $\int_a^b f(x)\mathrm{d}x = F(b)-F(a)$? 这就是下面要讨论的主要问题.

4.2.2 变上限积分

设函数 $f(x)$ 在区间 $[a,b]$ 上连续,x 是 $[a,b]$ 上的一点,则 $f(x)$ 在部分区间 $[a,x]$ 上仍是连续的,从而定积分 $\int_a^x f(x)\mathrm{d}x$ 是存在的.如果积分上限 x 改变,则它的积分值就跟着改变,也就是说它是积分上限的函数,记为

$$\Phi(x) = \int_a^x f(x)\mathrm{d}x, \quad x \in [a,b]$$

值得注意的是,上式中积分上限和积分变量都是用 x 表示的,但含义不同.积分上限的 x 是自变量,不是积分变量.由于定积分的值与积分变量的记号无关,为了区别清楚起见,通常把积分变量改用 t 表示,于是上面的积分就可写成

$$\Phi(x) = \int_a^x f(t)\mathrm{d}t, \quad x \in [a,b]$$

这个函数称为**变上限积分**.它的几何意义是很明确的,它表示的是右侧边界可移动的曲边梯形面积,如图 4-8 所示.因此曲边梯形的面积随 x 的位置变动而变动,当 x 给定后,面积 $\Phi(x)$ 就随之确定.

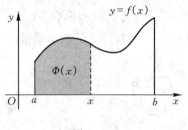

图 4-8

函数 $\Phi(x)$ 具有下面的重要性质.

定理 4.3   如果函数 $f(x)$ 在 $[a,b]$ 上连续,则变上限积分 $\Phi(x) = \int_a^x f(t)\mathrm{d}t$ 在 $[a,b]$ 上可导,且

$$\Phi'(x) = \frac{\mathrm{d}}{\mathrm{d}x}\int_a^x f(t)\mathrm{d}t = f(x) \qquad x \in [a,b]$$

证   若 $x \in (a,b)$,设 $x+\Delta x \in (a,b)$,则

$$\Delta\Phi(x) = \Phi(x+\Delta x) - \Phi(x) = \int_a^{x+\Delta x} f(t)\mathrm{d}t - \int_a^x f(t)\mathrm{d}t$$

$$= \int_a^x f(t)\mathrm{d}t + \int_x^{x+\Delta x} f(t)\mathrm{d}t - \int_a^x f(t)\mathrm{d}t = \int_x^{x+\Delta x} f(t)\mathrm{d}t$$

由于 $f(x)$ 在 $[a,b]$ 上连续,由积分中值定理,存在 $\xi \in [x,x+\Delta x]$,使得

$$\Delta\Phi(x) = \int_x^{x+\Delta x} f(t)\,\mathrm{d}t = f(\xi)\Delta x$$

上式两端同时除以 Δx,得

$$\frac{\Delta\Phi(x)}{\Delta x} = f(\xi)$$

由于 $f(x)$ 在 $[a,b]$ 上连续,而当 $\Delta x \to 0$ 时,$\xi \to x$,因而有

$$\lim_{\Delta x \to 0}\frac{\Delta\Phi}{\Delta x} = \lim_{\xi \to x}f(\xi) = f(x)$$

从而 $\Phi(x)$ 可导,且 $\Phi'(x) = f(x)$.

若 $x = a$,取 $\Delta x > 0$,则同理可证 $\Phi'_+(a) = f(a)$;若 $x = b$,取 $\Delta x < 0$,则同理可证 $\Phi'_-(b) = f(b)$.

因此,对于 $x \in [a,b]$,有 $\Phi'(x) = f(x)$.

定理 4.3 表明,如果 $f(x)$ 在 $[a,b]$ 上连续,则 $\Phi(x) = \int_a^x f(t)\,\mathrm{d}t$ 是 $f(x)$ 在 $[a,b]$ 上的一个原函数. 它揭示了微分(或导数)与定积分之间本质的内在联系.

例 4.6　求 $\dfrac{\mathrm{d}}{\mathrm{d}x}\displaystyle\int_0^x \sin^2 t\,\mathrm{d}t$.

解　由定理 4.3,可直接得到

$$\frac{\mathrm{d}}{\mathrm{d}x}\int_0^x \sin^2 t\,\mathrm{d}t = \sin^2 x$$

例 4.7　设 $\varphi(x)$ 可导,求 $\dfrac{\mathrm{d}}{\mathrm{d}x}\displaystyle\int_a^{\varphi(x)} f(t)\,\mathrm{d}t$.

解　函数 $y(x) = \displaystyle\int_a^{\varphi(x)} f(t)\,\mathrm{d}t$ 可视为由 $y = \displaystyle\int_a^u f(t)\,\mathrm{d}t$ 与 $u = \varphi(x)$ 复合而成的复合函数,由复合函数求导法则及定理 4.3 得

$$\frac{\mathrm{d}y}{\mathrm{d}x} = \frac{\mathrm{d}y}{\mathrm{d}u}\cdot\frac{\mathrm{d}u}{\mathrm{d}x} = \frac{\mathrm{d}}{\mathrm{d}u}\int_a^u f(t)\,\mathrm{d}t\cdot\frac{\mathrm{d}\varphi(x)}{\mathrm{d}x} = f(u)\varphi'(x)$$

即

$$\frac{\mathrm{d}}{\mathrm{d}x}\int_0^{\varphi(x)} f(t)\,\mathrm{d}t = f[\varphi(x)]\varphi'(x)$$

注　利用例 4.7 的结果,可以推出更一般的结论:设 $\varphi(x)$、$\psi(x)$ 可导,则

$$\frac{\mathrm{d}}{\mathrm{d}x}\int_{\psi(x)}^{\varphi(x)} f(t)\,\mathrm{d}t = f[\varphi(x)]\varphi'(x) - f[\psi(x)]\psi'(x)$$

例 4.8　求 $\dfrac{\mathrm{d}}{\mathrm{d}x}\displaystyle\int_x^{x^3} \mathrm{e}^{-t^2}\,\mathrm{d}t$.

解　利用例 4.7"注"给出的结论,得

$$\frac{\mathrm{d}}{\mathrm{d}x}\int_x^{x^3} \mathrm{e}^{-t^2}\,\mathrm{d}t = \mathrm{e}^{-x^6}\cdot 3x^2 - \mathrm{e}^{-x^2} = 3x^2\mathrm{e}^{-x^6} - \mathrm{e}^{-x^2}$$

例 4.9　求 $\lim\limits_{x\to 0}\dfrac{\int_{\cos x}^{1}e^{t^2}dt}{x^2}$.

解　容易看出,这个极限是 $\dfrac{0}{0}$ 型不定式,可用洛必达法则.由于分子的导数为

$$\frac{d}{dx}\int_{\cos x}^{1}e^{t^2}dt=-\frac{d}{dx}\left(\int_{1}^{\cos x}e^{t^2}dt\right)=-e^{\cos^2 x}\cdot(\cos x)'=\sin x\cdot e^{\cos^2 x}$$

所以根据洛必达法则得

$$\lim_{x\to 0}\frac{\int_{\cos x}^{1}e^{t^2}dt}{x^2}\lim_{x\to 0}\frac{\sin x\cdot e^{\cos^2 x}}{2x}=\frac{e}{2}$$

4.2.3　牛顿-莱布尼兹公式

由定理 4.3 可以推出下面的重要定理.

定理 4.4　设函数 $F(x)$ 是连续函数 $f(x)$ 在区间 $[a,b]$ 上的一个原函数,则

$$\int_{a}^{b}f(x)dx=F(b)-F(a) \tag{4.3}$$

证　已知函数 $F(x)$ 是 $f(x)$ 在区间 $[a,b]$ 上的一个原函数,又由定理 4.3 知,变上限积分 $\Phi(x)=\int_{a}^{x}f(t)dt$ 也是 $f(x)$ 在区间 $[a,b]$ 上的一个原函数.由原函数的性质,两个原函数之间相差一个常数 C,即

$$F(x)-\Phi(x)=C\qquad x\in[a,b]$$

上式中,令 $x=a$,则 $F(a)-\Phi(a)=C$,而 $\Phi(a)=\int_{a}^{a}f(t)dt=0$,所以 $F(a)=C$,

故

$$\int_{a}^{x}f(t)dt=F(x)-F(a)$$

此式中再令 $x=b$,则得

$$\int_{a}^{b}f(x)dx=F(b)-F(a)$$

为了方便起见,该式常写成

$$\int_{a}^{b}f(x)dx=F(x)\Big|_{a}^{b}=F(b)-F(a)$$

公式(4.3)称为**牛顿(Newton)-莱布尼兹(Leibniz)公式**.它揭示了定积分与被积函数的原函数之间的联系,提供了计算定积分的简便而有效的方法,开辟了求定积分的一条新途径.故也称之为**微积分基本公式**.

例 4.10　计算定积分 $\int_{1}^{2}x^3dx$.

解　因为 $\dfrac{1}{4}x^4$ 是 x^3 的一个原函数,所以

$$\int_1^2 x^3\,\mathrm{d}x = \frac{1}{4}x^4 \Big|_1^2 = \frac{1}{4}(16-1) = \frac{15}{4}$$

用牛顿-莱布尼兹公式计算定积分时一定要注意它的条件. 例如在计算 $\int_{-1}^1 \dfrac{1}{x}\mathrm{d}x$ 时,错误的解题步骤是 $\int_{-1}^1 \dfrac{1}{x}\mathrm{d}x = \ln|x|\Big|_{-1}^1 = \ln 1 - \ln 1 = 0$,错误的原因是忽视了定理 4.4 中被积函数连续的条件,因为被积函数 $\dfrac{1}{x}$ 在积分区间 $[-1,1]$ 上不连续,所以不能用牛顿-莱布尼兹公式求解.

牛顿-莱布尼兹公式表明,函数 $f(x)$ 在区间 $[a,b]$ 上的定积分等于它的一个原函数在该区间上的增量. 因此,求被积函数的一个原函数就成为求解定积分首先应该解决的问题. 为了求函数的原函数,引入不定积分的概念.

4.2.4　不定积分的概念和性质

由以上的讨论知,如果求出了函数 $f(x)$ 的一个原函数 $F(x)$,则其全体原函数为 $F(x)+C$ （C 为任意常数）,由此引出不定积分的概念.

定义 4.3　函数 $f(x)$ 在区间 $[a,b]$ 上的原函数的全体称为 $f(x)$ 在区间 $[a,b]$ 上的**不定积分**,记为 $\int f(x)\mathrm{d}x$. 其中 $f(x)$ 称为**被积函数**,x 称为**积分变量**,$f(x)\mathrm{d}x$ 称为**被积表达式**.

根据定义,若 $F(x)$ 是 $f(x)$ 的一个原函数,则表达式 $F(x)+C$ 就是 $f(x)$ 的不定积分,即

$$\int f(x)\mathrm{d}x = F(x)+C$$

其中 C 称为**积分常数**.

例 4.11　求下列不定积分:

(1) $\displaystyle\int \frac{1}{1+x^2}\mathrm{d}x$　　　(2) $\displaystyle\int \frac{1}{x}\mathrm{d}x$

解　(1) 由于 $(\arctan x)' = \dfrac{1}{1+x^2}$,所以 $\arctan x$ 是 $\dfrac{1}{1+x^2}$ 的一个原函数,因此

$$\int \frac{1}{1+x^2}\mathrm{d}x = \arctan x + C$$

(2) 当 $x>0$ 时,由于 $(\ln x)' = \dfrac{1}{x}$,所以 $\ln x$ 是 $\dfrac{1}{x}$ 的一个原函数,因此在 $(0,+\infty)$ 内有

$$\int \frac{1}{x}\mathrm{d}x = \ln x + C$$

当 $x < 0$ 时,由于 $[\ln(-x)]' = \frac{1}{-x}(-1) = \frac{1}{x}$,所以 $\ln(-x)$ 是 $\frac{1}{x}$ 的一个原函数,因此在 $(-\infty,0)$ 内有

$$\int \frac{1}{x}\mathrm{d}x = \ln(-x) + C$$

综合上面两种情况,可知 $\int \frac{1}{x}\mathrm{d}x = \ln|x| + C.$

注　在求不定积分时,一定不要忘记添加积分常数 C.

例 4.12　已知曲线 $y = f(x)$ 在任一点处的切线斜率等于该点横坐标的两倍,且曲线通过点 $(1,2)$,求此曲线的方程.

解　根据题意,有 $f'(x) = 2x$,即 $f(x)$ 是 $2x$ 的一个原函数,于是 $f(x) = \int 2x\mathrm{d}x = x^2 + C$,又因为曲线通过点 $(1,2)$,故

$$2 = 1^2 + C, \quad 即 \ C = 1,$$

于是所求曲线方程为 $y = x^2 + 1.$

从几何上看,函数 $f(x)$ 的一个原函数 $F(x)$ 的图形称为 $f(x)$ 的一条**积分曲线**,而 $\int f(x)\mathrm{d}x = F(x) + C$ 则表示了 $f(x)$ 的所有积分曲线,它们构成了一族平行曲线,称为**积分曲线族**(图 4 - 9).

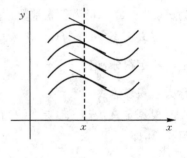

图 4 - 9

在具体应用中,往往只需要求 $f(x)$ 的一个满足条件 $y\big|_{x=x_0} = y_0$ 的原函数,也就是求通过 (x_0,y_0) 点的积分曲线.这种条件一般称为**初始条件**,它可以唯一确定积分常数的值.例 4.12 所求就的是一条过点 $(1,2)$ 的积分曲线.

前面已经知道,求导数和求不定积分(原函数)是一对互逆的运算,不定积分的如下性质就揭示了这种互逆性.

性质 1　$\dfrac{\mathrm{d}}{\mathrm{d}x}\left(\int f(x)\mathrm{d}x\right) = f(x)$　或　$\mathrm{d}\left(\int f(x)\mathrm{d}x\right) = f(x)\mathrm{d}x$

$$\int F'(x)\mathrm{d}x = F(x) + C \quad 或 \quad \int \mathrm{d}F(x) = F(x) + C$$

根据积分运算和微分运算的这种互逆关系,可以在求导公式的基础上,得到不定积分的基本积分公式,这些基本积分公式是求不定积分的基础,请务必牢记,并要注意切不可与求导公式混淆.

$\int k\mathrm{d}x = kx + C$ (k 是常数)	$\int x^{\mu}\mathrm{d}x = \dfrac{x^{\mu+1}}{\mu+1} + C$ ($\mu \neq -1$)
$\int \dfrac{1}{x}\mathrm{d}x = \ln\lvert x\rvert + C$	$\int \dfrac{1}{1+x^2}\mathrm{d}x = \arctan x + C$
$\int \dfrac{1}{\sqrt{1-x^2}}\mathrm{d}x = \arcsin x + C$	$\int a^x\mathrm{d}x = \dfrac{a^x}{\ln a} + C$ ($a>0, a\neq 1$)
$\int \mathrm{e}^x\mathrm{d}x = \mathrm{e}^x + C$	$\int \cos x\mathrm{d}x = \sin x + C$
$\int \sin x\mathrm{d}x = -\cos x + C$	$\int \sec^2 x\mathrm{d}x = \int \dfrac{1}{\cos^2 x}\mathrm{d}x = \tan x + C$
$\int \csc^2 x\mathrm{d}x = \int \dfrac{1}{\sin^2 x}\mathrm{d}x = -\cot x + C$	$\int \sec x\tan x\mathrm{d}x = \sec x + C$
$\int \csc x\cot x\mathrm{d}x = -\csc x + C$	

与导数的线性运算法则相对应,可以得到不定积分的线性运算法则.

性质 2　设函数 $f(x)$ 及 $g(x)$ 的原函数都存在,则有

$$\int [f(x) + g(x)]\mathrm{d}x = \int f(x)\mathrm{d}x + \int g(x)\mathrm{d}x$$

$$\int kf(x)\mathrm{d}x = k\int f(x)\mathrm{d}x \ (k \text{ 为任意常数})$$

4.2.5　用直接积分法求积分

利用基本积分公式和不定积分的性质,可以求出一些简单函数的不定积分(称这种求积分的方法为**直接积分法**),同时,利用牛顿-莱布尼兹公式也可以求解相应的定积分.下面通过例题加以说明.

例 4.13　求下列不定积分:

(1) $\int \left(3 - 2x + \dfrac{3}{x^2} - 5\sin x\right)\mathrm{d}x$ 　　　(2) $\int \dfrac{1+x+x^2}{x(1+x^2)}\mathrm{d}x$

(3) $\int \dfrac{\mathrm{d}x}{\sin^2 x\cos^2 x}$ 　　　(4) $\int \sin^2 \dfrac{x}{2}\mathrm{d}x$

解　(1) 直接利用基本积分公式和不定积分的性质,得

$$\int \left(3 - 2x + \frac{3}{x^2} - 4\sin x\right)\mathrm{d}x = \int 3\mathrm{d}x - 2\int x\mathrm{d}x + 3\int \frac{1}{x^2}\mathrm{d}x - 4\int \sin x\mathrm{d}x$$

$$= 3x - x^2 - \frac{3}{x} + 4\cos x + C$$

这里的常数 C 是四项积分所得到的四个任意常数之和,以后不再说明.

(2) 基本积分表中没有这种类型的积分,但可将函数变形,化为基本类型的积分,再逐项积分

$$\int \frac{1+x+x^2}{x(1+x^2)}\mathrm{d}x = \int \left(\frac{1}{x} + \frac{1}{1+x^2}\right)\mathrm{d}x = \int \frac{1}{x}\mathrm{d}x + \int \frac{1}{1+x^2}\mathrm{d}x$$

$$= \ln \mid x \mid + \arctan x + C$$

(3) 由三角恒等式 $\sin^2 x + \cos^2 x = 1$,得

$$\int \frac{\mathrm{d}x}{\sin^2 x \cos^2 x} = \int \frac{\sin^2 x + \cos^2 x}{\sin^2 x \cos^2 x} \mathrm{d}x = \int \sec^2 x \mathrm{d}x + \int \csc^2 x \mathrm{d}x$$

$$= \tan x - \cot x + C$$

(4) 利用半角公式,得

$$\int \sin^2 \frac{x}{2} \mathrm{d}x = \int \frac{1}{2}(1 - \cos x) \mathrm{d}x = \frac{1}{2} \int (1 - \cos x) \mathrm{d}x$$

$$= \frac{1}{2} \left(\int \mathrm{d}x - \int \cos x \mathrm{d}x \right) = \frac{1}{2}(x - \sin x) + C$$

由于 $f(x)$ 的原函数 $F(x)$ 一般是通过不定积分求得的,因此牛顿-莱布尼兹公式巧妙地把定积分的计算与不定积分联系起来了,下面就是几个求定积分的例子.

例 4.14　计算下列定积分:

(1) $\displaystyle\int_0^{\frac{\pi}{2}} \left(\frac{1}{2} \cos x + \sin x \right) \mathrm{d}x$　　　(2) $\displaystyle\int_1^{\frac{\pi}{4}} \frac{x^4}{1 + x^2} \mathrm{d}x$　　　(3) $\displaystyle\int_{-\frac{\pi}{2}}^{\frac{\pi}{3}} \sqrt{1 - \cos^2 x} \, \mathrm{d}x$

解　(1) $\displaystyle\int_0^{\frac{\pi}{2}} \left(\frac{1}{2} \cos x + \sin x \right) \mathrm{d}x = \frac{1}{2} \int_0^{\frac{\pi}{2}} \cos x \mathrm{d}x + \int_0^{\frac{\pi}{2}} \sin x \mathrm{d}x$

$$= \frac{1}{2} \sin x \Big|_0^{\frac{\pi}{2}} - \cos x \Big|_0^{\frac{\pi}{2}} = \left(\frac{1}{2} - 0 \right) - (0 - 1) = \frac{3}{2}$$

(2) $\displaystyle\int_0^{\frac{\pi}{4}} \frac{x^4}{1 + x^2} \mathrm{d}x = \int_0^{\frac{\pi}{4}} \frac{(x^4 - 1) + 1}{1 + x^2} \mathrm{d}x = \int_0^{\frac{\pi}{4}} \frac{(x^2 - 1)(x^2 + 1) + 1}{1 + x^2} \mathrm{d}x$

$$= \int_0^{\frac{\pi}{4}} x^2 \mathrm{d}x - \int_0^{\frac{\pi}{4}} 1 \mathrm{d}x + \int_0^{\frac{\pi}{4}} \frac{1}{1 + x^2} \mathrm{d}x$$

$$= \left[\frac{1}{3} x^3 - x + \arctan x \right]_0^{\frac{\pi}{4}} = \frac{\pi^3}{192} - \frac{\pi}{4} + 1$$

(3) 注意到 $\sqrt{1 - \cos^2 x} = \mid \sin x \mid$,要去掉绝对值符号,必须分区间积分,显然,点 $x = 0$ 为区间的分界点.

$$\int_{-\frac{\pi}{2}}^{\frac{\pi}{3}} \sqrt{1 - \cos^2 x} \mathrm{d}x = \int_{-\frac{\pi}{2}}^{\frac{\pi}{3}} \mid \sin x \mid \mathrm{d}x$$

$$= -\int_{-\frac{\pi}{2}}^0 \sin x \mathrm{d}x + \int_0^{\frac{\pi}{3}} \sin x \mathrm{d}x = \cos x \Big|_{-\frac{\pi}{2}}^0 - \cos x \Big|_0^{\frac{\pi}{3}}$$

$$= \left(\cos 0 - \cos \left(-\frac{\pi}{2} \right) \right) - \left(\cos \frac{\pi}{3} - \cos 0 \right) = \frac{3}{2}$$

例 4.15　计算定积分 $\displaystyle\int_0^2 f(x) \mathrm{d}x$,其中 $f(x) = \begin{cases} x^2 - 1, & 0 \leqslant x \leqslant 1 \\ x - 1, & 1 < x \leqslant 2 \end{cases}$.

解　由于被积函数是分段连续函数,故可首先利用定积分对积分区间的可加

性,得

$$\int_0^2 f(x)\mathrm{d}x = \int_0^1 f(x)\mathrm{d}x + \int_1^2 f(x)\mathrm{d}x$$

于是　　$\displaystyle\int_0^2 f(x)\mathrm{d}x = \int_0^1 (x^2-1)\mathrm{d}x + \int_1^2 (x-1)\mathrm{d}x$

$$= \left(\frac{1}{3}x^3 - x\right)\Big|_0^1 + \left(\frac{1}{2}x^2 - x\right)\Big|_1^2$$

$$= \left[\left(\frac{1}{3}-1\right)-0\right] + \left[(2-2) - \left(\frac{1}{2}-1\right)\right] = -\frac{1}{6}$$

习题 4 - 2

1. 计算下列各题:

(1) $\displaystyle\frac{\mathrm{d}}{\mathrm{d}x}\int_0^{x^2} \sqrt{1+t^2}\,\mathrm{d}t$

(2) $\displaystyle\frac{\mathrm{d}}{\mathrm{d}x}\int_x^{x^2} \frac{1}{\sqrt{1+t^2}}\,\mathrm{d}t$

(3) $\displaystyle\frac{\mathrm{d}}{\mathrm{d}x}\int_{\sin x}^{\cos x} \pi t^2\,\mathrm{d}t$

2. 设 $f(x) = \displaystyle\int_0^{x^2} \frac{1}{1+t^3}\,\mathrm{d}t$,求 $f''(1)$.

3. 设 $x + y^2 = \displaystyle\int_0^{x-y} \cos^2 t\,\mathrm{d}t$,求 $\dfrac{\mathrm{d}y}{\mathrm{d}x}$.

4. 求下列极限:

(1) $\displaystyle\lim_{x\to 0} \frac{\displaystyle\int_0^x \cos t^2\,\mathrm{d}t}{x}$

(2) $\displaystyle\lim_{x\to 0} \frac{\displaystyle\int_0^x \arctan t\,\mathrm{d}t}{x^2}$

(3) $\displaystyle\lim_{x\to 0} \frac{\displaystyle\int_0^{x^2} \sqrt{1+t^2}\,\mathrm{d}t}{x^2}$

(4) $\displaystyle\lim_{x\to 0} \frac{\displaystyle\int_0^{\sin x} \sqrt{\tan t}\,\mathrm{d}t}{\displaystyle\int_0^{\tan x} \sqrt{\sin t}\,\mathrm{d}t}$

5. 求下列不定积分:

(1) $\displaystyle\int x^2 \sqrt{x}\,\mathrm{d}x$

(2) $\displaystyle\int \frac{(x-1)(\sqrt{x}+1)}{x}\,\mathrm{d}x$

(3) $\displaystyle\int \frac{1}{x^2(x^2+1)}\,\mathrm{d}x$

(4) $\displaystyle\int \frac{\mathrm{e}^{2x}-1}{\mathrm{e}^x-1}\,\mathrm{d}x$

(5) $\displaystyle\int \cot^2 x\,\mathrm{d}x$

(6) $\displaystyle\int \frac{\cos 2x}{\cos x - \sin x}\,\mathrm{d}x$

(7) $\displaystyle\int \frac{1}{1+\cos 2x}\,\mathrm{d}x$

(8) $\displaystyle\int \sec x(\sec x - \tan x)\,\mathrm{d}x$

6. 计算下列定积分：

(1) $\int_4^9 \sqrt{x}(1+\sqrt{x})\mathrm{d}x$ (2) $\int_1^2 \left(x^2+\dfrac{1}{x^4}\right)\mathrm{d}x$ (3) $\int_1^3 |x-2|\,\mathrm{d}x$

(4) $\int_0^{\frac{3\pi}{4}} \sqrt{1+\cos 2x}\,\mathrm{d}x$ (5) $\int_0^{\frac{\pi}{4}} \tan^2 x\mathrm{d}x$

7. 一曲线通过点 $(\mathrm{e}^2,3)$，且在任一点处切线的斜率等于该点横坐标的倒数，求该曲线的方程.

8. 一个物体由静止开始运动，经 t 秒后的速度是 $3t^2(\mathrm{m/s})$. 问(1)在 3 秒后物体离开出发点的距离是多少？(2) 物体走完 360(m) 路程需要多少时间？

9. 设 $f(x)=\begin{cases} x, & -1\leqslant x<0 \\ \mathrm{e}^x+1, & 0\leqslant x\leqslant 1 \end{cases}$，求 $\int_{-1}^{1} f(x)\mathrm{d}x$.

10. 设 $f(x)=\begin{cases} 1, & x<-1 \\ x, & -1\leqslant x\leqslant 1 \\ x-1, & x>1 \end{cases}$，求 $F(x)=\int_0^x f(t)\mathrm{d}t$ 在 $(-\infty,+\infty)$ 内的表达式.

11. 设 $f(x)$ 在 $[a,b]$ 上连续，且 $f(x)>0$，

$$F(x)=\int_a^x f(t)\mathrm{d}t+\int_b^x \frac{1}{f(t)}\mathrm{d}t \quad x\in[a,b]$$

证明 $(1)F'(x)\geqslant 2$；   (2) 方程 $F(x)=0$ 在区间 (a,b) 内有且仅有一根.

4.3　凑微分法

一般来说，求积分的难度要比求导数大得多，这是因为能直接用基本公式和性质求出的积分毕竟只是极少数，大多数函数的积分都要根据被积函数的不同形式、类型，采用将被积表达式变形或变换积分变量等方法. 本节介绍求积分的一种基本方法 ——"凑微分法".

以不定积分 $\int \mathrm{e}^{2x}\mathrm{d}x$ 为例. 若利用公式 $\int \mathrm{e}^x\mathrm{d}x=\mathrm{e}^x+C$ 直接求得 $\int \mathrm{e}^{2x}\mathrm{d}x=\mathrm{e}^{2x}+C$

显然是错误的，这是因为 $(\mathrm{e}^{2x}+C)'=2\mathrm{e}^{2x}\neq \mathrm{e}^{2x}$，因此 $\int \mathrm{e}^{2x}\mathrm{d}x\neq \mathrm{e}^{2x}+C$. 究其原因，是由于被积函数是以 e 为底，指数为 $2x$ 的函数，而积分变量为 x，所以不能直接用基本积分公式. 如果将积分变量变换成 $2x$，则将 $\mathrm{d}x$ 改写为 $\mathrm{d}x=\dfrac{1}{2}\mathrm{d}(2x)$，这时，令

$u=2x$，有 $\mathrm{d}x=\dfrac{1}{2}\mathrm{d}u$，于是 $\int \mathrm{e}^{2x}\mathrm{d}x=\int \mathrm{e}^u\left(\dfrac{1}{2}\mathrm{d}u\right)=\dfrac{1}{2}\int \mathrm{e}^u\mathrm{d}u=\dfrac{1}{2}\mathrm{e}^u+C$，再将 u 换

回到 $2x$，即得 $\int \mathrm{e}^{2x}\mathrm{d}x = \dfrac{1}{2}\mathrm{e}^{2x} + C$.

这种方法的关键是把 2 凑到 $\mathrm{d}x$ 里，使其成为 $2\mathrm{d}x = \mathrm{d}(2x)$，从而改变了积分变量，并使这个变量与被积函数的变量一致. 一般地，若不定积分 $\int f(x)\mathrm{d}x$ 不易求解，但被积函数可写成 $f(x) = g[\varphi(x)]\varphi'(x)$，此时可作变量代换 $u = \varphi(x)$，将关于变量 x 的积分转化为关于变量 u 的积分. 即

$$\int f(x)\mathrm{d}x = \int g(\varphi(x))\varphi'(x)\mathrm{d}x = \int g(\varphi(x))\mathrm{d}\varphi(x) = \int g(u)\mathrm{d}u$$

如果积分 $\int g(u)\mathrm{d}u$ 可以求解，则不定积分 $\int f(x)\mathrm{d}x$ 的求解问题也就解决了.

定理 4.5　设被积函数 $f(x)$ 可以写成 $f(x) = g[\varphi(x)]\varphi'(x)$，函数 $u = \varphi(x)$ 可导，且 $g(u)$ 的一个原函数为 $F(u)$，则 $F[\varphi(x)]$ 是 $f(x) = g[\varphi(x)]\varphi'(x)$ 的原函数，即

$$\int f(x)\mathrm{d}x = \int g(\varphi(x))\varphi'(x)\mathrm{d}x = \int g(\varphi(x))\mathrm{d}\varphi(x)$$
$$= \int g(u)\mathrm{d}u = F(u) + C = F(\varphi(x)) + C$$

从而　$\displaystyle\int_a^b f(x)\mathrm{d}x = \int_a^b g(\varphi(x))\varphi'(x)\mathrm{d}x = \int_a^b g(\varphi(x))\mathrm{d}\varphi(x) = F(\varphi(x))\Big|_a^b$

证　因为函数 $g(u)$ 的原函数为 $F(u)$，则 $F'(u) = g(u)$，由复合函数求导法得

$$(F(\varphi(x)))' = F'(\varphi(x))\varphi'(x) = F'(u)\varphi'(x)$$
$$= g(u)\varphi'(x) = g[\varphi(x)]\varphi'(x)$$

根据不定积分的定义，有

$$\int g[\varphi(x)]\varphi'(x)\mathrm{d}x = F(\varphi(x)) + C$$

因此，$F(\varphi(x))$ 是 $g(\varphi(x))\varphi'(x)$ 的一个原函数，根据牛顿-莱布尼兹公式，有

$$\int_a^b g(\varphi(x))\varphi'(x)\mathrm{d}x = F(\varphi(x))\Big|_a^b$$

定理 4.5 中所采用的方法，是将被积表达式 $f(x)\mathrm{d}x$ "凑"成了 $g[\varphi(x)]\mathrm{d}\varphi(x)$ 的形式，所以称为"**凑微分法**".[①]

例 4.16　求下列积分：

(1) $\displaystyle\int x(2x^2 + 3)\mathrm{d}x$　　(2) $\displaystyle\int x\mathrm{e}^{x^2}\mathrm{d}x$　　(3) $\displaystyle\int_0^1 \dfrac{x^2}{1 + x^3}\mathrm{d}x$　　(4) $\displaystyle\int_1^4 \dfrac{\mathrm{e}^{5\sqrt{x}}}{\sqrt{x}}\mathrm{d}x$

_____

① 凑微分法也称为第一换元法.

解　因为幂函数 $y = x^{\mu}$ 的微分为 $\mathrm{d}(x^{\mu}) = \mu x^{\mu-1}\mathrm{d}x, \mu \neq 0$,所以,将 $x^{\mu-1}$ 凑到 $\mathrm{d}x$ 里就有 $x^{\mu-1}\mathrm{d}x = \dfrac{1}{\mu}\mathrm{d}(x^{\mu}), \mu \neq 0$,现将这个公式用于求解本题的四个积分.

(1) 由于 $\mathrm{d}(x^2) = 2x\mathrm{d}x$,所以被积表达式可改写为

$$x(2x^2 + 3)\mathrm{d}x = \frac{1}{4}(2x^2 + 3)\mathrm{d}(2x^2 + 3)$$

故所求不定积分为

$$\int x(2x^2 + 3)\mathrm{d}x = \frac{1}{4}\int(2x^2 + 3)(2x^2 + 3)'\mathrm{d}x = \frac{1}{4}\int(2x^2 + 3)\mathrm{d}(2x^2 + 3)$$

作变换 $u = 2x^2 + 3$,得

$$\int x(2x^2 + 3)\mathrm{d}x = \frac{1}{4}\int u\mathrm{d}u = \frac{1}{8}u^2 + C$$

再将 $u = 2x^2 + 3$ 代回,得

$$\int x(2x^2 + 3)\mathrm{d}x = \frac{1}{8}(2x^2 + 3)^2 + C$$

应用凑微分法比较熟练以后,可省去写出中间变量的换元和回代过程,而直接写出结果.

(2) 将 x 凑到 $\mathrm{d}x$ 里就有 $x\mathrm{d}x = \dfrac{1}{2}\mathrm{d}(x^2)$,所以

$$\int x\mathrm{e}^{x^2}\mathrm{d}x = \frac{1}{2}\int\mathrm{e}^{x^2}(x^2)'\mathrm{d}x = \frac{1}{2}\int\mathrm{e}^{x^2}\mathrm{d}(x^2) = \frac{1}{2}\mathrm{e}^{x^2} + C$$

(3) 将 x^2 凑到 $\mathrm{d}x$ 里就有 $x^2\mathrm{d}x = \dfrac{1}{3}\mathrm{d}(x^3) = \dfrac{1}{3}\mathrm{d}(1 + x^3)$,所以

$$\int_0^1 \frac{x^2}{1 + x^3}\mathrm{d}x = \frac{1}{3}\int_0^1 \frac{1}{1 + x^3}\mathrm{d}(1 + x^3)$$

$$= \frac{1}{3}\ln(1 + x^3)\bigg|_0^1 = \frac{1}{3}(\ln 2 - 0) = \frac{1}{3}\ln 2$$

(4) 因为 $2\mathrm{d}\sqrt{x} = \dfrac{1}{\sqrt{x}}\mathrm{d}x$,所以将 $\dfrac{1}{\sqrt{x}}$ 凑到 $\mathrm{d}x$ 里就有

$$\frac{1}{\sqrt{x}}\mathrm{d}x = 2\mathrm{d}\sqrt{x} = \frac{2}{5}\mathrm{d}(5\sqrt{x})$$

则

$$\int_1^4 \frac{\mathrm{e}^{5\sqrt{x}}}{\sqrt{x}}\mathrm{d}x = 2\int_1^4 \mathrm{e}^{5\sqrt{x}}\mathrm{d}\sqrt{x} = \frac{2}{5}\int_1^4 \mathrm{e}^{5\sqrt{x}}\mathrm{d}(5\sqrt{x})$$

$$= \frac{2}{5}\mathrm{e}^{5\sqrt{x}}\bigg|_1^4 = \frac{2}{5}(\mathrm{e}^{10} - \mathrm{e}^5)$$

与例 4.16 类似,可利用指数函数、对数函数和三角函数的微分公式来凑微分.

例 4.17 求下列不定积分：(1) $\int \dfrac{\ln x}{x} \mathrm{d}x$ (2) $\int \tan x \mathrm{d}x$.

解 (1) 因为 $\mathrm{d}(\ln x) = \dfrac{1}{x}\mathrm{d}x$，所以

$$\int \frac{\ln x}{x}\mathrm{d}x = \int \ln x (\ln x)' \mathrm{d}x = \int \ln x \mathrm{d}(\ln x)$$

因而,得

$$\int \frac{\ln x}{x}\mathrm{d}x = \frac{1}{2}\ln^2 x + C$$

(2) 由 $\mathrm{d}(\cos x) = -\sin x \mathrm{d}x$，再利用基本积分公式 $\int \dfrac{1}{x}\mathrm{d}x = \ln|x| + C$，有

$$\int \tan x \mathrm{d}x = \int \frac{\sin x}{\cos x}\mathrm{d}x = -\int \frac{1}{\cos x}\mathrm{d}(\cos x)$$
$$= -\ln|\cos x| + C = \ln|\sec x| + C$$

类似可得 $\int \cot x \mathrm{d}x = \ln|\sin x| + C$.

例 4.18 求下列定积分：

(1) $\displaystyle\int_0^{\frac{\pi}{2}} \sin x \cos x \mathrm{d}x$ (2) $\displaystyle\int_1^{e^3} \frac{1}{x(1+\ln x)}\mathrm{d}x$ (3) $\displaystyle\int_0^2 e^x (2e^x + 3)\mathrm{d}x$

解 (1) 因为 $\mathrm{d}(\sin x) = \cos x \mathrm{d}x$，因此

$$\int_0^{\frac{\pi}{2}} \sin x \cos x \mathrm{d}x = \int_0^{\frac{\pi}{2}} \sin x \mathrm{d}(\sin x) = \frac{1}{2}\sin^2 x \Big|_0^{\frac{\pi}{2}} = \frac{1}{2}(1-0) = \frac{1}{2}$$

(2) $\displaystyle\int_1^{e^3} \frac{1}{x(1+\ln x)}\mathrm{d}x = \int_1^{e^3} \frac{1}{1+\ln x}\mathrm{d}(1+\ln x) = \ln(1+\ln x)\Big|_1^{e^3} = \ln 4 - 0 = \ln 4$

这里用了基本公式 $\dfrac{1}{x}\mathrm{d}x = \mathrm{d}\ln x$. 一般地，若被积函数形如 $f(\ln x)\dfrac{1}{x}$，则有

$$\int f(\ln x)\frac{1}{x}\mathrm{d}x = \int f(\ln x)\mathrm{d}\ln x$$

(3) 因为 $\mathrm{d}(2e^x + 3) = 2e^x \mathrm{d}x$，所以

$$\int_0^2 e^x(2e^x + 3)\mathrm{d}x = \frac{1}{2}\int_0^2 (2e^x + 3)\mathrm{d}(2e^x + 3) = \frac{1}{2} \times \frac{1}{2}(2e^x + 3)^2 \Big|_0^2$$
$$= \frac{1}{4}\big[(2e^2 + 3)^2 - 25\big] = e^4 + 3e^2 - 4$$

应用凑微分法时，将被积式"凑"成什么样的形式是很关键的. 在上面三个例子中，虽然被积函数形式完全不同，但是经过凑微分以后，它们的被积表达式均可写成 $g(\varphi(x))\mathrm{d}\varphi(x)$ 的形式，因此，利用凑微分法解题的关键是要非常熟悉基本积分公式. 在应用凑微分法时，经常会用到的凑微分法公式如下表.

$\int f(ax+b)\mathrm{d}x = \dfrac{1}{a}\int f(ax+b)\mathrm{d}(ax+b)$	$\int f(x^{\mu})x^{\mu-1}\mathrm{d}x = \dfrac{1}{\mu}\int f(x^{\mu})\mathrm{d}(x^{\mu})\,(\mu \neq 0)$
$\int f(\mathrm{e}^x)\mathrm{e}^x\mathrm{d}x = \int f(\mathrm{e}^x)\mathrm{d}\mathrm{e}^x$	$\int f(\ln x)\dfrac{1}{x}\mathrm{d}x = \int f(\ln x)\mathrm{d}\ln x$
$\int f(\sin x)\cos x\mathrm{d}x = \int f(\sin x)\mathrm{d}\sin x$	$\int f(\cos x)\sin x\mathrm{d}x = -\int f(\cos x)\mathrm{d}\cos x$
$\int f(\tan x)\sec^2 x\mathrm{d}x = \int f(\tan x)\mathrm{d}\tan x$	$\int f(\cot x)\csc^2 x\mathrm{d}x = -\int f(\cot x)\mathrm{d}\cot x$
$\int f(\arctan x)\dfrac{1}{1+x^2}\mathrm{d}x = \int f(\arcsin x)\mathrm{d}\arctan x$	$\int f(\arcsin x)\dfrac{1}{\sqrt{1-x^2}}\mathrm{d}x = \int f(\arcsin x)\mathrm{d}\arcsin x$

下面再来举几个应用凑微分法求积分的例子.

例 4.19 求下列积分:

(1) $\displaystyle\int (3x+2)^3\,\mathrm{d}x$　　　　(2) $\displaystyle\int_0^1 x\,\sqrt{1-x^2}\,\mathrm{d}x$　　　　(3) $\displaystyle\int_1^{\mathrm{e}^3} \frac{1}{x\,\sqrt{1+\ln x}}\mathrm{d}x$

(4) $\displaystyle\int \frac{1}{\sqrt{a^2-x^2}}dx$　　　　(5) $\displaystyle\int \frac{1}{x^2-a^2}\mathrm{d}x$　　　　(6) $\displaystyle\int_0^a \frac{1}{a^2+x^2}dx$

解　(1) $\displaystyle\int (3x+2)^3\,\mathrm{d}x = \frac{1}{3}\int (3x+2)^3\,\mathrm{d}(3x+2)$

$$= \frac{1}{3}\times\frac{1}{4}(3x+2)^4 + C = \frac{1}{12}(3x+2)^4 + C$$

(2) $\displaystyle\int_0^1 x\,\sqrt{1-x^2}\,\mathrm{d}x = -\frac{1}{2}\int_0^1 \sqrt{1-x^2}\,\mathrm{d}(1-x^2)$

$$= -\frac{1}{2}\cdot\frac{1}{\frac{1}{2}+1}(1-x^2)^{\frac{1}{2}+1}\Big|_0^1 = -\frac{1}{3}(1-x^2)^{\frac{3}{2}}\Big|_0^1 = \frac{1}{3}$$

(3) $\displaystyle\int_1^{\mathrm{e}^3} \frac{1}{x\,\sqrt{1+\ln x}}\mathrm{d}x = \int_1^{\mathrm{e}^3}\frac{1}{\sqrt{1+\ln x}}\mathrm{d}\ln x = 2\,\sqrt{1+\ln x}\,\Big|_1^{\mathrm{e}^3} = 2$

(4) $\displaystyle\int \frac{1}{\sqrt{a^2-x^2}}\mathrm{d}x = \int \frac{1}{a\,\sqrt{1-\left(\dfrac{x}{a}\right)^2}}\mathrm{d}x = \int \frac{1}{\sqrt{1-\left(\dfrac{x}{a}\right)^2}}\mathrm{d}\left(\frac{x}{a}\right)$

$$= \arcsin\left(\frac{x}{a}\right) + C$$

(5) $\displaystyle\int \frac{1}{x^2-a^2}\mathrm{d}x = \int \frac{1}{(x-a)(x+a)}\mathrm{d}x = \frac{1}{2a}\int\left(\frac{1}{x-a}-\frac{1}{x+a}\right)\mathrm{d}x$

$$= \frac{1}{2a}\left(\int \frac{1}{x-a}\mathrm{d}x - \int \frac{1}{x+a}\mathrm{d}x\right)$$

$$= \frac{1}{2a}\left(\int \frac{1}{x-a}\mathrm{d}(x-a) - \int \frac{1}{x+a}\mathrm{d}(x+a)\right)$$

$$= \frac{1}{2a}(\ln|x-a|-\ln|x+a|)+C$$

$$= \frac{1}{2a}\ln\left|\frac{x-a}{x+a}\right|+C$$

$(6)\displaystyle\int_0^a \frac{1}{a^2+x^2}dx = \int_0^a \frac{1}{a^2}\frac{1}{1+\left(\frac{x}{a}\right)^2}dx = \frac{1}{a}\int_0^a \frac{1}{1+\left(\frac{x}{a}\right)^2}d\left(\frac{x}{a}\right)$

$$= \frac{1}{a}\arctan\left(\frac{x}{a}\right)\Big|_0^a = \frac{\pi}{4a}.$$

例 4.20　求下列积分：

$(1)\displaystyle\int_0^\pi \sin^3 x dx$　　$(2)\displaystyle\int \sin^2 x dx$　　$(3)\displaystyle\int_0^{\frac{\pi}{2}} \sin^2 x\cos^5 x dx$　　$(4)\displaystyle\int \sin^2 x\cos^4 x dx$

$(5)\displaystyle\int \sec x dx$　　　$(6)\displaystyle\int_0^{\frac{\pi}{4}} \sec^6 x dx$　$(7)\displaystyle\int \tan x\sec^3 x dx$　　　$(8)\displaystyle\int \sin 2x\cos 3x dx$

解　$(1)\displaystyle\int_0^\pi \sin^3 x dx = \int_0^\pi \sin^2 x \cdot \sin x dx = -\int_0^\pi (1-\cos^2 x)d\cos x$

$$= \left(\frac{1}{3}\cos^3 x - \cos x\right)\Big|_0^\pi = \left(-\frac{1}{3}+1\right)-\left(\frac{1}{3}-1\right) = \frac{4}{3}$$

$(2)\displaystyle\int \sin^2 x dx = \int \frac{1-\cos 2x}{2}dx = \frac{1}{2}\int dx - \frac{1}{2}\int \cos 2x dx$

$$= \frac{x}{2} - \frac{1}{4}\sin 2x + C$$

$(3)\displaystyle\int_0^{\frac{\pi}{2}} \sin^2 x\cos^5 x dx = \int_0^{\frac{\pi}{2}} \sin^2 x\cos^4 x\cos x dx$

$$= \int_0^{\frac{\pi}{2}} \sin^2 x(1-\sin^2 x)^2 d(\sin x)$$

$$= \int_0^{\frac{\pi}{2}} \int (\sin^2 x - 2\sin^4 x + \sin^6 x)d(\sin x)$$

$$= \left(\frac{1}{3}\sin^3 x - \frac{2}{5}\sin^5 x + \frac{1}{7}\sin^7 x\right)_0^{\frac{\pi}{2}}$$

$$= \frac{1}{3} - \frac{2}{5} + \frac{1}{7} = \frac{8}{105}$$

一般地，当被积函数为 $\sin^m x\cos^n x$ 的形式时，若 m,n 至少有一个为奇数，就可拆出一次项去凑微分；而当 m,n 均为偶数时，常用半角公式通过降低幂次的方法来求解.

$(4)\displaystyle\int \sin^2 x\cos^4 x dx = \int (\sin x\cos x)^2\cos^2 x dx = \int \frac{1}{4}\sin^2 2x\frac{1+\cos 2x}{2}dx$

$$= \frac{1}{8}\int (\sin^2 2x + \sin^2 2x\cos 2x)dx$$

$$= \frac{1}{8} \int \frac{1 - \cos 4x}{2} dx + \frac{1}{16} \int \sin^2 2x \cos 2x d(2x)$$

$$= \frac{1}{16} x - \frac{1}{64} \int \cos 4x d(4x) + \frac{1}{16} \int \sin^2 2x d(\sin 2x)$$

$$= \frac{1}{16} x - \frac{1}{64} \sin 4x + \frac{1}{48} \sin^3 2x + C$$

(5) $$\int \sec x dx = \int \frac{1}{\cos x} dx = \int \frac{\cos x}{\cos^2 x} dx = \int \frac{d(\sin x)}{1 - \sin^2 x}$$

$$= \int \frac{1}{(1 - \sin x)(1 + \sin x)} d(\sin x)$$

$$= \frac{1}{2} \int \left(\frac{1}{1 - \sin x} + \frac{1}{1 + \sin x} \right) d(\sin x)$$

$$= \frac{1}{2} \left[- \int \frac{1}{1 - \sin x} d(1 - \sin x) \right] + \int \frac{1}{1 + \sin x} d(1 + \sin x)$$

$$= \frac{1}{2} [- \ln | 1 - \sin x |] + \ln | 1 + \sin x |] + C$$

$$= \frac{1}{2} \ln \left| \frac{1 + \sin x}{1 - \sin x} \right| + C = \frac{1}{2} \ln \left| \frac{(1 + \sin x)^2}{1 - \sin^2 x} \right| + C$$

$$= \ln \left| \frac{1 + \sin x}{\cos x} \right| + C = \ln | \sec x + \tan x | + C$$

类似的,可得

$$\int \csc x dx = \ln | \csc x - \cot x | + C$$

(6) $$\int_0^{\frac{\pi}{4}} \sec^6 x dx = \int_0^{\frac{\pi}{4}} \sec^4 x \cdot \sec^2 x dx = \int_0^{\frac{\pi}{4}} (1 + \tan^2 x)^2 d(\tan x)$$

$$= \int_0^{\frac{\pi}{4}} (1 + 2\tan^2 x + \tan^4 x) d(\tan x)$$

$$= \left[\tan x + \frac{2}{3} \tan^3 x + \frac{1}{5} \tan^5 x \right]_0^{\frac{\pi}{4}}$$

$$= 1 + \frac{2}{3} + \frac{1}{5} = \frac{28}{15}$$

(7) $$\int \tan x \sec^3 x dx = \int \sec^2 x \cdot \sec x \tan x dx$$

$$= \int \sec^2 x d(\sec x) = \frac{1}{3} \sec^3 x + C$$

(8) 利用积化和差公式,得

$$\sin 2x \cos 3x = \frac{1}{2} (\sin 5x - \sin x)$$

所以 $\displaystyle\int \sin 2x\cos 3x\mathrm{d}x = \frac{1}{2}\int(\sin 5x - \sin x)\mathrm{d}x$

$$= \frac{1}{2}\int\sin 5x\mathrm{d}x - \frac{1}{2}\int\sin x\mathrm{d}x$$

$$= -\frac{1}{10}\cos 5x + \frac{1}{2}\cos x + C$$

例 4.20 中八个积分的被积函数都是三角函数. 对这类积分, 在应用换元法时, 往往都利用三角恒等式先将被积函数作适当的变形, 然后再进行变量代换. 实际上, 要熟练进行积分运算, 中学阶段学习的各种代数运算和三角运算技巧都是比较常用的, 应在解题过程中注意应用.

习题 4－3

1. 在下列各式的横线上填入适当的系数, 使等式成立:

(1) $\mathrm{d}x = \underline{\quad}\mathrm{d}(2x - 7)$　　　　(2) $x\mathrm{d}x = \underline{\quad}\mathrm{d}(1 - x^2)$

(3) $\mathrm{e}^{-2x}\mathrm{d}x = \underline{\quad}\mathrm{d}(2 + \mathrm{e}^{-2x})$　　　(4) $x^3\mathrm{d}x = \underline{\quad}\mathrm{d}(5 - 6x^4)$

(5) $\sin 2x\mathrm{d}x = \underline{\quad}\mathrm{d}(\cos 2x)$　　　(6) $\dfrac{x}{\sqrt{1 - x^2}}\mathrm{d}x = \underline{\quad}\mathrm{d}\,\sqrt{1 - x^2}$

(7) $\dfrac{\mathrm{d}x}{1 + 9x^2} = \underline{\quad}\mathrm{d}(\arctan 3x)$　　(8) $\dfrac{1}{\sqrt{1 - x^2}}\mathrm{d}x = \underline{\quad}\mathrm{d}(3 - \arcsin x)$

2. 已知 $f(x) = \mathrm{e}^{-x}$, 求 $\displaystyle\int \dfrac{f'(\ln x)}{x}\mathrm{d}x$.

3. 求下列积分:

(1) $\displaystyle\int x\,\sqrt{3 + 2x^2}\,\mathrm{d}x$　　(2) $\displaystyle\int \dfrac{1}{3 - 4x}\mathrm{d}x$　　(3) $\displaystyle\int \dfrac{1}{9 + x^2}\mathrm{d}x$

(4) $\displaystyle\int \dfrac{1}{\sqrt{3 + 2x}}\mathrm{d}x$　　(5) $\displaystyle\int(\sin 3x - \mathrm{e}^{\frac{x}{4}})\mathrm{d}x$　　(6) $\displaystyle\int \dfrac{\sin\sqrt{x}}{\sqrt{x}}\mathrm{d}x$

(7) $\displaystyle\int \dfrac{\mathrm{d}x}{x\ln x\ln\ln x}$　　(8) $\displaystyle\int \dfrac{1}{\mathrm{e}^x + \mathrm{e}^{-x}}\mathrm{d}x$　　(9) $\displaystyle\int\tan^3 x\sec x\mathrm{d}x$

(10) $\displaystyle\int \dfrac{x\mathrm{d}x}{\sqrt{2 - 3x^2}}$　　(11) $\displaystyle\int \dfrac{\sin x}{\cos^3 x}\mathrm{d}x$　　(12) $\displaystyle\int\sin 3x\cos 5x\mathrm{d}x$

(13) $\displaystyle\int \dfrac{1}{1 - \mathrm{e}^x}\mathrm{d}x$　　(14) $\displaystyle\int_{\frac{\pi}{3}}^{\pi}\sin(x + \dfrac{\pi}{3})\mathrm{d}x$　　(15) $\displaystyle\int_{-2}^{1}\dfrac{1}{(11 + 5x)^3}\mathrm{d}x$

(16) $\displaystyle\int_{0}^{\frac{\pi}{2}}\sin x\cos^3 x\mathrm{d}x$　　(17) $\displaystyle\int_{0}^{5}\dfrac{x^3}{x^2 + 1}\mathrm{d}x$　　(18) $\displaystyle\int_{-1}^{1}\dfrac{x}{(1 + x^2)^2}\mathrm{d}x$

(19) $\displaystyle\int_{0}^{1}x\mathrm{e}^{-\frac{x^2}{2}}\mathrm{d}x$

4. 求一个函数 $f(x)$，满足 $f'(x) = \dfrac{1}{\sqrt{x+1}}$， 且 $f(0) = 1$.

5. 设 $\displaystyle\int xf(x)\mathrm{d}x = \arcsin x + C$，求 $\displaystyle\int \dfrac{1}{f(x)}\mathrm{d}x$.

6. 已知 $f(x)$ 的一个原函数为 $\dfrac{x}{1+x^2}$，求 $\displaystyle\int f(x)f'(x)\mathrm{d}x$.

4.4　换元积分法

前面两节所介绍的求积分方法是求解积分问题的基本方法，但是，当利用直接积分法或凑微分法仍不易求解积分时，就需要寻求其它的方法．现在就来介绍求解积分的另一种方法——换元积分法．

所谓换元积分法是将复合函数的求导法则反过来用于积分，它是通过适当的变量代换（换元），将其化为可利用基本积分公式的形式后再进行求解．即通过作适当的变量代换 $x = \varphi(t)$，将积分表达式 $f(x)\mathrm{d}x$ 化为关于新变量 t 的表达式 $f[\varphi(t)]\varphi'(t)\mathrm{d}t$，再进行积分，这种方法称为**换元积分法**[①]．

定理 4.6　设 $x = \varphi(t)$ 是单调、可导函数，且 $\varphi'(t) \neq 0$，又设 $f[\varphi(t)]\varphi'(t)$ 具有原函数 $F(t)$，则

$$\int f(x)\mathrm{d}x = \int f[\varphi(t)]\varphi'(t)\mathrm{d}t = F(t) + C = F[\psi(x)] + C$$

其中 $t = \psi(x)$ 是 $x = \varphi(t)$ 的反函数．

证　只需验证 $(F[\psi(x)] + C)' = f(x)$ 即可．令 $G(x) = F[\psi(x)] + C$，利用复合函数求导法则和反函数的求导公式，可得

$$G'(x) = \frac{\mathrm{d}F}{\mathrm{d}t} \cdot \frac{\mathrm{d}t}{\mathrm{d}x} = f[(\varphi(t)]\varphi'(t) \cdot \frac{1}{\varphi'(t)} = f[(\varphi(t))] = f(x)$$

因而定理结论成立．

例 4.21　求不定积分 $\displaystyle\int \sqrt{a^2 - x^2}\,\mathrm{d}x\,(a > 0)$.

分析　求解这个积分的困难之处在于被积函数中含有根式 $\sqrt{a^2 - x^2}$．为了化掉根号，可以利用三角恒等式 $\sin^2\alpha + \cos^2\alpha = 1$，若设 $x = a\sin t$，则 $\sqrt{a^2 - x^2} = \sqrt{a^2 - a^2\sin^2 t} = a\cos t$．这样就化掉了根号．

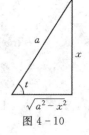

图 4 - 10

---

① 一般将凑微分法称为**第一换元法**，而将这里的换元积分法称为**第二换元法**.

解　设 $x = a\sin t, t \in \left[-\dfrac{\pi}{2}, \dfrac{\pi}{2}\right]$，则 $\mathrm{d}x = a\cos t\,\mathrm{d}t$，所以

$$\int \sqrt{a^2 - x^2}\,\mathrm{d}x = \int a\cos t \cdot a\cos t\,\mathrm{d}t = a^2\int \cos^2 t\,\mathrm{d}t = \frac{a^2}{2}\int (1 + \cos 2t)\,\mathrm{d}t$$

$$= \frac{a^2}{2}\left(t + \frac{1}{2}\sin 2t\right) + C = \frac{a^2}{2}(t + \sin t\cos t) + C$$

为了将变量还原为原来的积分变量，由图 4 - 10 可知 $\cos t = \dfrac{\sqrt{a^2 - x^2}}{a}$，代入上式，得

$$\int \sqrt{a^2 - x^2}\,\mathrm{d}x = \frac{a^2}{2}\left(\arcsin \frac{x}{a} + \frac{x}{a}\,\frac{\sqrt{a^2 - x^2}}{a}\right) + C$$

$$= \frac{a^2}{2}\arcsin \frac{x}{a} + \frac{x}{2}\,\sqrt{a^2 - x^2} + C$$

以上将变量还原为原来变量的过程称为"回代".

由定理 4.6 给出的换元积分法求出不定积分，同样可以通过牛顿-莱布尼兹公式来求定积分的值.

定理 4.7　设 $f(x)$ 在区间 $[a, b]$ 上连续，函数 $x = \varphi(t)$ 满足以下条件：

(1) $\varphi(\alpha) = a$，$\varphi(\beta) = b$，且 $a \leqslant \varphi(t) \leqslant b$；

(2) $\varphi(t)$ 在 $[\alpha, \beta]$（或 $[\beta, \alpha]$）上连续可导，

则

$$\int_a^b f(x)\,\mathrm{d}x = \int_\alpha^\beta f(\varphi(t))\varphi'(t)\,\mathrm{d}t$$

上式称为**定积分的换元公式**.

证　因为 $f(x)$ 在区间 $[a, b]$ 上连续，所以它在 $[a, b]$ 上可积且原函数存在. 设 $F(x)$ 为 $f(x)$ 的一个原函数，则

$$\int_a^b f(x)\,\mathrm{d}x = F(b) - F(a)$$

另一方面，设 $\Phi(t) = F(\varphi(t))$，由复合函数求导法则，得

$$\Phi'(t) = F'(\varphi(t)) \cdot \varphi'(t) = f(\varphi(t)) \cdot \varphi'(t)$$

即 $\Phi(t)$ 是 $f(\varphi(t))\varphi'(t)$ 的一个原函数. 因此有

$$\int_\alpha^\beta f(\varphi(t))\varphi'(t)\,\mathrm{d}t = \Phi(\beta) - \Phi(\alpha) \tag{4.4}$$

注意到 $\Phi(t) = F(\varphi(t))$ 及 $\varphi(\alpha) = a, \varphi(\beta) = b$，故

$$\int_\alpha^\beta f(\varphi(t))\varphi'(t)\,\mathrm{d}t = F(\varphi(\beta)) - F(\varphi(\alpha)) = F(b) - F(a) \tag{4.5}$$

由 (4.4)、(4.5) 式，可得

$$\int_a^b f(x)\mathrm{d}x = F(b) - F(a) = \Phi(\beta) - \Phi(\alpha) = \int_\alpha^\beta f(\varphi(t))\varphi'(t)\mathrm{d}t$$

例 4.22   求定积分 $\int_0^a \dfrac{1}{\sqrt{x^2 + a^2}}\mathrm{d}x \quad (a > 0)$.

分析   为了化掉被积函数中的根号,可利用三角恒等式 $1 + \tan^2\alpha = \sec^2\alpha$. 作变量代换 $x = a\tan t$.

解法 1   直接利用定积分的换元积分法求解. 设 $x = a\tan t$,则

$$\sqrt{x^2 + a^2} = a\sec t, t \in \left(-\frac{\pi}{2}, \frac{\pi}{2}\right), \mathrm{d}x = a\sec^2 t\,\mathrm{d}t$$

当 $x = 0$ 时, $t = 0$;当 $x = a$ 时, $t = \dfrac{\pi}{4}$,于是

$$\int_0^a \frac{1}{\sqrt{x^2 + a^2}}\mathrm{d}x = \int_0^{\frac{\pi}{4}} \frac{1}{a\sec t} \cdot a\sec^2 t\,\mathrm{d}t = \int_0^{\frac{\pi}{4}} \sec t\,\mathrm{d}t$$

$$= \ln|\sec t + \tan t|\,\Big|_0^{\frac{\pi}{4}} = \ln(\sqrt{2} + 1)$$

解法 2   先用不定积分的换元法求出相应的不定积分,即

$$\int \frac{1}{\sqrt{x^2 + a^2}}\mathrm{d}x = \int \frac{1}{a\sec t} \cdot a\sec^2 t\,\mathrm{d}t = \int \sec t\,\mathrm{d}t$$

$$= \ln|\sec t + \tan t| + C$$

由图 4-11 可知, $\sec t = \dfrac{\sqrt{x^2 + a^2}}{a}$,代入上式得

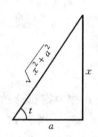

图 4-11

$$\int \frac{1}{\sqrt{x^2 + a^2}}\mathrm{d}x = \ln\left|\frac{\sqrt{x^2 + a^2}}{a} + \frac{x}{a}\right| + C_1$$

$$= \ln|x + \sqrt{x^2 + a^2}| - \ln a + C_1$$

$$= \ln|x + \sqrt{x^2 + a^2}| + C$$

其中 $C = C_1 - \ln a$. 再利用牛顿-莱布尼兹公式求得积分的值:

$$\int_0^a \frac{1}{\sqrt{x^2 + a^2}}\mathrm{d}x = \Big[\ln|x + \sqrt{x^2 + a^2}|\Big]_0^a$$

$$= \ln(a + \sqrt{2}a) - \ln a = \ln(1 + \sqrt{2})$$

不难看出,解法 2 比直接利用定积分换元法的解法 1 要复杂一些,因为在解法 1 时,免去了"回代"的步骤.

例 4.21 和例 4.22 所采用的代换统称为**三角代换**. 一般在以下三种情况下,经常采用三角代换以达到化掉根式的目的:

(1)若被积函数中含有 $\sqrt{a^2 - x^2}$,则令

$$x = a\sin t \quad \left(-\frac{\pi}{2} \leqslant t \leqslant \frac{\pi}{2}\right)$$

(2)若被积函数中含有 $\sqrt{x^2 + a^2}$,则令

$$x = a\tan t \quad (-\frac{\pi}{2} < t < \frac{\pi}{2})$$

（3）若被积函数中含有 $\sqrt{x^2 - a^2}$，则令

$$x = a\sec t \quad (0 < t < \frac{\pi}{2})$$

定理 4.6 和定理 4.7 分别给出了不定积分和定积分的换元公式. 在应用定积分的换元公式时，需要注意以下两点：

（1）计算定积分，在作变量代换的同时，积分限也要跟着换成新变量的积分限，并且上限要对应于上限，下限要对应于下限；

（2）求出 $f(\varphi(t))\varphi'(t)$ 的一个原函数 $\Phi(t)$ 后，只需直接把新变量 t 的上、下限代入，求出 $\Phi(t)$ 在新变量 t 的积分区间上的增量即可，而不必代回到原来的变量.

例 4.23　计算定积分 $\int_0^4 \frac{x+2}{\sqrt{2x+1}}dx$.

解　为了化掉根号，设 $t = \sqrt{2x+1}$，则 $x = \frac{t^2-1}{2}$，$dx = t\,dt$，当 $x = 0$ 时，$t = 1$；当 $x = 4$ 时，$t = 3$，于是

$$\int_0^4 \frac{x+2}{\sqrt{2x+1}}dx = \int_1^3 \frac{\frac{t^2-1}{2}+2}{t} t\,dt = \frac{1}{2}\int_1^3 (t^2+3)\,dt$$

$$= \frac{1}{2}\left(\frac{1}{3}t^3 + 3t\right)\Big|_1^3 = \frac{22}{3}$$

例 4.24　求不定积分 $\int \frac{1}{\sqrt{x}(\sqrt[3]{x}+1)}dx$.

解　为了同时化掉被积函数中的根式 $\sqrt{x}$ 和 $\sqrt[3]{x}$，可设 $x = t^6$，则 $dx = 6t^5\,dt$，

于是　　$\int \frac{1}{\sqrt{x}(\sqrt[3]{x}+1)}dx = \int \frac{6t^5}{t^3(1+t^2)}dt = 6\int \frac{t^2}{1+t^2}dt$

$$= 6\int \frac{t^2+1-1}{1+t^2}dt = 6\int \left(1 - \frac{1}{1+t^2}\right)dt$$

$$= 6(t - \arctan t) + C = 6(\sqrt[6]{x} - \arctan \sqrt[6]{x}) + C$$

例 4.25　求定积分 $\int_0^{\ln 3} \frac{1}{\sqrt{1+e^x}}dx$.

解　设 $t = \sqrt{1+e^x}$，则 $e^x = t^2 - 1$，$x = \ln(t^2-1)$，$dx = \frac{2t}{t^2-1}dt$，

当 $x = 0$ 时，$t = \sqrt{2}$；当 $x = \ln 3$ 时，$t = 2$. 则

$$\int_0^{\ln 3} \frac{1}{\sqrt{1+e^x}}dx = \int_{\sqrt{2}}^2 \frac{2}{t^2-1}dt = \int_{\sqrt{2}}^2 \left(\frac{1}{t-1} - \frac{1}{t+1}\right)dt$$

$$= \ln \left| \frac{t-1}{t+1} \right|_{\sqrt{2}}^{2} = \ln \frac{1}{3} - \ln \frac{\sqrt{2}-1}{\sqrt{2}+1} = 2\ln(\sqrt{2}+1) - \ln 3$$

以上所采用的化掉被积函数中的根式的方法叫做"根式代换",它也是一种利用换元法求积分的常用方法. 在实际求解过程中,一般根据被积函数的特点来确定采取怎样的根式代换.

在本节和上节的例题中,有几个积分会经常遇到的,通常也作为公式来使用. 除了基本积分公式外,再增加几个常用公式(其中常数 $a > 0$)如下表. 在求解积分时,可直接应用这几个公式.

$\int \tan x \, \mathrm{d}x = -\ln \lvert \cos x \rvert + C$	$\int \cot x \, \mathrm{d}x = \ln \lvert \sin x \rvert + C$
$\int \sec x \, \mathrm{d}x = \ln \lvert \sec x + \tan x \rvert + C$	$\int \csc x \, \mathrm{d}x = \ln \lvert \csc x - \cot x \rvert + C$
$\int \dfrac{1}{a^2 + x^2} \mathrm{d}x = \dfrac{1}{a} \arctan \dfrac{x}{a} + C$	$\int \dfrac{1}{x^2 - a^2} \mathrm{d}x = \dfrac{1}{2a} \ln \left\lvert \dfrac{x-a}{x+a} \right\rvert + C$
$\int \dfrac{1}{\sqrt{a^2 - x^2}} \mathrm{d}x = \arcsin \dfrac{x}{a} + C$	$\int \dfrac{1}{\sqrt{x^2 \pm a^2}} \mathrm{d}x = \ln \lvert x + \sqrt{x^2 \pm a^2} \rvert + C$

例 4.26　求定积分 $\displaystyle\int_{-1}^{1} \frac{1}{2x^2 + 4x + 3} \mathrm{d}x$.

解　将被积函数的分母配方,得

$$\int_{-1}^{1} \frac{1}{2x^2 + 4x + 3} \mathrm{d}x = \frac{1}{2} \int_{-1}^{1} \frac{1}{x^2 + 2x + \dfrac{3}{2}} \mathrm{d}x$$

$$= \frac{1}{2} \int_{-1}^{1} \frac{1}{(x+1)^2 + \dfrac{1}{2}} \mathrm{d}x$$

$$= \frac{1}{2} \int_{-1}^{1} \frac{1}{(x+1)^2 + \left(\dfrac{1}{\sqrt{2}}\right)^2} \mathrm{d}(x+1)$$

$$= \frac{1}{2} \cdot \sqrt{2} \arctan \frac{x+1}{1/\sqrt{2}} \Big|_{-1}^{1} = \frac{\sqrt{2}}{2} \arctan(2\sqrt{2})$$

例 4.27　求不定积分 $\displaystyle\int \frac{1}{\sqrt{4x^2 + 9}} \mathrm{d}x$.

解　　　　　$$\int \frac{1}{\sqrt{4x^2 + 9}} \mathrm{d}x = \int \frac{1}{\sqrt{(2x)^2 + 3^2}} \mathrm{d}x$$

$$= \frac{1}{2} \int \frac{1}{\sqrt{(2x)^2 + 3^2}} \mathrm{d}(2x)$$

$$= \frac{1}{2} \ln \left| 2x + \sqrt{4x^2 + 9} \right| + C$$

形如 $R(x) = \dfrac{P_n(x)}{Q_m(x)}$（$P_n(x)$、$Q_m(x)$ 分别为关于 x 的 n 次和 m 次多项式）的函数称为**有理分式**. 当 $n < m$ 时, 称为有理真分式; 当 $n \geqslant m$ 时, 称为有理假分式.

求解有理分式积分时, 通常是将其分解为若干个部分分式之和, 然后进行积分, 下面通过一个简单的例子说明这种解法.

例 4.28　求不定积分 $\displaystyle\int \frac{x+3}{x^2-5x+6} \mathrm{d}x$.

解　因为 $x^2 - 5x + 6 = (x-2)(x-3)$, 所以可设

$$\frac{x+3}{x^2-5x+6} = \frac{A}{x-2} + \frac{B}{x-3},$$

其中 A,B 为待定常数. 两端消去分母得

$$x + 3 = A(x-3) + B(x-2) = (A+B)x - (3A+2B)$$

从而有 $A + B = 1, -(3A + 2B) = 3$, 解得 $A = -5, B = 6$ 即

$$\frac{x+3}{x^2-5x+6} = \frac{-5}{x-2} + \frac{6}{x-3}$$

所以

$$\int \frac{x+3}{x^2-5x+6} \mathrm{d}x = \int \left(\frac{-5}{x-2} + \frac{6}{x-3} \right) \mathrm{d}x$$

$$= -5 \int \frac{1}{x-2} \mathrm{d}x + 6 \int \frac{1}{x-3} \mathrm{d}x$$

$$= -5\ln |x-2| + 6\ln |x-3| + C$$

在用换元法求解积分时, 要根据被积函数的具体形式采用相应的变量代换, 变量代换的方法是比较灵活的, 请读者通过练习进行总结. 同一个积分可能会有多种方法求解, 采用什么代换常取决于对被积函数的分析, 着眼点不同就有不同的方法.

例 4.29　求不定积分 $\displaystyle\int \frac{1}{x(x^6+4)} \mathrm{d}x$.

解法 1　$\displaystyle\int \frac{1}{x(x^6+4)} \mathrm{d}x = \frac{1}{4} \int \frac{x^6+4-x^6}{x(x^6+4)} \mathrm{d}x = \frac{1}{4} \int \left(\frac{1}{x} - \frac{x^5}{x^6+4} \right) \mathrm{d}x$

$$= \frac{1}{4} \int \frac{1}{x} \mathrm{d}x - \frac{1}{24} \int \frac{\mathrm{d}(x^6+4)}{x^6+4}$$

$$= \frac{1}{4} \ln |x| - \frac{1}{24} \ln(x^6+4) + C$$

解法 2　作倒数代换 $x = \dfrac{1}{t}$,则

$$\int \frac{1}{x(x^6+4)}\mathrm{d}x = -\int \frac{t^5}{1+4t^6}\mathrm{d}t = -\frac{1}{24}\int \frac{\mathrm{d}(1+4t^6)}{1+4t^6}$$

$$= -\frac{1}{24}\ln(1+4t^6) + C$$

$$= -\frac{1}{24}\ln\left(1+\frac{4}{x^6}\right) + C$$

$$= \frac{1}{4}\ln|x| - \frac{1}{24}\ln(x^6+4) + C$$

倒数代换也是一种比较常用的代换,当分母的次数较高时,可以考虑使用此代换.

例 4.30　求定积分 $\displaystyle\int_0^{\frac{\pi}{2}} \frac{1}{5+4\cos x}\mathrm{d}x$.

解　令 $t = \tan \dfrac{x}{2}$,则由半角公式得

$$\sin x = \frac{2\tan\dfrac{x}{2}}{1+\tan^2\dfrac{x}{2}} = \frac{2t}{1+t^2}$$

$$\cos x = \frac{1-\tan^2\dfrac{x}{2}}{1+\tan^2\dfrac{x}{2}} = \frac{1-t^2}{1+t^2}$$

$$\mathrm{d}x = \mathrm{d}(2\arctan x) = \frac{2}{1+t^2}\mathrm{d}t$$

当 $x = 0$ 时,$t = 0$;当 $x = \dfrac{\pi}{2}$ 时,$t = 1$,于是

$$\int_0^{\frac{\pi}{2}} \frac{1}{5+4\cos x}\mathrm{d}x = 2\int_0^1 \frac{t}{(9+t^2)}\mathrm{d}t$$

$$= \frac{2}{3}\arctan\frac{t}{3}\Big|_0^1 = \frac{2}{3}\arctan\frac{1}{3}$$

利用半角公式的变量代换称为**半角代换**.在求解三角有理函数(即由正弦函数和余弦函数经过有限次的有理运算构成的函数)的积分时,它是一种比较有效的方法,这种方法也称为**万能代换**.

例 4.31　设 $f(x)$ 在 $[-a,a]$ 上连续,证明:

(1) 当 $f(x)$ 为偶函数时,有 $\displaystyle\int_{-a}^a f(x)\mathrm{d}x = 2\int_0^a f(x)\mathrm{d}x$;

(2) 当 $f(x)$ 为奇函数时,有 $\displaystyle\int_{-a}^a f(x)\mathrm{d}x = 0$.

证　由于 $\int_{-a}^{a} f(x)\mathrm{d}x = \int_{-a}^{0} f(x)\mathrm{d}x + \int_{0}^{a} f(x)\mathrm{d}x$,在上式右端第一个积分中令 $x = -t$,则

$$\int_{-a}^{0} f(x)\mathrm{d}x = \int_{a}^{0} f(-t)(-\mathrm{d}t) = -\int_{a}^{0} f(-t)\mathrm{d}t$$

$$= \int_{0}^{a} f(-t)\mathrm{d}t = \int_{0}^{a} f(-x)\mathrm{d}x$$

因此　$\int_{-a}^{a} f(-x)\mathrm{d}x = \int_{0}^{a} [f(x) + f(-x)]\mathrm{d}x = \int_{0}^{a} f(x)\mathrm{d}x + \int_{0}^{a} f(-x)\mathrm{d}x$

(1) 当 $f(x)$ 为偶函数时,有 $f(-x) = f(x)$,故 $\int_{-a}^{a} f(x)\mathrm{d}x = 2\int_{0}^{a} f(x)\mathrm{d}x$,

(2) 当 $f(x)$ 为奇函数时,有 $f(-x) = -f(x)$,故 $\int_{-a}^{a} f(x)\mathrm{d}x = 0$.

例 4.32　求定积分 $\int_{-1}^{1} (\mid x \mid + \sin^3 x)x^4 \mathrm{d}x$.

解　由于积分区间是关于原点对称,且 $\mid x \mid x^4$ 是偶函数, $\sin^3 x \cdot x^4$ 是奇函数,利用例 4.31 的结论得

$$\int_{-1}^{1} (\mid x \mid + \sin^3 x)x^4 \mathrm{d}x = \int_{-1}^{1} \mid x \mid x^4 \mathrm{d}x + \int_{-1}^{1} \sin^3 x \cdot x^4 \mathrm{d}x$$

$$= 2\int_{0}^{1} x^5 \mathrm{d}x + 0 = 2 \cdot \frac{1}{6} x^6 \Big|_{0}^{1} = \frac{1}{3}$$

例 4.33　若 $f(x)$ 在 $[0,1]$ 上连续,证明 $\int_{0}^{\pi} x f(\sin x)\mathrm{d}x = \pi \int_{0}^{\frac{\pi}{2}} f(\sin x)\mathrm{d}x$,由此计算 $\int_{0}^{\pi} \frac{x\sin x}{1 + \cos^2 x}\mathrm{d}x$.

证　由于

$$\int_{0}^{\pi} x f(\sin x)\mathrm{d}x = \int_{0}^{\frac{\pi}{2}} x f(\sin x)\mathrm{d}x + \int_{\frac{\pi}{2}}^{\pi} x f(\sin x)\mathrm{d}x$$

在上式右端第二项中,设 $x = \pi - t$. 则 $\mathrm{d}x = -\mathrm{d}t$,当 $x = \frac{\pi}{2}$ 时, $t = \frac{\pi}{2}$;当 $x = \pi$ 时, $t = 0$. 从而

$$\int_{\frac{\pi}{2}}^{\pi} x f(\sin x)\mathrm{d}x = \int_{\frac{\pi}{2}}^{0} (\pi - t) f(\sin t)(-\mathrm{d}t) = \int_{0}^{\frac{\pi}{2}} (\pi - t) f(\sin t)\mathrm{d}t$$

$$= \int_{0}^{\frac{\pi}{2}} (\pi - x) f(\sin x)\mathrm{d}x$$

因此

$$\int_{0}^{\pi} x f(\sin x)\mathrm{d}x = \int_{0}^{\frac{\pi}{2}} x f(\sin x)\mathrm{d}x + \int_{0}^{\frac{\pi}{2}} (\pi - x) f(\sin x)\mathrm{d}x$$

$$= \pi \int_0^{\frac{\pi}{2}} f(\sin x)\mathrm{d}x$$

利用上述结论,即得

$$\int_0^{\pi} \frac{x\sin x}{1+\cos^2 x}\mathrm{d}x = \int_0^{\pi} \frac{x\sin x}{2-\sin^2 x}\mathrm{d}x = \pi \int_0^{\frac{\pi}{2}} \frac{\sin x}{2-\sin^2 x}\mathrm{d}x$$

$$= \pi \int_0^{\frac{\pi}{2}} \frac{\sin x}{1+\cos^2 x}\mathrm{d}x = -\pi \int_0^{\frac{\pi}{2}} \frac{1}{1+\cos^2 x}\mathrm{d}(\cos x)$$

$$= -\pi \left[\arctan(\cos x)\right]\Big|_0^{\frac{\pi}{2}} = -\pi(0-\frac{\pi}{4}) = \frac{\pi^2}{4}$$

习题 4-4

1. 用换元积分法计算下列积分:

(1) $\displaystyle\int \frac{\mathrm{d}x}{\sqrt{5-4x-x^2}}$　　(2) $\displaystyle\int \frac{1}{1+\sqrt{1-x^2}}\mathrm{d}x$　　(3) $\displaystyle\int \frac{\sqrt{x^2-9}}{x}\mathrm{d}x$

(4) $\displaystyle\int \frac{1}{x^2\sqrt{4-x^2}}\mathrm{d}x$　　(5) $\displaystyle\int_0^{2\sqrt{2}} \frac{x^3}{\sqrt{x^2+1}}\mathrm{d}x$　　(6) $\displaystyle\int_1^4 \frac{1}{\sqrt{x}(1+x)}\mathrm{d}t$

(7) $\displaystyle\int \frac{x^3}{9+x^2}\mathrm{d}x$　　(8) $\displaystyle\int \frac{x-4}{x^2+x-2}\mathrm{d}x$　　(9) $\displaystyle\int_0^{\frac{\pi}{2}} \frac{1}{1+\sin x+\cos x}\mathrm{d}x$

(10) $\displaystyle\int_1^5 \frac{\sqrt{x-1}}{x}\mathrm{d}x$　　(11) $\displaystyle\int_0^{\sqrt{2}} \sqrt{2-x^2}\mathrm{d}x$　　(12) $\displaystyle\int_1^{\sqrt{3}} \frac{1}{x^2\sqrt{1+x^2}}\mathrm{d}x$

2. 利用函数的奇偶性计算下列定积分

(1) $\displaystyle\int_{-\pi}^{\pi} x^5\cos x\mathrm{d}x$　　(2) $\displaystyle\int_{-2}^{2} \left(\frac{x^3\sin^2 x}{x^4+x^2+1}+x^2\right)\mathrm{d}x$

(3) $\displaystyle\int_{-2}^{2} \frac{x^5+|x|}{2+x^2}\mathrm{d}x$　　(4) $\displaystyle\int_{-1}^{1} (x+\sqrt{1-x^2})^2\mathrm{d}x$

3. 证明　$\displaystyle\int_0^{\pi} \sin^n x\mathrm{d}x = 2\int_0^{\frac{\pi}{2}} \sin^n x\mathrm{d}x$.

4. 设 $f(x)$ 是连续函数,证明

(1) 当 $f(t)$ 是偶函数时,$\varphi(x) = \displaystyle\int_0^x f(t)\mathrm{d}t$ 是奇函数;

(2) 当 $f(t)$ 是奇函数时,$\varphi(x) = \displaystyle\int_0^x f(t)\mathrm{d}t$ 是偶函数.

5. 设 $f(x) = \begin{cases} x\mathrm{e}^{-x^2}, & x\geqslant 0 \\ \dfrac{1}{1+\cos x}, & -1<x<0 \end{cases}$,求$\displaystyle\int_1^4 f(x-2)\mathrm{d}x$.

4.5　分部积分法

上面介绍的凑微分法和换元积分法虽然可以求解不少类型的积分,但仍有些类型的积分无法求解. 例如 $\int x\sin x\mathrm{d}x,\int x\mathrm{e}^x\mathrm{d}x,\int \mathrm{e}^x\sin x\mathrm{d}x$ 等形式的积分就无法用换元积分法求解,必须寻求新的方法. 下面利用两个函数乘积的求导法则,得到求积分的另一种方法 —— **分部积分法**.

设函数 $u=u(x)$ 及 $v=v(x)$ 具有连续导数. 由两个函数乘积的导数公式 $(uv)'=u'v+uv'$ 经移项后得

$$uv'=(uv)'-u'v$$

对这个等式两端分别求不定积分和定积分,则可得

$$\int uv'\mathrm{d}x=uv-\int u'v\mathrm{d}x \text{ 或} \int u\mathrm{d}v=uv-\int v\mathrm{d}u$$

及　　$\int_a^b uv'\mathrm{d}x=(uv)\Big|_a^b-\int_a^b u'v\mathrm{d}x$　　或　　$\int_a^b u\mathrm{d}v=(uv)\Big|_a^b-\int_a^b v\mathrm{d}u$

上面几个式子统称为**分部积分公式**. 一般来讲,如果求等式左端的积分有困难,而求右端的积分比较容易时,分部积分公式就可以很好地发挥作用了. 这种求积分的方法称为**分部积分法**.

分部积分法的实质就是求两个函数乘积的导数(或微分)的逆运算.

例 4.34　求不定积分 $\int x\mathrm{e}^x\mathrm{d}x$.

解　这个积分用换元积分法不易求出,现在用分部积分法求解.

设 $u=x,v'=\mathrm{e}^x$,则 $u'=1,v=\mathrm{e}^x$,利用分部积分公式,得

$$\int x\mathrm{e}^x\mathrm{d}x=x\mathrm{e}^x-\int \mathrm{e}^x\mathrm{d}x=x\mathrm{e}^x-\mathrm{e}^x+C=(x-1)\mathrm{e}^x+C$$

在求解过程中,若 u 和 v' 的选择不当,则求解也会遇到困难. 例如,若设 $u=\mathrm{e}^x,v'=x$,则 $u'=\mathrm{e}^x,v=\dfrac{1}{2}x^2$,于是根据分部积分公式可得

$$\int x\mathrm{e}^x\mathrm{d}x=\frac{1}{2}x^2\mathrm{e}^x-\frac{1}{2}\int x^2\mathrm{e}^x\mathrm{d}x$$

显然,上式中右端的积分 $\int x^2\mathrm{e}^x\mathrm{d}x$ 比左端的积分 $\int x\mathrm{e}^x\mathrm{d}x$ 更不易求解,因此这样选择 u 和 v' 是行不通的.

由此可见,在利用分部积分法求积分时,首先要把积分 $\int f(x)\mathrm{d}x$ 转化为 $\int uv'\mathrm{d}x$

或 $\int u \mathrm{d}v$ 的形式,这时就需要将被积函数 $f(x)$ 分解为两个函数的乘积 uv',而 u 和 v 的选择是关键的,选择 u、v 的一般原则是:(1)v 要能比较容易的求出;(2)积分 $\int u'v\mathrm{d}x$ 要比 $\int uv'\mathrm{d}x$ 更容易求出.

如果被积函数是幂函数、三角函数、指数函数、对数函数、反三角函数中两种不同形式函数的乘积,一般按照反三角函数、对数函数、幂函数、三角函数和指数函数(简称"反、对、幂、三、指")的顺序,将排在前面的函数选作 u,排在后面的函数选作 v'.

例 4.35　求定积分 $\int_1^4 \ln x \mathrm{d}x$

解　在基本积分公式中,没有对数函数的积分公式,此时,可设 $u=\ln x, v'=1$,则 $u'=\dfrac{1}{x}, v=x$,利用分部积分公式,得

$$\int_1^4 \ln x \mathrm{d}x = x\ln x \Big|_1^4 - \int_1^4 x \mathrm{d}(\ln x) = (4\ln 4 - 0) - \int_1^4 \mathrm{d}x$$

$$= 4\ln 4 - x \Big|_1^4 = 4\ln 4 - 3$$

例 4.36　求定积分 $\int_0^{\frac{\pi}{2}} x\cos x \mathrm{d}x$

解　设 $u=x, v'=\cos x$,则 $u'=1, v=\sin x$,利用分部积分公式得

$$\int_0^{\frac{\pi}{2}} x\cos x \mathrm{d}x = \int_0^{\frac{\pi}{2}} x \mathrm{d}(\sin x) = (x\sin x)\Big|_0^{\frac{\pi}{2}} - \int_0^{\frac{\pi}{2}} \sin x \mathrm{d}x$$

$$= \frac{\pi}{2} + \cos x \Big|_0^{\frac{\pi}{2}} = \frac{\pi}{2} - 1$$

例 4.37　求不定积分 $\int x\arctan x \mathrm{d}x$.

解　设 $u=\arctan x, v'=x$,则 $u'=\dfrac{1}{1+x^2}, v=\dfrac{1}{2}x^2$,利用分部积分公式,得

$$\int x\arctan x \mathrm{d}x = \frac{1}{2}x^2 \arctan x - \frac{1}{2}\int x^2 \cdot \frac{1}{1+x^2} \mathrm{d}x$$

$$= \frac{1}{2}x^2 \arctan x - \frac{1}{2}\int \left(1 - \frac{1}{1+x^2}\right) \mathrm{d}x$$

$$= \frac{1}{2}x^2 \arctan x - \frac{1}{2}(x - \arctan x) + C$$

有些函数的积分需要连续多次应用分部积分法.

例 4.38　求定积分 $\int_0^1 x^2 \mathrm{e}^x \mathrm{d}x$.

解　设 $u=x^2, v'=\mathrm{e}^x$,则 $u'=2x, v=\mathrm{e}^x$,利用分部积分公式,得

$$\int_0^1 x^2 \mathrm{e}^x \mathrm{d}x = x^2 \mathrm{e}^x \bigg|_0^1 - 2 \int_0^1 x \mathrm{e}^x \mathrm{d}x = \mathrm{e} - 2 \int_0^1 x \mathrm{e}^x \mathrm{d}x$$

这里 $\int_0^1 x \mathrm{e}^x \mathrm{d}x$ 要比 $\int_0^1 x^2 \mathrm{e}^x \mathrm{d}x$ 容易求解,因为前者被积函数中的 x 幂次比后者降低了一次,根据例 4.34 可再用一次分部积分法.于是

$$\int_0^1 x^2 \mathrm{e}^x \mathrm{d}x = \mathrm{e} - 2 \int_0^1 x \mathrm{e}^x \mathrm{d}x = \mathrm{e} - 2(x \mathrm{e}^x - \mathrm{e}^x) \bigg|_0^1 = \mathrm{e} - 2$$

例 4.39　求定积分 $\int_0^{\frac{\pi}{2}} \mathrm{e}^{2x} \cos x \mathrm{d}x$.

解　记 $I = \int_0^{\frac{\pi}{2}} \mathrm{e}^{2x} \cos x \mathrm{d}x$,设 $u = \mathrm{e}^{2x}$,$\mathrm{d}v = \cos x \mathrm{d}x = \mathrm{d}\sin x$,则 $\mathrm{d}u = 2\mathrm{e}^{2x} \mathrm{d}x$,$v = \sin x$,利用分部积分公式,得

$$I = \int_0^{\frac{\pi}{2}} \mathrm{e}^{2x} \cos x \mathrm{d}x = \int_0^{\frac{\pi}{2}} \mathrm{e}^{2x} \mathrm{d}\sin x$$

$$= (\mathrm{e}^{2x} \sin x) \bigg|_0^{\frac{\pi}{2}} - 2 \int_0^{\frac{\pi}{2}} \mathrm{e}^{2x} \sin x \mathrm{d}x = \mathrm{e}^{\pi} - 2 \int_0^{\frac{\pi}{2}} \mathrm{e}^{2x} \sin x \mathrm{d}x$$

这里 $\int_0^{\frac{\pi}{2}} \mathrm{e}^{2x} \sin x \mathrm{d}x$ 与所求的积分 $\int_0^{\frac{\pi}{2}} \mathrm{e}^{2x} \cos x \mathrm{d}x$ 属于同一类型,需要再用一次分部积分,经过再次分部积分后产生循环.对于积分 $\int_0^{\frac{\pi}{2}} \mathrm{e}^{2x} \sin x \mathrm{d}x$,取 $u = \mathrm{e}^{2x}$,$\mathrm{d}v = \sin x \mathrm{d}x$,则 $\mathrm{d}u = 2\mathrm{e}^{2x} \mathrm{d}x$,$v = -\cos x$,利用分部积分公式,得

$$I = \mathrm{e}^{\pi} + 2 \int_0^{\frac{\pi}{2}} \mathrm{e}^{2x} \mathrm{d}\cos x = \mathrm{e}^{\pi} + 2[\mathrm{e}^{2x} \cos x] \bigg|_0^{\frac{\pi}{2}} - 4 \int_0^{\frac{\pi}{2}} \mathrm{e}^{2x} \cos x \mathrm{d}x$$

$$= \mathrm{e}^{\pi} - 2 - 4I$$

从而解得　$I = \dfrac{\mathrm{e}^{\pi} - 2}{5}$.

还有一些积分往往需要将换元法与分部积分法结合起来应用,才能使问题得到解决.

例 4.40　求不定积分 $\int \ln(1 + \sqrt{x}) \mathrm{d}x$.

解　被积函数中包含有根式,所以先用换元法使其有理化.设 $t = \sqrt{x}$,则 $x = t^2$,$\mathrm{d}x = 2t \mathrm{d}t$.则

$$\int \ln(1 + \sqrt{x}) \mathrm{d}x = \int \ln(1 + t) \cdot 2t \mathrm{d}t = 2 \int t \ln(1 + t) \mathrm{d}t$$

再用分部积分法,令 $u = \ln(1 + t)$,$v' = t$,则 $u' = \dfrac{1}{1 + t}$,$v = \dfrac{1}{2} t^2$,则

$$\int \ln(1 + \sqrt{x}) \mathrm{d}x = 2 \int t \ln(1 + t) \mathrm{d}t = t^2 \ln(1 + t) - \int \frac{t^2}{1 + t} \mathrm{d}t$$

$$= t^2\ln(1+t) - \int\left(t - 1 + \frac{1}{1+t}\right)dt$$

$$= t^2\ln(1+t) - \frac{1}{2}t^2 + t - \ln(1+t) + C$$

回代到原变量得

$$\int\ln(1+\sqrt{x})dx = x\ln(1+\sqrt{x}) - \frac{1}{2}x + \sqrt{x} - \ln(1+\sqrt{x}) + C$$

$$= (x-1)\ln(1+\sqrt{x}) - \frac{1}{2}x + \sqrt{x} + C$$

例 4.41　求定积分 $\int_{\frac{1}{2}}^{1} e^{-\sqrt{2x-1}}dx$.

解　先用换元积分法，设 $t = \sqrt{2x-1}$, 则 $x = \dfrac{t^2+1}{2}$, $dx = tdt$, 当

$x = \dfrac{1}{2}$ 时, $t = 0$; $x = 1$ 时, $t = 1$. 从而

$$\int_{\frac{1}{2}}^{1} e^{-\sqrt{2x-1}}dx = \int_0^1 te^{-t}dt$$

再用分部积分法

$$\int_0^1 te^{-t}dt = -te^{-t}\Big|_0^1 + \int_0^1 e^{-t}dt = -\frac{1}{e} - e^{-t}\Big|_0^1 = 1 - \frac{2}{e}$$

因此

$$\int_{\frac{1}{2}}^{1} e^{-\sqrt{2x-1}}dx = 1 - \frac{2}{e}$$

例 4.42　求定积分 $I_n = \int_0^{\frac{\pi}{2}} \sin^n x\, dx$, 其中 n 为正整数.

解　$I_0 = \int_0^{\frac{\pi}{2}} dx = \dfrac{\pi}{2}$, $I_1 = \int_0^{\frac{\pi}{2}} \sin x\, dx = 1$,　当 $n \geqslant 2$ 时,

$$I_n = -\int_0^{\frac{\pi}{2}} \sin^{n-1}x\, d\cos x = -\sin^{n-1}x\cos x\Big|_0^{\frac{\pi}{2}} + \int_0^{\frac{\pi}{2}} (n-1)\sin^{n-1}x\cos^2 x\, dx$$

$$= (n-1)\int_0^{\frac{\pi}{2}} \cos^2 x\sin^{n-2}x\, dx = (n-1)\int_0^{\frac{\pi}{2}} \sin^{n-2}x\, dx - (n-1)\int_0^{\frac{\pi}{2}} \sin^n x\, dx$$

$$= (n-1)I_{n-2} - (n-1)I_n$$

解得递推公式 $I_n = \dfrac{n-1}{n}I_{n-2}$, 由递推公式可以推出:

(1) 当 n 是偶数时,

$$I_n = \int_0^{\frac{\pi}{2}} \sin^n x\, dx = \frac{n-1}{n} \cdot \frac{n-3}{n-2}\cdots\frac{3}{4} \cdot \frac{1}{2}I_0 = \frac{n-1}{n} \cdot \frac{n-3}{n-2}\cdots\frac{3}{4} \cdot \frac{1}{2} \cdot \frac{\pi}{2}$$

(2) 当 n 是奇数时,

$$I_n = \int_0^{\frac{\pi}{2}} \sin^n x \,\mathrm{d}x = \frac{n-1}{n} \cdot \frac{n-3}{n-2} \cdots \frac{4}{5} \cdot \frac{2}{3} I_1 = \frac{n-1}{n} \cdot \frac{n-3}{n-2} \cdots \frac{4}{5} \cdot \frac{2}{3}$$

利用定积分的换元法易得 $\int_0^{\frac{\pi}{2}} \sin^n x \,\mathrm{d}x = \int_0^{\frac{\pi}{2}} \cos^n x \,\mathrm{d}x$，所以也可以利用上式计算

积分 $\int_0^{\frac{\pi}{2}} \cos^n x \,\mathrm{d}x$.

以上所得到的递推公式称为**瓦里斯公式**. 在计算定积分时，可作为已知的结果使用. 例如

$$\int_0^{\frac{\pi}{2}} \sin^7 x \,\mathrm{d}x = \frac{6}{7} \times \frac{4}{5} \times \frac{2}{3} = \frac{16}{35},$$

$$\int_0^{\frac{\pi}{2}} \cos^8 x \,\mathrm{d}x = \frac{7}{8} \times \frac{5}{6} \times \frac{3}{4} \times \frac{1}{2} \times \frac{\pi}{2} = \frac{105}{256}\pi$$

习题 4 - 5

1. 用分部积分法求下列积分：

(1) $\displaystyle\int \arcsin x \,\mathrm{d}x$ 　　　　(2) $\displaystyle\int x \mathrm{e}^{-x} \,\mathrm{d}x$ 　　　　(3) $\displaystyle\int \ln^2 x \,\mathrm{d}x$

(4) $\displaystyle\int x \tan^2 x \,\mathrm{d}x$ 　　　(5) $\displaystyle\int \frac{\ln^3 x}{x^2} \,\mathrm{d}x$ 　　　(6) $\displaystyle\int x^2 \cos^2 \frac{x}{2} \,\mathrm{d}x$

(7) $\displaystyle\int \frac{\ln\ln x}{x} \,\mathrm{d}x$ 　　　(8) $\displaystyle\int (\arcsin x)^2 \,\mathrm{d}x$ 　(9) $\displaystyle\int \mathrm{e}^{-x} \cos x \,\mathrm{d}x$

(10) $\displaystyle\int \frac{\ln(1+x)}{\sqrt{x}} \,\mathrm{d}x$ 　(11) $\displaystyle\int \frac{\ln(\mathrm{e}^x+1)}{\mathrm{e}^x} \,\mathrm{d}x$ 　(12) $\displaystyle\int_1^{\mathrm{e}} x \ln x \,\mathrm{d}x$

(13) $\displaystyle\int_0^1 x \arctan x \,\mathrm{d}x$ 　(14) $\displaystyle\int_0^{\frac{\pi}{2}} x \sin 2x \,\mathrm{d}x$ 　(15) $\displaystyle\int_1^4 \frac{\ln x}{\sqrt{x}} \,\mathrm{d}x$

(16) $\displaystyle\int_0^{\sqrt{\ln 2}} x^3 \mathrm{e}^{-x^2} \,\mathrm{d}x$ 　(17) $\displaystyle\int_0^{\frac{\pi}{2}} x^2 \sin x \,\mathrm{d}x$ 　(18) $\displaystyle\int_{\pi/4}^{\pi/3} \frac{x}{\sin^2 x} \,\mathrm{d}x$

(19) $\displaystyle\int_0^4 \mathrm{e}^{\sqrt{x}} \,\mathrm{d}x$ 　　　(20) $\displaystyle\int_0^{\mathrm{e}} \sin(\ln x) \,\mathrm{d}x$

2. 已知 $\dfrac{\sin x}{x}$ 是 $f(x)$ 的原函数，试求 $\displaystyle\int x f'(x) \,\mathrm{d}x$

3. 设 $f''(x)$ 在区间 $[0,\pi]$ 上连续，$f(0)=2, f(\pi)=1$. 证明

$$\int_0^\pi [f(x) + f''(x)] \sin x \,\mathrm{d}x = 3$$

4. 证明 $\displaystyle\int_0^1 \left(\int_0^x f(t) \,\mathrm{d}t\right) \mathrm{d}x = \int_0^1 (1-x) f(x) \,\mathrm{d}x.$

4.6　广义积分

前面在讨论定积分 $\int_a^b f(x)\mathrm{d}x$ 时,总是假定积分区间是有限区间,并且被积函数 $f(x)$ 在积分区间上是有界的.但在某些实际问题中,经常会遇到积分区间是无限区间,或者被积函数是无界的情况,这就需要把定积分的概念加以推广,研究在无穷区间上的积分以及无界函数的积分.这两类积分统称为**广义积分**.

4.6.1　无穷限的广义积分

先看一个实际例子.

例 4.43　如图 4-12 所示,有一电量为 q 的点电荷,求该电荷所产生的电场中,与电荷距离为 r 的点 P 所具有的电势.

解　由物理学知,静电场中某一点的电势等于将单位正电荷从该点移到电势零点时,静电场力所做的功.取无穷远为电势零点,由于静电场力做功与路径无关,不失一般性,选取一条便于

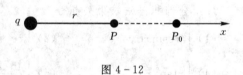

图 4-12

积分的路径,即沿 x 轴方向.为了求出电场力的功,可先求出将单位正电荷从 P 点(坐标为 $x=r$)移到 P_0 点(坐标为 $x=t$)时,静电场力所做的功.

$$U_1 = \frac{q}{4\pi\varepsilon_0}\int_r^t \frac{1}{x^2}\mathrm{d}x = -\frac{q}{4\pi\varepsilon_0}\cdot\frac{1}{x}\Big|_r^t = \frac{q}{4\pi\varepsilon_0}\left(\frac{1}{r}-\frac{1}{t}\right)$$

再令 t 趋向于无穷大,便可得到点 P 所具有的电势.

$$U = \lim_{t\to\infty}U_1 = \lim_{t\to\infty}\frac{q}{4\pi\varepsilon_0}\left(\frac{1}{r}-\frac{1}{t}\right) = \frac{q}{4\pi\varepsilon_0 r}$$

下面给出无穷限广义积分的概念

定义 4.4　设函数 $f(x)$ 在 $[a,+\infty)$ 上连续,则称极限 $\lim\limits_{t\to+\infty}\int_a^t f(x)\mathrm{d}x$ 为函数 $f(x)$ **在无穷区间** $[a,+\infty)$ **上的广义积分**,记为 $\int_a^{+\infty}f(x)\mathrm{d}x$;如果极限 $\lim\limits_{t\to+\infty}\int_a^t f(x)\mathrm{d}x$ 存在,则称无穷区间上的广义积分 $\int_a^{+\infty}f(x)\mathrm{d}x$ **收敛**,即

$$\int_a^{+\infty}f(x)\mathrm{d}x = \lim_{t\to+\infty}\int_a^t f(x)\mathrm{d}x$$

如果极限 $\lim\limits_{t\to+\infty}\int_a^t f(x)\mathrm{d}x$ 不存在,则称广义积分 $\int_a^{+\infty}f(x)\mathrm{d}x$ **发散**.

类似地,可定义函数 $f(x)$ 在无穷区间 $(-\infty,b]$ 上的广义积分:

$$\int_{-\infty}^{b} f(x)\mathrm{d}x = \lim_{t\to-\infty}\int_{t}^{b} f(x)\mathrm{d}x$$

定义 4.5　设函数 $f(x)$ 在 $(-\infty,+\infty)$ 上连续,可将积分 $\int_{-\infty}^{+\infty} f(x)\mathrm{d}x$ 表示为

$$\int_{-\infty}^{+\infty} f(x)\mathrm{d}x = \int_{-\infty}^{a} f(x)\mathrm{d}x + \int_{a}^{+\infty} f(x)\mathrm{d}x,$$ 其中 a 为任意实数.

此时,若广义积分 $\int_{-\infty}^{a} f(x)\mathrm{d}x$ 和 $\int_{a}^{+\infty} f(x)\mathrm{d}x$ 都**收敛**,则称广义积分 $\int_{-\infty}^{+\infty} f(x)\mathrm{d}x$ **收敛**. 否则,若这两个广义积分至少有一个发散,则称广义积分 $\int_{-\infty}^{+\infty} f(x)\mathrm{d}x$ **发散**.

上述广义积分统称为**无穷限的广义积分**,简称**无穷积分**.

设函数 $f(x)$ 在 $[a,+\infty)$ 上连续,$F(x)$ 是 $f(x)$ 的一个原函数,为了方便起见,分别记

$$F(+\infty) = \lim_{x\to+\infty} F(x),\quad F(-\infty) = \lim_{x\to-\infty} F(x)$$

如果极限存在,则无穷限的广义积分可表示为

$$\int_{a}^{+\infty} f(x)\mathrm{d}x = F(x)\Big|_{a}^{+\infty} = F(+\infty) - F(a)$$

$$\int_{-\infty}^{b} f(x)\mathrm{d}x = F(x)\Big|_{-\infty}^{b} = F(b) - F(-\infty)$$

$$\int_{-\infty}^{+\infty} f(x)\mathrm{d}x = F(x)\Big|_{-\infty}^{+\infty} = F(+\infty) - F(-\infty)$$

例 4.44　计算广义积分 $\int_{0}^{+\infty} \dfrac{1}{1+x^2}\mathrm{d}x,\int_{-\infty}^{0} \dfrac{1}{1+x^2}\mathrm{d}x$ 和 $\int_{-\infty}^{+\infty} \dfrac{1}{1+x^2}\mathrm{d}x.$

解　$\displaystyle\int_{0}^{+\infty} \frac{1}{1+x^2}\mathrm{d}x = \lim_{t\to+\infty}\int_{0}^{t} \frac{1}{1+x^2}\mathrm{d}x = \lim_{t\to+\infty}\arctan x\,|_{0}^{t} = \lim_{t\to+\infty}\arctan t = \frac{\pi}{2}$

$\displaystyle\int_{-\infty}^{0} \frac{1}{1+x^2}\mathrm{d}x = \arctan x\,|_{-\infty}^{0} = \frac{\pi}{2}$

$\displaystyle\int_{-\infty}^{+\infty} \frac{1}{1+x^2}\mathrm{d}x = \arctan x\,|_{-\infty}^{+\infty} = \frac{\pi}{2} - \left(-\frac{\pi}{2}\right) = \pi$

例 4.45　求广义积分 $\int_{e}^{+\infty} \dfrac{1}{x(\ln x)^2}\mathrm{d}x.$

解　$\displaystyle\int_{e}^{+\infty} \frac{1}{x(\ln x)^2}\mathrm{d}x = \int_{e}^{+\infty} \frac{1}{(\ln x)^2}\mathrm{d}(\ln x)$

$$= -\frac{1}{\ln x}\Big|_{e}^{+\infty} = \lim_{x\to+\infty}\left(-\frac{1}{\ln x}\right) - (-1) = 1$$

例 4.46　求广义积分 $\displaystyle\int_0^{+\infty} x\mathrm{e}^{-x}\mathrm{d}x$.

解　利用分部积分公式,可得

$$\int_0^t x\mathrm{e}^{-x}\mathrm{d}x = -\int_0^t x\mathrm{d}\mathrm{e}^{-x} = -x\mathrm{e}^{-x}\Big|_0^t + \int_0^t \mathrm{e}^{-x}\mathrm{d}x = -t\mathrm{e}^{-t} - \mathrm{e}^{-x}\Big|_0^t$$
$$= -t\mathrm{e}^{-t} - \mathrm{e}^{-t} + 1$$

于是

$$\int_0^{+\infty} x\mathrm{e}^{-x}\mathrm{d}x = \lim_{t\to+\infty}(-t\mathrm{e}^{-t} - \mathrm{e}^{-t} + 1)$$
$$= -\lim_{t\to+\infty}\frac{t}{\mathrm{e}^t} - \lim_{t\to+\infty}(\mathrm{e}^{-t} - 1) = 0 - (0 - 1) = 1$$

例 4.47　讨论广义积分 $\displaystyle\int_a^{+\infty}\frac{1}{x^p}\mathrm{d}x\ (a>0)$ 的敛散性.

解　当 $p\neq 1$ 时,

$$\int_a^{+\infty}\frac{1}{x^p}\mathrm{d}x = \frac{1}{1-p}x^{1-p}\Big|_a^{+\infty} = \begin{cases} +\infty, & p<1 \\ \dfrac{a^{1-p}}{p-1}, & p>1 \end{cases}$$

当 $p=1$ 时,

$$\int_a^{+\infty}\frac{1}{x}\mathrm{d}x = \ln x\Big|_a^{+\infty} = +\infty$$

所以,当 $p\leqslant 1$ 时,广义积分 $\displaystyle\int_a^{+\infty}\frac{1}{x^p}\mathrm{d}x$ 发散;当 $p>1$ 时,广义积分 $\displaystyle\int_a^{+\infty}\frac{1}{x^p}\mathrm{d}x$ 收敛于 $\dfrac{a^{1-p}}{p-1}$.

4.6.2　无界函数的广义积分

为了引入无界函数的广义积分,先看一个例子.

例 4.48　求曲线 $y=\dfrac{1}{\sqrt{x}}$ 与 x 轴, y 轴和直线 $x=2$ 所围成的开口曲边梯形的面积.

解　由于曲线 $y=\dfrac{1}{\sqrt{x}}$ 与 y 轴不相交, $\displaystyle\lim_{x\to0^+}\frac{1}{\sqrt{x}}$ 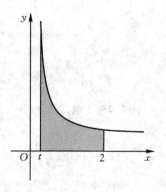 $=+\infty$.为了求出所要求的面积,可先求出曲线 $y=\dfrac{1}{\sqrt{x}}$ 和直线 $x=t,x=2$ 及 x 轴所围成的曲边梯形的面积(图 4 - 13)

图 4 - 13

$$A_1 = \int_t^2 \frac{1}{\sqrt{x}} \mathrm{d}x = 2\sqrt{x}\,\Big|_t^2 = 2(\sqrt{2} - \sqrt{t})$$

再令 $t \to 0$，取极限即可得开口曲边梯形的面积 A

$$A = \lim_{t \to 0^+} A_1 = \lim_{t \to 0^+} [2(\sqrt{2} - \sqrt{t})] = 2\sqrt{2}$$

在实际问题中，经常也会遇到这种类型的积分，它的特点是被积函数在积分区间上是无界函数，为此需要定义无界函数的广义积分.

定义 4.6　若 x_0 是函数 $f(x)$ 的无界间断点，即函数 $f(x)$ 在点 x_0 的任一邻域内无界，则称 x_0 为函数 $f(x)$ 的**瑕点**.

定义 4.7　设函数 $f(x)$ 在 $(a, b]$ 上连续，且 $x = a$ 为 $f(x)$ 的瑕点，则称 $\lim\limits_{\varepsilon \to 0^+} \int_{a+\varepsilon}^b f(x)\mathrm{d}x$ 为函数 $f(x)$ 在 $(a, b]$ 上的**广义积分**或**瑕积分**（$\varepsilon > 0$），记作 $\int_a^b f(x)\mathrm{d}x$. 如果极限 $\lim\limits_{\varepsilon \to 0^+} \int_{a+\varepsilon}^b f(x)\mathrm{d}x$ 存在，则称广义积分 $\int_a^b f(x)\mathrm{d}x$ **收敛**. 即

$$\int_a^b f(x)\mathrm{d}x = \lim_{\varepsilon \to 0^+} \int_{a+\varepsilon}^b f(x)\mathrm{d}x$$

否则，称广义积分 $\int_a^b f(x)\mathrm{d}x$ **发散**.

类似地，可以定义**函数** $f(x)$ 在 $[a, b)$ **上的广义积分**. 若 $x = b$ 为瑕点，则

$$\int_a^b f(x)\mathrm{d}x = \lim_{\varepsilon \to 0^+} \int_a^{b-\varepsilon} f(x)\mathrm{d}x.$$

定义 4.8　设函数 $f(x)$ 在 $[a, b]$ 上除点 $x = c$，$c \in (a, b)$ 外连续，$x = c$ 是 $f(x)$ 的瑕点，则函数 $f(x)$ 在区间 $[a, b]$ 上的广义积分定义为

$$\int_a^b f(x)\mathrm{d}x = \lim_{\varepsilon \to 0^+} \int_a^{c-\varepsilon} f(x)\mathrm{d}x + \lim_{\varepsilon \to 0^+} \int_{c+\varepsilon}^b f(x)\mathrm{d}x$$

或　　　　　　$$\int_a^b f(x)\mathrm{d}x = \lim_{t \to c^-} \int_a^t f(x)\mathrm{d}x + \lim_{t \to c^+} \int_t^b f(x)\mathrm{d}x$$

当上式右端的两个积分都收敛时，称**广义积分** $\int_a^b f(x)\mathrm{d}x$ **收敛**，若这两个广义积分至少有一个发散，称**广义积分** $\int_a^b f(x)\mathrm{d}x$ 发散.

例 4.49　求广义积分 $\int_0^a \dfrac{1}{\sqrt{a^2 - x^2}}\mathrm{d}x$　（$a > 0$）.

解　因为 $f(x) = \dfrac{1}{\sqrt{a^2 - x^2}}$ 在区间 $[0, a)$ 上连续，且 $x = a$ 是瑕点，则

$$\int_0^a \frac{1}{\sqrt{a^2 - x^2}}\mathrm{d}x = \arcsin\frac{x}{a}\,\Big|_0^{a-\varepsilon} = \lim_{\varepsilon \to 0^+}\left(\arcsin\frac{a-\varepsilon}{a} - 0\right) = \frac{\pi}{2}$$

例 4.50　判断广义积分 $\int_1^2 \dfrac{1}{x\ln x}\mathrm{d}x$ 的敛散性.

解　因为 $f(x) = \dfrac{1}{x\ln x}$ 在区间 $(1,2]$ 上连续,且 $x = 1$ 是瑕点. 于是

$$\int_1^2 \frac{1}{x\ln x}\mathrm{d}x = \lim_{\varepsilon \to 0^+}\int_{1+\varepsilon}^2 \frac{1}{x\ln x}\mathrm{d}x = \lim_{\varepsilon \to 0^+}\int_{1+\varepsilon}^2 \frac{1}{\ln x}\mathrm{d}(\ln x)$$

$$= \lim_{\varepsilon \to 0^+}\left[\ln(\ln x)\right]\Big|_{1+\varepsilon}^2 = \lim_{\varepsilon \to 0^+}\left[\ln(\ln 2) - \ln(\ln(1+\varepsilon))\right] = \infty$$

故广义积分 $\int_1^2 \dfrac{x}{x\ln x}\mathrm{d}x$ 发散.

例 4.51　求广义积分 $\int_{-1}^1 \dfrac{1}{x^2}\mathrm{d}x$.

解　因为 $f(x) = \dfrac{1}{x^2}$ 在 $[-1,1]$ 上除 $x = 0$ 点外连续,且 $\lim\limits_{x \to 0}\dfrac{1}{x^2} = +\infty$,
所以 $x = 0$ 是瑕点. 由于

$$\lim_{\varepsilon \to 0^+}\int_{-1}^{-\varepsilon}\frac{1}{x^2}\mathrm{d}x = \lim_{\varepsilon \to 0^+}\left[-\frac{1}{x}\right]_{-1}^{-\varepsilon} = \lim_{\varepsilon \to 0^+}\left(\frac{1}{\varepsilon} - 1\right) = +\infty$$

即广义积分 $\int_{-1}^0 \dfrac{1}{x^2}\mathrm{d}x$ 发散,因此广义积分 $\int_{-1}^1 \dfrac{1}{x^2}\mathrm{d}x$ 发散.

注　如果疏忽了 $x = 0$ 是瑕点,不按广义积分计算,而按一般的常义积分来计算

$$\int_{-1}^1 \frac{1}{x^2}\mathrm{d}x = \left[-\frac{1}{x}\right]_{-1}^1 = -1 + (-1) = -2$$

显然是错误的. 因此,在计算积分时,必须特别注意被积函数在积分区间内是否存在瑕点,否则很容易出错.

例 4.52　讨论广义积分 $\int_0^1 \dfrac{1}{x^q}\mathrm{d}x$ 的敛散性.

解　这是瑕积分,瑕点为 $x = 0$. 当 $q = 1$ 时,

$$\int_0^1 \frac{1}{x^q}\mathrm{d}x = \int_0^1 \frac{1}{x}\mathrm{d}x = \ln x\Big|_0^1 = +\infty$$

当 $q \neq 1$ 时,　　　$\int_0^1 \dfrac{1}{x^q}\mathrm{d}x = \left[\dfrac{x^{1-q}}{1-q}\right]_0^1 = \begin{cases} \dfrac{1}{1-q}, & q < 1 \\ +\infty, & q > 1 \end{cases}$

因此,当 $q < 1$ 时广义积分 $\int_0^1 \dfrac{1}{x^q}\mathrm{d}x$ 收敛,当 $q \geqslant 1$ 时 $\int_0^1 \dfrac{1}{x^q}\mathrm{d}x$ 发散.

例 4.53　计算 $\int_0^1 \dfrac{\mathrm{d}x}{\sqrt{1-x^2}}$

解　当 $x \to 1$ 时,$\dfrac{1}{\sqrt{1-x^2}} \to \infty$,所以 $\int_0^1 \dfrac{\mathrm{d}x}{\sqrt{1-x^2}}$ 是广义积分,$x = 1$ 是瑕点.

设 $x = \sin t$，则 $\mathrm{d}x = \cos t \mathrm{d}t$，当 $x = 0$ 时，$t = 0$；当 $x = 1$ 时，$t = \dfrac{\pi}{2}$，于是

$$\int_0^1 \frac{1}{\sqrt{1-x^2}} \mathrm{d}x = \int_0^{\frac{\pi}{2}} \frac{1}{\cos t} \cos t \mathrm{d}t = \int_0^{\frac{\pi}{2}} \mathrm{d}t = \frac{\pi}{2}$$

注 在例 4.53 中，在换元前被积函数存在一个瑕点，而换元以后被积函数不存在瑕点，可见通过换元，有时广义积分和常义积分是可以互相转化的.

习题 4 – 6

1. 下列计算是否正确？为什么？

因为被积函数 $f(x) = \dfrac{x}{\sqrt{1+x^2}}$ 是奇函数，所以有 $\displaystyle\int_{-\infty}^{+\infty} \frac{x}{\sqrt{1+x^2}} \mathrm{d}x = 0$.

2. 判断下列广义积分的敛散性，如果收敛，计算其值.

(1) $\displaystyle\int_1^{+\infty} \frac{1}{x^4} \mathrm{d}x$

(2) $\displaystyle\int_1^{+\infty} \frac{1}{\sqrt{x}} \mathrm{d}x$

(3) $\displaystyle\int_0^{+\infty} \mathrm{e}^{-ax} \mathrm{d}x \ (a > 0)$

(4) $\displaystyle\int_1^2 \frac{1}{\sqrt{x^2-1}} \mathrm{d}x$

(5) $\displaystyle\int_1^{+\infty} \frac{1}{x(x^2+1)} \mathrm{d}x$

(6) $\displaystyle\int_0^1 \frac{x \mathrm{d}x}{\sqrt{1-x^2}}$

(7) $\displaystyle\int_0^2 \frac{\mathrm{d}x}{(1-x)^2}$

(8) $\displaystyle\int_1^2 \frac{x \mathrm{d}x}{\sqrt{x-1}}$

(9) $\displaystyle\int_1^e \frac{1}{x\sqrt{1-\ln^2 x}} \mathrm{d}x$

3. 当 k 为何值时，广义积分 $\displaystyle\int_2^{+\infty} \frac{1}{x(\ln x)^k} \mathrm{d}x$ 收敛？当 k 为何值时，该广义积分发散？又当 k 为何值时，该广义积分取得最小值？

4. 已知 $\displaystyle\lim_{x \to +\infty} \left(\frac{x-a}{x+a}\right)^x = \int_0^{+\infty} x^2 \mathrm{e}^{-x} \mathrm{d}x$，求 a.

第5章　定积分的应用①

　　在几何学、物理学、经济学、社会学等诸多领域,定积分都有着广泛的应用,它是求某种总量的数学模型.本章将介绍定积分的几何应用和物理应用,通过本章的学习,不仅要掌握一些具体的计算方法和计算公式,更重要的是领会用定积分的概念去分析和解决实际问题的思想方法,这种方法称为**微元法**或**微元素法**.

5.1　定积分的微元法

　　在上一章中,从曲边梯形面积和变速直线运动的路程两个实际问题出发,引入了定积分的概念.所采用的分析方法就是**微元法**.为了更好地理解这种方法,先来简要回顾一下求曲边梯形面积的问题.

　　设曲边梯形由连续曲线 $y = f(x)(f(x) \geqslant 0)$、直线 $x = a$、$x = b$ 和 $y = 0$ 所围成,求其面积 A 所采用的方法是:

　　(1) **分割**　在区间 $[a,b]$ 内插入 $n-1$ 个分点,将 $[a,b]$ 分割为 n 个小区间 $[x_{i-1}, x_i](i = 1,2,\cdots,n)$,过每一个分点作平行于 y 轴的直线段,就将曲边梯形划分成了 n 个小的曲边梯形;

　　(2) **近似**　在每一个小区间 $[x_{i-1}, x_i]$ 上任取一点 ξ_i,用以 $[x_{i-1}, x_i]$ 为底、$f(\xi_i)$ 为高的狭长小矩形近似代替第 i 个小曲边梯形,则第 i 个小曲边梯形的面积近似为 $\Delta A_i \approx f(\xi_i) \Delta x_i, (i = 1,2,\cdots,n)$;

　　(3) **求和**　将 n 个小矩形的面积之和作为曲边梯形面积 A 的近似值:

$$A = \sum_{i=1}^{n} A_i \approx \sum_{i=1}^{n} f(\xi_i) \Delta x_i$$

　　(4) **精确**　令 $\lambda = \max\{\Delta x_1, \Delta x_2, \cdots, \Delta x_n\} \to 0$,得曲边梯形面积的精确值

$$A = \lim_{\lambda \to 0} \sum_{i=1}^{n} f(\xi_i) \Delta x_i = \int_a^b f(x) \mathrm{d}x$$

---

　　①　本章所选的定积分应用范围较广,实际教学可根据不同专业的需要取舍.

这是建立定积分表达式的基本方法,但是这四个步骤显得过于繁琐,不便应用.分析这种方法的实质,不难简化为下列两步:

1. "分割、近似":这两步的实质是将整体量分割成局部量,并在每个局部用不变的高度代替变化的高度,并求出局部量的近似值 $\Delta A_i \approx f(\xi_i)\Delta x_i$(见图 $5-1$),表现在积分中的被积表达式 $f(x)\mathrm{d}x$. 称其为面积微元

$$\mathrm{d}A = f(x)\mathrm{d}x$$

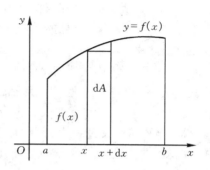

图 $5-1$

2. "求和、精确":这两步的实质是将各个局部量的近似值之和作为整体量的近似值,然后通过取极限得到整体量的精确值,表现在对被积式 $f(x)\mathrm{d}x$ 作积分

$$A = \int_a^b f(x)\mathrm{d}x$$

上述简化过程具有一般性. 设 $y = f(x)$ 是 $[a,b]$ 上的连续函数,所求的量 Q 是 $[a,b]$ 上的非均匀连续分布的量,并且对区间具有可加性. 这时建立所求量 Q 的积分表达式的步骤可归纳为下列两步:

(1) 局部取微元　　任意分割区间 $[a,b]$ 为若干小区间,任取一个小区间 $[x,x+\mathrm{d}x]$,在该区间上"以均匀代替非均匀",求得 Q 的微元

$$\mathrm{d}Q = f(x)\mathrm{d}x$$

(2) 整合成积分　　以 $\mathrm{d}Q = f(x)\mathrm{d}x$ 为被积表达式,在区间 $[a,b]$ 上作积分,即得总量 Q 的精确值

$$Q = \int_a^b f(x)\mathrm{d}x$$

这种建立积分式的方法称为**微元法**.其中 $\mathrm{d}Q = f(x)\mathrm{d}x$ 称为**积分微元**,简称**微元**. 使用微元法的关键是要根据所求问题,正确、合理地选取微元.下面两节将通过实例来说明微元法的应用.

习题 5－1

利用微元法的思想,选取下列问题中几何量或物理量的积分微元,并写出该量的定积分表达式.

1. 求椭圆 $9x^2 + 16y^2 = 144$ 面积.

2. 求对数曲线 $y = \ln x$ 由 $x = 1$ 到 $x = 3$ 一段的曲线的弧长.

3. 设有一物质曲线 L,已知该物质曲线的曲线方程为 $y = f(x)\ x \in [a,b]$,该曲线在任意点 $(x, f(x))$ 的线密度是 $\rho(x)$,求该物质曲线的质量.

4. 设一物质薄片在直角坐标系下所占的平面图形（如图）由 $x=a$；$x=b$；$y_1=f_1(x)$ 和 $y_2=f_2(x)$ 所围成. 已知该物质薄片在任一横坐标为 $x(x\in[a,b])$ 处的面密度为 $\rho_s(x)$，求该物质薄片的质量.

5. 一盛满水的圆柱形水池，池高 h 米，底面直线 r 米，求将水从池口全部抽出所做的功.

6. 弹簧在伸长过程中，力与伸长量成正比，如果用 F 表示力，x 表示伸长量，那么 $F=kx$. 求弹簧由平衡位置拉伸 $S(\text{cm})$ 所消耗的功.

7. 一矩形闸门，垂直插入水中，该闸门宽 2 米，高 3 米，闸门的上沿离水面半米，求闸门的一面受水的压力.

8. 一水平线上置有一质量为 m_1 的质点和一长度为 l 的均匀细棒，已知细棒的线密度为 ρ，质点到细棒近端点的距离为 s，如图所示. 求细棒对该质点的引力.

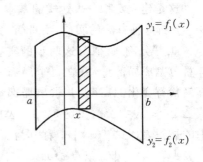

第 4 题图

第 8 题图

5.2 定积分的几何应用

5.2.1 求平面图形的面积

围成平面图形的曲线方程可用直角坐标和极坐标两种形式表示，因此分两种情形来分析.

1. 直角坐标情形

由定积分的几何意义已经知道，对于非负函数 $f(x)$，定积分 $\int_a^b f(x)\mathrm{d}x$ 表示由曲线 $y=f(x)$、直线 $x=a$、$x=b$ 和 $y=0$ 围成的曲边梯形面积（图 5-2）. 应用定积分微元法，不但可以计算曲边梯形的面积，还可以计算一些复杂图形的面积.

一般地，由两条曲线 $y=f(x)$、$y=g(x)$ $(f(x)\geqslant g(x))$ 与直线 $x=a$、$x=b$ 围成的图形面积（图 5-3）为

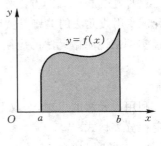

图 5-2

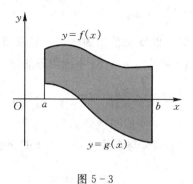

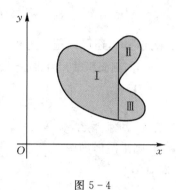

图 5 - 3

图 5 - 4

$$A = \int_a^b f(x)\mathrm{d}x - \int_a^b g(x)\mathrm{d}x = \int_a^b \big[f(x) - g(x)\big]\mathrm{d}x$$

更一般的,任意曲线所围成的平面图形,可以将其分割成几个部分,使每一个部分都能利用以上的公式来计算面积(图 5 - 4).

例 5.1   求由两条抛物线 $y = x^2$ 和 $y^2 = x$ 所围成图形的面积.

解   先求两曲线交点,为此,求解方程组 $\begin{cases} y^2 = x \\ y = x^2 \end{cases}$,得两个交点 $(0,0),(1,1)$.

选 x 为积分变量.则 x 的变化范围为 $[0,1]$.任取其上的一个微小区间 $[x,x+\mathrm{d}x]$,以它的长度 $\mathrm{d}x$ 为底,$\sqrt{x} - x^2$ 为高构成一个小矩形(图 5 - 5(a) 中的阴影部分),由于面积对区间具有可加性的,所以取小矩形的面积 $\mathrm{d}A = (\sqrt{x} - x^2)\mathrm{d}x$ 作为面积微元,故所求面积为

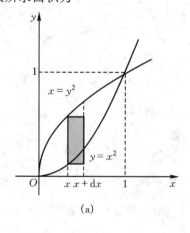

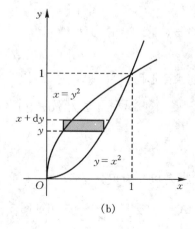

(a)

(b)

图 5 - 5

$$A = \int_0^1 (\sqrt{x} - x^2)\mathrm{d}x = \left[\frac{2}{3}x^{3/2} - \frac{1}{3}x^3\right]_0^1 = \frac{1}{3}$$

在解此题时,还可以选 y 为积分变量,此时 y 的变化范围为 $[0,1]$. 任取微小区间 $[y, y+\mathrm{d}y]$,则面积微元为 $\mathrm{d}A = [\sqrt{y} - y^2]\mathrm{d}y$(参见图 5-5(b) 中的阴影部分),因此

$$A = \int_0^1 (\sqrt{y} - y^2)\mathrm{d}y = \left[\frac{2}{3}y^{\frac{2}{3}} - \frac{1}{3}y^3\right]_0^1 = \frac{1}{3}$$

例 5.2　求抛物线 $y^2 = 2x$ 与直线 $y = x - 4$ 所围图形的面积.

解　画出图形如图 $5-6(a)$,求抛物线 $y^2 = 2x$ 与直线 $y = x - 4$ 的交点,得 $(2, -2), (8, 4)$.

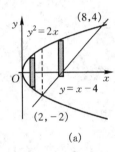 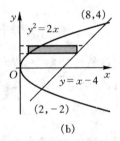

(a)　　　　　　　　　　　　　(b)

图 5-6

(1) 若以 x 为积分变量,则 x 的变化范围为 $[0,8]$. 由图 $5-6(a)$ 知所求图形的面积要分成两块面积来计算:

当 $x \in [0,2]$ 时,任取小区间 $[x, x+\mathrm{d}x]$,面积微元为

$$\mathrm{d}A = [\sqrt{2x} - (-\sqrt{2x})]\mathrm{d}x = 2\sqrt{2x}\mathrm{d}x$$

当 $x \in [2,8]$ 时,面积微元为

$$\mathrm{d}A = [(\sqrt{2x}) - (x-4)]\mathrm{d}x$$

因此所求图形面积为

$$A = \int_0^2 2\sqrt{2x}\mathrm{d}x + \int_2^8 (\sqrt{2x} - x + 4)\mathrm{d}x$$

$$= \frac{4\sqrt{2}}{3}x^{\frac{3}{2}}\Big|_0^2 + \left(\frac{2\sqrt{2}}{3}x^{\frac{3}{2}} - \frac{1}{2}x^2 + 4x\right)\Big|_2^8 = 18$$

(2) 若以 y 为积分变量,则 $y \in [-2, 4]$. 任取微小区间 $[y, y+\mathrm{d}y]$,则面积微元为 $\mathrm{d}A = \left[(y+4) - \frac{1}{2}y^2\right]\mathrm{d}y$(图 $5-6(b)$),因此,所求图形面积为

$$A = \int_{-2}^4 \left(y + 4 - \frac{1}{2}y^2\right)\mathrm{d}y = \left[\frac{1}{2}y^2 + 4y - \frac{1}{6}y^3\right]_{-2}^4 = 18$$

比较以上两种方法可以看出,选择 y 为积分变量要比选择 x 为积分变量简便得多.因此,应根据图形的具体形状合理选择积分变量以达到简化计算的目的.

例 5.3　求椭圆 $\dfrac{x^2}{a^2} + \dfrac{y^2}{b^2} = 1$ 所围图形的面积.

解　由于椭圆关于两个坐标轴都对称,所以整个椭圆的面积 A 为第一象限部分的面积 A_1 的四倍,即

$$A = 4A_1.$$

由椭圆方程 $\dfrac{x^2}{a^2} + \dfrac{y^2}{b^2} = 1$ 可得 $y = \dfrac{b}{a}\sqrt{a^2 - x^2}$,面积微元 $\mathrm{d}A = y\mathrm{d}x$(图 5-7),

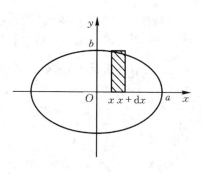

图 5-7

所以

$$A_1 = \int_0^a y\mathrm{d}x = \int_0^a \dfrac{b}{a}\sqrt{a^2 - x^2}\,\mathrm{d}x$$

由定积分的换元法,设 $x = a\cos t$,则 $\mathrm{d}x = -a\sin t\mathrm{d}t$,当 $x = 0$ 时 $t = \dfrac{\pi}{2}$,当 $x = a$ 时 $t = 0$,所以

$$A_1 = \int_{\frac{\pi}{2}}^0 b\sin t(-a\sin t)\mathrm{d}t = ab\int_0^{\frac{\pi}{2}} \sin^2 t\mathrm{d}t = ab\int_0^{\frac{\pi}{2}} \dfrac{1}{2}(1 - \cos 2t)\mathrm{d}t = \dfrac{1}{4}\pi ab$$

故椭圆面积为 $A = 4A_1 = \pi ab$.

注　由于椭圆在第一象限部分的参数方程为 $\begin{cases} x = a\cos t \\ y = b\sin t \end{cases}$ $\left(0 \leqslant t \leqslant \dfrac{\pi}{2}\right)$. 所以,在计算定积分时,可直接应用其参数方程,注意到当 x 从 0 变到 a 时,t 从 $\dfrac{\pi}{2}$ 变到 0,于是

$$A = 4\int_0^a y\mathrm{d}x = 4\int_{\frac{\pi}{2}}^0 b\sin t\mathrm{d}(a\cos t) = 4ab\int_0^{\frac{\pi}{2}} \sin^2 t\mathrm{d}t = \pi ab$$

可见,利用参数方程来求解此题更简便一些.

2. 极坐标

设 M 为平面上一点 M,在直角坐标系中,点的位置可以用一个二维有序数组 x,y 唯一的确定,其直角坐标表示为 (x, y).平面上的点 M 还可以用另一种有序数组 r,θ 来表示(如图 5-8),其中 r 为原点 O 到点 M 的距离,称为**极径**,θ 为 x 轴按逆时针方向转到线段 OM 的转角,称为**极角**.(r, θ) 称为点 M 的**极坐标**,坐标原点 O 称为**极点**,x 轴称为**极轴**.极坐标的相关内容可参见附录 Ⅱ.

直角坐标与极坐标的转化关系为

$$\begin{cases} x = r\cos\theta \\ y = r\sin\theta \end{cases} \text{ 或 } \begin{cases} r = \sqrt{x^2 + y^2} \\ \theta = \arctan\dfrac{y}{x} \end{cases}$$

有些曲线的方程用极坐标表示比较简单,如圆 $x^2 + y^2 = a^2$ 用极坐标表示为 $r = a$. 圆 $x^2 + y^2 = 2ax$ 的极坐标方程为 $r = 2a\cos\theta$. 直线 $y = x$ 的极坐标方程为 $\theta = \dfrac{\pi}{4}$. 在有些情况下,求平面图形的面积时,应用极坐标来计算会比较方便.

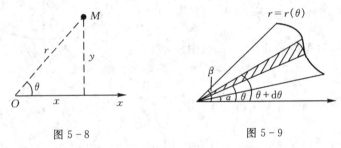

图 5 - 8　　　　　　　　　　　　图 5 - 9

设曲线由极坐标方程 $r = r(\theta)$ （$\alpha \leqslant \theta \leqslant \beta$）给出,其中 $r = r(\theta)$ 在$[\alpha, \beta]$上连续,现在要求由曲线$r = r(\theta)$ 及射线 $\theta = \alpha, \theta = \beta$ 所围成图形(称为**曲边扇形**)的面积(图 5 - 9).

选择极角 θ 为积分变量,它的变化区间为$[\alpha, \beta]$. 由于平面图形的面积在$[\alpha, \beta]$上具有可加性,在$[\alpha, \beta]$上任取微小区间$[\theta, \theta + \mathrm{d}\theta]$,在$[\theta, \theta + \mathrm{d}\theta]$内用不变的极径代替变化的极径,因此,该小区间的小曲边扇形面积可用半径为 $r = r(\theta)$、中心角为 $\mathrm{d}\theta$ 的小扇形面积近似代替,即得曲边扇形的面积微元

$$\mathrm{d}A = \frac{1}{2} r^2(\theta)\mathrm{d}\theta$$

在区间$[\alpha, \beta]$上作定积分,便得所求曲边扇形面积为

$$A = \int_\alpha^\beta \frac{1}{2} r^2(\theta)\mathrm{d}\theta$$

例 5.4　求阿基米德螺线 $r = a\theta(a > 0)$ 上极轴所围成的图形的面积.

解　可用描点的方法画出该曲线的图形,因为曲线 $r = a\theta$ 过点$(0, 0)$, $\left(\dfrac{\pi a}{2}, \dfrac{\pi}{2}\right)$, $(\pi a, \pi)$, $\left(\dfrac{3}{2}\pi a, \dfrac{3}{2}\pi\right)$, $(2\pi a, 2\pi)$,将这些点用光滑曲线连接起来,便得阿基米德螺线(图 5 - 10),这段

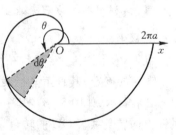

图 5 - 10

曲线上 θ 的变化区间为 $[0,2\pi]$。该平面图形是由曲线 $r=a\theta$ 和射线 $\theta=0,\theta=2\pi$ 围成的曲边扇形. 在 $[0,2\pi]$ 上任取微小区间 $[\theta,\theta+\mathrm{d}\theta]$, 相应的小曲边扇形面积的近似值,即面积微元为

$$\mathrm{d}A=\frac{1}{2}r^2\mathrm{d}\theta=\frac{1}{2}(a\theta)^2\mathrm{d}\theta$$

于是所求面积为

$$A=\int_0^{2\pi}\frac{1}{2}a^2\theta^2\mathrm{d}\theta=\frac{a^2}{2}\left[\frac{\theta^3}{3}\right]_0^{2\pi}=\frac{4}{3}a^2\pi^3$$

*例 5.5　求双纽线 $r^2=a^2\cos2\theta$ 所围平面图形的面积.

解　双纽线所围成的平面图形如图 5-11 所示. 由于该图形具有对称性,所求图形面积 A 是位于第一象限部分图形面积 A_1 的四倍. 对于第一象限部分的图形,θ 的变化区间为 $\left[0,\frac{\pi}{4}\right]$. 在 $\left[0,\frac{\pi}{4}\right]$ 上任取一个微小区间 $[\theta,\theta+\mathrm{d}\theta]$, 相应的窄曲边扇形的面积近似于半径为 $a\sqrt{\cos2\theta}$、中心角为 $\mathrm{d}\theta$ 的圆扇形面积. 于是,相应的面积微元为

$$\mathrm{d}A=\frac{1}{2}r^2\mathrm{d}\theta=\frac{1}{2}a^2\cos2\theta\mathrm{d}\theta$$

于是所求面积为 $A=4\int_0^{\frac{\pi}{4}}\mathrm{d}A=4\int_0^{\frac{\pi}{4}}\frac{1}{2}a^2\cos2\theta\mathrm{d}\theta=2a^2\left[\frac{1}{2}\sin2\theta\right]_0^{\frac{\pi}{4}}=a^2.$

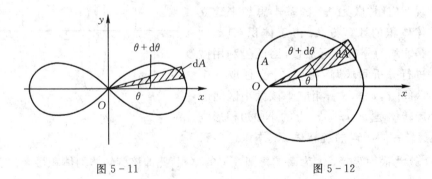

图 5-11　　　　　　　　　　　　　　　　　　　图 5-12

例 5.6　计算心形线 $r=a(1+\cos\theta)$ $(a>0)$ 所围图形的面积.

解　心形线所围成的图形如图 5-12 所示. 这个图形对称于极轴,因此所求图形的面积 A 是极轴以上部分图形面积 A_1 的两倍.

对于极轴以上部分的图形,θ 的变化区间为 $[0,\pi]$. 相应于 $[0,\pi]$ 上任取一个微小区间 $[\theta,\theta+\mathrm{d}\theta]$ 的窄曲边扇形的面积近似于半径为 $a(1+\cos\theta)$、中心角为 $\mathrm{d}\theta$ 的圆扇形面积. 从而得到相应的面积微元为

$$\mathrm{d}A = \frac{1}{2}r^2\mathrm{d}\theta = \frac{1}{2}a^2(1+\cos\theta)^2\mathrm{d}\theta$$

于是

$$A = 2\int_0^\pi \mathrm{d}A = a^2\int_0^\pi (1 + 2\cos\theta + \cos^2\theta)\mathrm{d}\theta$$

$$= a^2\int_0^\pi \left(\frac{3}{2} + 2\cos\theta + \frac{1}{2}\cos2\theta\right)\mathrm{d}\theta$$

$$= a^2\left[\frac{3\theta}{2} + 2\sin\theta + \frac{1}{4}\sin2\theta\right]_0^\pi = \frac{3}{2}\pi a^2$$

5.2.2　求体积

定积分还可以用于计算一些立体的体积,这里主要介绍旋转体体积的求法,通过例题简要介绍平行截面面积已知的立体体积的求法.所谓**旋转体**是指,由一个平面图形绕该平面内一条直线旋转一周而成的立体.这条直线称为**旋转轴**.例如,一个矩形绕它的一条边旋转一周得到的是圆柱,正圆锥可视为直角三角形绕其一条直角边旋转一周而成,球体可视为一个半圆绕其直径旋转一周而成.

设平面图形是由连续曲线 $y = f(x)$,直线 $x = a$,$x = b$ 及 x 轴围成的曲边梯形,将它绕 x 轴旋转一周得到一个旋转体(如图 5-13),试求这个旋转体的体积.

现在应用"微元法"的基本思想来建立旋转体体积的计算方法.由于体积在 $[a,b]$ 在上是非均匀分布的可加量,因此可利用微元法进行分析和求解.在 $[a,b]$ 上任取一个微小区间 $[x, x+\mathrm{d}x]$,相应于该微小区间的局部旋转体是 $[x, x+\mathrm{d}x]$ 上的小曲边梯形绕 x 轴旋转一周所得的旋转体,该体积近似于

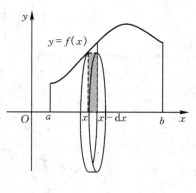

图 5-13

以 $f(x)$ 为底面半径,$\mathrm{d}x$ 为高的薄圆柱体的体积,此即该旋转体的体积微元

$$\mathrm{d}V = \pi f^2(x)\mathrm{d}x$$

因而所求旋转体的体积为

$$V = \pi\int_a^b f^2(x)\mathrm{d}x$$

例 5.7　求由曲线 $y = \sin x$,$y = 0$,$0 \leqslant x \leqslant \pi$ 围成图形绕 x 轴旋转一周所得旋转体的体积.

解　选取 x 为积分变量,x 的变化范围为 $[0,\pi]$.任取一个微小区间

$[x, x+\mathrm{d}x]$,相应于该微小区间的旋转
体体积的近似值为图 5 - 14 中所示小矩
形绕 x 轴旋转一周所得圆柱体体积,即
体积微元

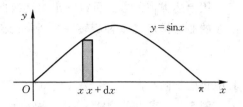

$$\mathrm{d}V = \pi y^2 \,\mathrm{d}x = \pi \sin^2 x \,\mathrm{d}x$$

则所求旋转体的体积为

$$V = \int_0^\pi \pi \sin^2 x \,\mathrm{d}x = 2\pi \int_0^{\frac{\pi}{2}} \sin^2 x \,\mathrm{d}x = \frac{1}{2}\pi^2$$

图 5 - 14

例 5.8　求由椭圆 $\dfrac{x^2}{a^2} + \dfrac{y^2}{b^2} = 1$ 绕 x 轴旋转一周所得旋转体的体积.

解　椭圆 $\dfrac{x^2}{a^2} + \dfrac{y^2}{b^2} = 1$ 绕 x 轴旋转一周所得旋转体的体积称为"旋转椭球体",

它是由上半椭圆 $y = \dfrac{b}{a}\sqrt{a^2 - x^2}$ 和 x 轴所围成的平面图形绕 x 轴旋转一周所得

到的旋转体.

选取 x 为积分变量,x 的变化范围为 $[-a, a]$. 任取微小区间 $[x, x+\mathrm{d}x]$,相应

于该微小区间的旋转体体积的近似值等于底半径为 $\dfrac{b}{a}\sqrt{a^2 - x^2}$,高为 $\mathrm{d}x$ 的薄圆

柱体体积(图 5 - 15),即体积微元为

$$\mathrm{d}V = \pi \frac{b^2}{a^2}(a^2 - x^2)\,\mathrm{d}x$$

所求旋转体的体积为

$$V = \int_{-a}^a \pi \frac{b^2}{a^2}(a^2 - x^2)\,\mathrm{d}x = 2\pi \frac{b^2}{a^2}\int_0^a (a^2 - x^2)\,\mathrm{d}x$$

$$= 2\pi \frac{b^2}{a^2}\left(a^2 x - \frac{1}{3}x^3\right)\Big|_0^a = \frac{4}{3}\pi ab^2$$

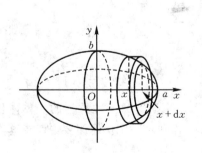

图 5 - 15

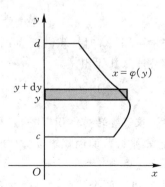

图 5 - 16

用上述类似的方法可以求出由连续曲线 $x = \varphi(y)$，直线 $y = c, y = d$ 及 y 轴围成的曲边梯形绕 y 轴旋转一周所得的旋转体(图 5-16) 体积为

$$V = \pi \int_c^d \varphi^2(y)\mathrm{d}y$$

其中相应于微小区间 $[y, y+\mathrm{d}y]$ 的体积微元为 $\mathrm{d}V = \pi\varphi^2(y)\mathrm{d}y$.

例 5.9　求由抛物线 $y = x^2$ 和 $y = 2 - x^2$ 围成的平面图形分别绕 x 轴和 y 轴旋转一周所得旋转体的体积.

解　先作两条抛物线的图形(图 5-17)，由联立方程组 $\begin{cases} y = x^2 \\ y = 2 - x^2 \end{cases}$ 解出它们的交点 $(-1,1)$ 为和 $(1,1)$.

（1）求该图形绕 x 轴一周所得到的旋转体体积.

选 x 为积分变量，x 的变化范围为 $[-1,1]$. 任取微小区间 $[x, x+\mathrm{d}x]$，则相应的旋转体的体积微元为

$$\mathrm{d}V_x = \pi[(2-x^2)^2 - x^4]\mathrm{d}x$$

考虑到图形对 y 轴对称，故所求体积为

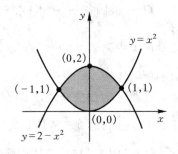

图 5-17

$$
\begin{aligned}
V_x &= 2\int_0^1 \pi[(2-x^2)^2 - x^4]\mathrm{d}x \\
&= 2\pi\int_0^1 (4-4x^2)\mathrm{d}x \\
&= 8\pi\left(x - \frac{1}{3}x^3\right)\Big|_0^1 = \frac{16}{3}\pi
\end{aligned}
$$

（2）求该图形绕 y 轴旋转一周所得到的旋转体体积.

选 y 为积分变量，y 的变化范围为 $[0,2]$. 任取微小区间 $[y, y+\mathrm{d}y]$，则当 $y \in [0,1]$ 时体积微元为

$$\mathrm{d}V_y = \pi(\sqrt{y})^2\mathrm{d}y = \pi y\mathrm{d}y$$

当 $y \in [1,2]$ 时体积微元为 $\mathrm{d}V_y = \pi(\sqrt{2-y})^2\mathrm{d}y = \pi(2-y)\mathrm{d}y$，因此要分成两个部分计算其体积，

$$V_y = \int_0^1 \pi y\mathrm{d}y + \int_1^2 \pi(2-y)\mathrm{d}y = \pi\left(\frac{1}{2}y^2\right)\Big|_0^1 + \pi\left(2y - \frac{1}{2}y^2\right)\Big|_1^2 = \pi.$$

除了求解旋转体体积以外，定积分还可以用来研究另一种类型的立体体积问题，即已知平行截面面积求立体体积的问题. 下面通过一个例题简要说明求这类体积的微元法思想.

例 5.10　两个截面将半径为 R 的圆柱体截出一段立体，其中一个截面为坐标面 xOy，另一个是斜截面，它经过 x 轴，并与底面交成 α 角(如图 5-18)，求截得立

体的体积.

解 设圆柱体底圆的方程为 $x^2 + y^2 = R^2$. 选 x 为积分变量,在区间$[0, R]$上任一点 x 处取一个微小区间$[x, x + \mathrm{d}x]$,立体中过 x 轴上一点 x 且垂直于 x 轴 的截面是一个直角三角形,它的两条直角边的长分别为 $\sqrt{R^2 - x^2}$ 及 $\sqrt{R^2 - x^2}\tan\alpha$,因而截面面积 $A(x)$ 为

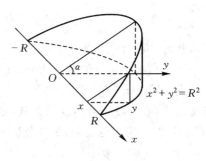

$$A(x) = \frac{1}{2}(R^2 - x^2)\tan\alpha$$

图 5 - 18

此时,立体中相应于该微小区间的小薄片体积近似等于底面积为 $A(x)$,高为 $\mathrm{d}x$ 的柱体体积,即体积微元为

$$\mathrm{d}V = A(x)\mathrm{d}x = \frac{1}{2}(R^2 - x^2)\tan\alpha\mathrm{d}x$$

故该立体体积为

$$V = \int_{-R}^{R} A(x)\mathrm{d}x = \int_{-R}^{R} \frac{1}{2}(R^2 - x^2)\tan\alpha\mathrm{d}x$$

再由对称性

$$V = 2\int_{0}^{R} \frac{1}{2}(R^2 - x^2)\tan\alpha\mathrm{d}x = \tan\alpha\left[R^2 x - \frac{1}{3}x^3\right]_{0}^{R} = \frac{2}{3}R^3\tan\alpha$$

5.2.3 求平面曲线的弧长

我们知道,可以将圆的内接或外切正多边形的周长作为圆周长的近似值,正多边形的边数 n 越大,近似程度越高,当 $n \to \infty$ 时,就得到了圆周长的精确值. 这里充分反映了极限的思想,而这种求圆周长的方法实际上就是微元法的思想. 下面我们用微元法的思想来分析和解决求平面曲线弧长的问题.

设有一段平面曲线弧$\overparen{AB}$,在弧$\overparen{AB}$上插入分点 $A = M_0, M_1, M_2, \cdots, M_{n-1}$, $M_n = B$,并依次连接相邻的分点得到一条内接的折线(图 5 - 19). 若曲线弧$\overparen{AB}$的弧长为 s,则 $s \approx \sum_{i=1}^{n} |M_{i-1}M_i|$,其中 $|M_{i-1}M_i|(i = 1, 2, \cdots, n)$ 为连接 M_{i-1} 与

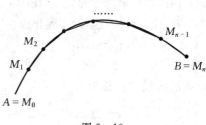

图 5 - 19

M_i 线段的长度. 记 $\lambda = \max(\mid M_0M_1\mid, \mid M_1M_2\mid, \cdots, \mid M_{n-1}M_n\mid)$, 若极限 $\lim\limits_{\lambda \to 0} \sum\limits_{i=1}^{n} \mid M_{i-1}M_i\mid$ 存在, 则此极限值即为曲线弧 $\overset{\frown}{AB}$ 的**弧长**, 这时也称此曲线弧是**可求长的**. 可以证明, 光滑曲线是可求长的.

下面利用定积分的微元法来讨论平面光滑曲线弧长的计算公式.

设函数 $f(x)$ 在区间 $[a,b]$ 上有一阶连续导数, 即曲线 $y = f(x)$ 是 $[a,b]$ 上的光滑曲线, 求此段光滑曲线的弧长. 如图 5-20 所示, 取 x 为积分变量, 其变化区间为 $[a,b]$, 在其上任取一微小区间 $[x,x+\mathrm{d}x]$, 相应于该微小区间的小弧段的长度近似等于该曲线在点 $(x,f(x))$ 处的切线上相应的一小段线段 PT 的长度

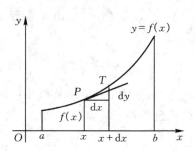

$$\mid PT\mid = \sqrt{(\mathrm{d}x)^2+(\mathrm{d}y)^2} = \sqrt{1+(y')^2}\mathrm{d}x$$

将其视为弧长微元(称为**弧微分**)

$$\mathrm{d}s = \sqrt{1+(y')^2}\mathrm{d}x$$

图 5-20

则所求光滑曲线的弧长为

$$s = \int_a^b \sqrt{1+f'^2(x)}\mathrm{d}x$$

若曲线方程由参数方程 $\begin{cases} x = x(t) \\ y = y(t) \end{cases} (\alpha \leqslant t \leqslant \beta)$ 给出, 其中 $x(t), y(t)$ 在 $[\alpha,\beta]$ 上具有一阶连续导数, 则可得到弧长微元

$$\mathrm{d}s = \sqrt{(\mathrm{d}x)^2+(\mathrm{d}y)^2} = \sqrt{x'^2(t)+y'^2(t)}\mathrm{d}t$$

所求光滑曲线的弧长为

$$s = \int_\alpha^\beta \sqrt{x'^2(t)+y'^2(t)}\mathrm{d}t$$

若曲线由极坐标方程 $r = r(\theta)$ $(\alpha \leqslant \theta \leqslant \beta)$ 给出, 其中 $r(\theta)$ 在 $[\alpha,\beta]$ 上具有一阶连续导数, 此时可把极坐标方程化成参数方程

$$\begin{cases} x = r(\theta)\cos\theta \\ y = r(\theta)\sin\theta \end{cases} (\alpha \leqslant \theta \leqslant \beta)$$

所求光滑曲线的弧长为

$$s = \int_\alpha^\beta \sqrt{x'^2(\theta)+y'^2(\theta)}\mathrm{d}\theta = \int_\alpha^\beta \sqrt{r^2(\theta)+r'^2(\theta)}\mathrm{d}\theta$$

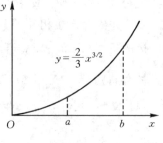

例 5.11　求曲线 $y = \dfrac{2}{3}x^{3/2}$ 上相应于 x 从 a 到 b 的一段弧的长度(图 5-21).

图 5-21

解　由于 $y' = \sqrt{x}$，所以弧长微元为

$$\mathrm{d}s = \sqrt{1+(y')^2}\,\mathrm{d}x = \sqrt{1+x}\,\mathrm{d}x$$

所求弧段长度为

$$s = \int_a^b \sqrt{1+x}\,\mathrm{d}x = \left[\frac{2}{3}(1+x)^{3/2}\right]_a^b = \frac{2}{3}\left[(1+b)^{3/2} - (1+a)^{3/2}\right]$$

例 5.12　求星形线 $\begin{cases} x = a\cos^3 t \\ y = a\sin^3 t \end{cases}$ 的全长.

解　星形线的图形如图 5-22 所示. 因为 $x' = -3a\cos^2 t\sin t$，$y' = 3a\sin^2 t\cos t$，因此弧长微元为

$$\mathrm{d}s = \sqrt{x'^2(t) + y'^2(x)} = 3a\sqrt{\cos^2 t\sin^2 t} = 3a\,|\sin t\cos t|$$

根据对称性，所求弧长等于第一象限内弧长的 4 倍. 于是所求弧长为

$$s = 4\int_0^{\frac{\pi}{2}} \sqrt{x'^2(t) + y'^2(t)}\,\mathrm{d}t = 4\int_0^{\frac{\pi}{2}} 3a\,|\sin t\cos t|\,\mathrm{d}t$$

$$= 6a\int_0^{\frac{\pi}{2}} \sin 2t\,\mathrm{d}t = 6a$$

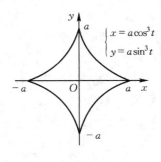

图 5-22

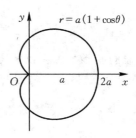

图 5-23

例 5.13　求心形线 $r = a(1+\cos\theta)\,(a > 0)$ 的周长.

解　由于 $r' = -a\sin\theta$，所以弧长微元为

$$\mathrm{d}s = a\sqrt{(1+\cos\theta)^2 + \sin^2\theta}\,\mathrm{d}\theta = a\sqrt{2+2\cos\theta}\,\mathrm{d}\theta$$

心形线的图形如图 5-23 所示，它关于极轴 Ox 对称，故所求周长等于它在 $[0,\pi]$ 上的弧长的 2 倍，即

$$s = 2\int_0^\pi a\sqrt{2+2\cos\theta}\,\mathrm{d}\theta = 4a\int_0^\pi \cos\frac{\theta}{2}\,\mathrm{d}\theta = 8a\left[\sin\frac{\theta}{2}\right]_0^\pi = 8a$$

习题 5-2

1. 求下列曲线所围成的图形的面积;

(1)$y = \sqrt{x}, y = 0, x = 4$;　　　　(2)$y = x^2, 4y = x^2$ 及 $y = 1$;

(3)$y = \dfrac{1}{x}, y = x$ 及 $x = 2$;　　　(4)$y = e^x, y = e^{-x}, x = 1$;

(5)$r = 2a\cos\theta$;　(6)$x = a(t - \sin t), x = a(1 - \cos t)$　$(0 \leqslant t \leqslant 2\pi), y = 0$.

2. 抛物线 $y^2 = ax(a > 0)$ 与 $x = 1$ 所围面积为 $\dfrac{4}{3}$,求 a.

3. 设 $y = x^2, x \in [0, 1]$. 问 t 取何值时,图中的阴影部分的面积 S_1 与 S_2 之和 S 取最小值和最大值?并求最小值和最大值.

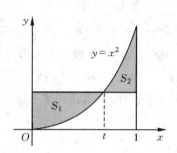

第 3 题图

4. 求位于曲线 $y = e^x$ 的下方,该曲线过原点的切线的左方以及 y 轴右方之间的图形的面积.

5. 设曲线 $y = 1 - x^2, x \in [0, 1]$ 与 x 轴、y 轴围成图形被曲线 $y = ax^2$ 分为面积相等的两部分,其中 a 是大于零的常数,试确定 a 的值.

6. 求由曲线 $y = x^3, x = 2, y = 0$ 所围成图形分别绕 x 轴及 y 轴旋转所得的旋转体体积.

7. 求由曲线 $y = \sqrt{x}, x = 1, x = 4, y = 0$ 所围成图形分别绕 x 轴及 y 轴旋转所得的旋转体体积.

8. 一容器内壁形状为由抛物线 $y = x^2$ 绕 y 轴旋转而成的曲面,此容器原装有水 $8\pi(\text{cm}^3)$,再注入 $64\pi(\text{cm}^3)$ 的水,问容器的水面升高多少?

*9. 求由直线 $x = \dfrac{1}{2}$ 与抛物线 $y^2 = 2x$ 围成图形绕 $y = 1$ 轴旋转一周所得旋转体的体积.

10. 求曲线 $y = \ln x$ 上相应于 $\sqrt{3} \leqslant x \leqslant \sqrt{8}$ 上一段弧的弧长.

11. 求曲线 $y = \dfrac{1}{3}\sqrt{x}(3 - x)$ 上相应于 $1 \leqslant x \leqslant 3$ 上一段弧的弧长.

12. 求曲线 $x = \arctan t, y = \dfrac{1}{2}\ln(1 + t^2)$ 上相应于 $0 \leqslant t \leqslant 1$ 的一段弧的弧长.

13. 求曲线 $r\theta = 1$ 相应于自 $\theta = \dfrac{3}{4}$ 到 $\theta = \dfrac{4}{3}$ 的一段弧的弧长.

5.3　定积分的物理应用

定积分的微元法在物理学的各个领域内也有着非常广泛的应用,本节通过例题加以介绍.希望读者通过这些例题,能够更深入的理解微元法在解决实际问题时的基本思路和基本方法,达到举一反三的目的,为今后的专业学习打下良好的基础.

5.3.1　变力沿直线所做的功

由物理学知,如果物体在恒力 F 的作用下沿力的方向移动了 s,则力 F 所做的功为 $W = F \cdot s$.

当物体在变力 $F(x)$ 的作用下做直线运动时,力 $F(x)$ 所做的功就不能直接用 $W = F \cdot x$ 表示.由于功是力在路程上对物体作用的累积效应,也就是说,对于一段直线路程来说,力所做的功是具有"可加性",因此可用定积分来计算.显然,当 $F(x)$ 连续时,由于力是变量,因此功在区间 $[a,b]$ 上是非均匀连续变化的,在小区间 $[x, x + \mathrm{d}x]$ 可认为所受的力为常力,则功的微元(物理学上常称之为元功)为 $\mathrm{d}W = F(x)\mathrm{d}x$,所以物体沿直线从 $x = a$ 运动到 $x = b$ 时,力 $F(x)$ 所做的功为 $W = \int_a^b F(x)\mathrm{d}x$.下面通过具体例子说明如何计算变力所做的功.

例 5.14　一弹簧受到外力作用,已知在受到 1 kg 的外力时,弹簧被拉伸了 0.5 cm,问将弹簧在弹性范围内拉伸 5 cm 需要做多少功?

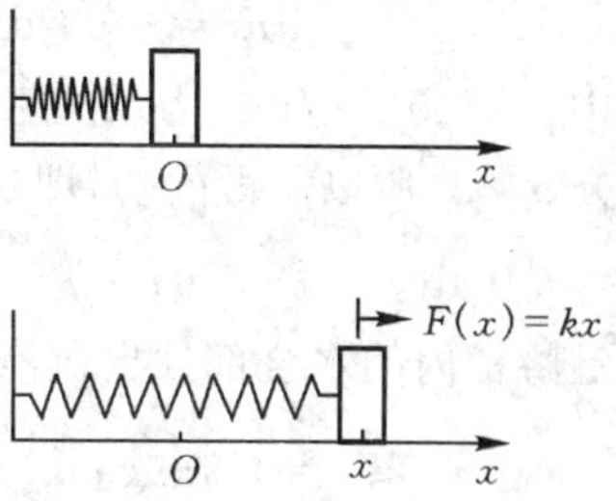

解　设弹簧拉伸 x 时所受到的力为 $F(x)$,则根据胡克定律,有 $F(x) = kx$. 当 $x = 0.05$ m 时,$F = 9.8$ N,代入上式得 $k = 1960$ N/m. 于是,有

$$F(x) = 1960x$$

取 x 轴如图 5-24 所示,其中坐标原点 O 为弹簧平衡的初始位置.从而当弹簧被拉伸到 5 cm 时,外力所做的功为

$$W = \int_0^{0.05} 1960x\mathrm{d}x = 2.45(\mathrm{J})$$

图 5-24

例 5.15　将一个电量为 q 的正电荷放在 x 轴的坐标原点处(如图 5-25),它产生的电场将对周围的电场有作用力.试求将一个单位点电荷从 $x = a$ 处沿 x 轴移动到 $x = b$ 处时,电场力所做的功.

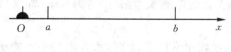

图 5-25

解 由物理学知道,如果一个单位点电荷位于 x 处,则电场对它的作用力的大小为

$$F(x) = k \cdot \frac{q}{x^2}$$

当单位点电荷移动时,电场力在不断变化,而单位点电荷移动 $\mathrm{d}x$ 时,电场力做功的微元为 $\mathrm{d}W = F(x)\mathrm{d}x = k \cdot \frac{q}{x^2}\mathrm{d}x$. 于是,单位点电荷从 $x = a$ 处沿 x 轴移动到 $x = b$ 处所作的功可由定积分求得

$$W = \int_a^b k \cdot \frac{q}{x^2}\mathrm{d}x = \left(-\frac{kq}{x}\right)\Big|_a^b = kq\left(\frac{1}{a} - \frac{1}{b}\right)$$

例 5.16 有一半径为 3 m,高为 5 m 的圆柱形蓄水桶,桶内装满了水,若把桶内水全部抽出,需要做多少功?

解 取 x 轴如图 5-26,以 x 为积分变量,则 $x \in [0, 5]$,在 $[0,5]$ 上任取一小区间 $[x, x + \mathrm{d}x]$,该小区间上对应的一薄层水重力为

$$\mathrm{d}F = \pi \cdot 3^2 \mathrm{d}x \cdot \mu \cdot g \text{ N}$$

其中 $\mu = 10^3 \text{ kg/m}^3$,为水的密度,将这薄层水抽出桶口要提升 x m,所以需做的功,即功的微元为

$$\mathrm{d}W = \pi \cdot 3^2 \mathrm{d}x \cdot \mu \cdot g\, x = 9\pi\mu g x\, \mathrm{d}x \text{ kJ}$$

于是将桶内的水全部抽出所需要做的功为

$$W = \int_0^5 9\pi\mu g x \, \mathrm{d}x \approx 3461.85 \text{ kJ}.$$

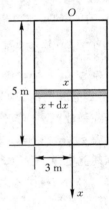

图 5-26

5.3.2 水压力

由物理学知,在水深 h 处的压强为 $p = \mu g h$ (μ 为水密度,g 为重力加速度). 若有一面积为 A 的平板水平地放置在水深为 h 处,则平板一侧所受的水压力为

$$P = p \cdot A = \mu g h A$$

若平板铅直地放置在水中,则由于水深不同点处的压强不同,平板一侧所受的水压力就不能用上式计算,此时需要用定积分来解决.

例 5.17 有一个直立的矩形水库闸门,宽为 8 m,高为 12 m,其上边线与水面平行.

(1) 求当闸门上边线露出水面 2 m 时,水对闸门一侧的压力 P_1;

(2) 为了检验闸门的承压能力,将闸门放入水面之下,试问水面高出上边线多少时,闸门所受压力的大小为 $3P_1$.

解　取 x 轴如图 5 - 27 所示,取 x 为积分变量.

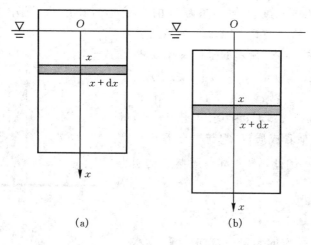

(a)　　　　　　　　　　　　(b)

图 5 - 27

(1) $x \in [0,10]$,压力在 $[0,10]$ 上是非均匀分布的,它具有可加性.在 $[0,10]$ 上任取一小区间 $[x,x+\mathrm{d}x]$,该小区间上所受的水压力微元为

$$\mathrm{d}P_1 = \mu g x \cdot 8 \mathrm{d}x$$

于是整个闸门所受水压力为

$$P_1 = \int_0^{10} 8\mu g x \,\mathrm{d}x = 400\mu g = 3920(\mathrm{N}) = 3.92(\mathrm{kN})$$

(2) 设水面高出闸门上边线 $h(\mathrm{m})$,则 $x \in [h,12+h]$,此时于是整个闸门所受水压力为

$$P = \int_h^{12+h} 8\mu g x \,\mathrm{d}x = \frac{1}{2} \times 8\mu g [(12+h)^2 - h^2]$$

$$= 96\mu g(6+h)$$

由已知　　　　　　　　　　$96\mu g(6+h) = 3 \times 400\mu g$

即　　　　　　　　　　　　　$h = 6.5(\mathrm{m})$

5.3.3　引力

根据万有引力定律,质量分别为 m、M 的质点间的万有引力为 $F = G\dfrac{mM}{r^2}$,其中 r 为两质点的距离,G 为万有引力系数.若要计算一根细棒对一个质点的引力,由于细棒不能看成质点,细棒上各点与该质点的距离是变化的,各点对该质点的引力方向也是不同的,因此不能直接应用万有引力定律,但是可以通过定积分的微元法

来计算.

例 5.18　有一长度为 $2l$,质量为 M 的均匀细棒,在它的一侧中垂线上距棒 a 处有一质量为 m 的质点 P,求细棒对质点的引力.

解　建立图 5-28 所示的坐标系,使细棒位于 x 轴上,质点位于 y 轴上,棒的中点为原点 O.

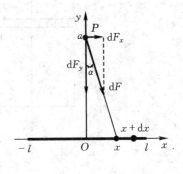

以 x 为积分变量,则 $x \in [-l, l]$,在该区间上任取一小区间 $[x, x+\mathrm{d}x]$,细棒上对应于 $[x, x+\mathrm{d}x]$ 的一段可近似看成质点,它与质点 P 的距离近似为 $\sqrt{x^2 + a^2}$,因此该段细棒对质点 P 的引力大小为

$$\Delta F \approx G \frac{m}{x^2 + a^2} \cdot \frac{M}{2l}\mathrm{d}x$$

图 5-28

将 ΔF 分别沿水平方向和铅直方向分解,则水平分力 F_x 和铅直分力 F_y 的微元分别为

$$\mathrm{d}F_x = G \frac{m}{x^2 + a^2} \cdot \frac{M}{2l}\mathrm{d}x \cdot \sin\alpha = G \frac{mx}{(x^2 + a^2)^{3/2}} \cdot \frac{M}{2l}\mathrm{d}x$$

$$\mathrm{d}F_y = -G \frac{m}{x^2 + a^2} \cdot \frac{M}{2l}\mathrm{d}x \cdot \cos\alpha = -G \frac{ma}{(x^2 + a^2)^{3/2}} \cdot \frac{M}{2l}\mathrm{d}x$$

由对称性知 $F_x = 0$.而细棒对质点 P 的引力的垂直分力 F_y 为

$$F_y = -\int_{-l}^{l} G \frac{ma}{(x^2 + a^2)^{3/2}} \cdot \frac{M}{2l}\mathrm{d}x = -\frac{2GmM}{a\sqrt{a^2 + l^2}}$$

因此,细棒对质点 P 的引力大小为

$$F = F_y = -\int_{-l}^{l} G \frac{ma}{(x^2 + a^2)^{3/2}} \cdot \frac{M}{2l}\mathrm{d}x = -\frac{2GmM}{a\sqrt{a^2 + l^2}}$$

上式中的负号表示引力的方向与 y 轴正方向相反,即垂直于细棒且由 P 指向细棒中心.

注　从本题的求解过程可知,由于引力是向量,为了方便求解,将其向两个坐标轴方向分解,使其变为标量,分解后的分力在区间 $[-l, l]$ 上是非均匀变化的,且具有可加性,因此,可以利用微元法求解.

本节通过例题说明了定积分的微元法在计算功、水压力、引力时的应用. 实际上,定积分的微元法在计算其它许多物理量时,都有着广泛的应用.无论是什么样的物理量,只要具有"可加性",都可以先取自变量的微元,然后利用微元法将其转化为定积分进行计算.读者将会在大学物理课程以及其它专业课程和实际问题中见到大量的此类问题.

*5.3.4　其它应用

例 5.19　一质量为 m，长度为 l 的均匀细棒，绕其一端以角速度 ω 旋转，求其具有的动能.

解　由物理学知道，一质量为 m，运动速度为 v 的质点所具有的动能为

$$E = \frac{1}{2}mv^2$$

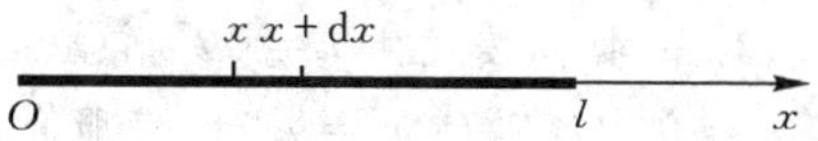

建立如图 5-29 所示坐标系，使棒在 x 轴上且一端为坐标原点.

图 5-29

任取一个小区间 $[x, x + \mathrm{d}x]$，在这个小区间上可近似认为细棒的密度是常量，于是，其质量为

$$\mathrm{d}m = \mu\mathrm{d}x = \frac{m}{l}\mathrm{d}x$$

由于细棒上各点的速度是随 x 非均匀变化的，这时，可以将细棒上一小段 $[x, x + \mathrm{d}x]$ 近似看作质点，运动速度近似为 $v = \omega x$，从而其动能微元为

$$\mathrm{d}E = \frac{1}{2}\frac{m}{l}\mathrm{d}x(\omega x)^2 = \frac{m\omega^2 x^2}{2l}\mathrm{d}x$$

于是所具有的动能为 $E = \displaystyle\int_0^l \frac{m\omega^2 x^2}{2l}\mathrm{d}x = \frac{1}{6}m\omega^2 l^2$.

例 5.20　一质量为 m 的质点，对一固定轴的转动惯量是 mr^2，其中 r 为质点到转轴的垂直距离. 现有一质量为 M，半径为 R 的均匀圆盘，求它对直径的转动惯量.

解　建立如图所示坐标系（图 5-30）. 使坐标原点在圆心，y 轴过直径，计算对 y 轴的转动惯量.

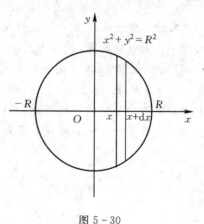

图 5-30

选 x 为积分变量，变化区间 $[-R, R]$，转动惯量在 $[-R, R]$ 是非均匀变化的，因此，可在 $[-R, R]$ 上任取小区间 $[x, x + \mathrm{d}x]$，圆盘上相应于该小区间的是一窄条，近似认为窄条到 y 轴的距离是 $|x|$，窄条看作是高为 $2\sqrt{R^2 - x^2}$，宽为 $\mathrm{d}x$ 的矩形. 圆盘是均匀的，密度为 $\mu = \dfrac{M}{\pi R^2}$，因而对 y 轴的转动惯量微元为

$$\mathrm{d}I = mr^2 = \frac{2M}{\pi R^2}\sqrt{R^2 - x^2}\mathrm{d}x \cdot x^2$$

于是对 y 轴的转动惯量为

$$I = \int_{-R}^{R} 2 \frac{M}{\pi R^2} x^2 \sqrt{R^2 - x^2} \, \mathrm{d}x$$

$$= \frac{4M}{\pi R^2} \int_0^R x^2 \sqrt{R^2 - x^2} \, \mathrm{d}x = \frac{MR^2}{4}$$

习题 5 - 3

1. 一物体按规律 $x = c t^3$ 作直线运动，介质的阻力与速度的平方成正比，求物体 $x = 0$ 由移动到 $x = a$ 时，克服介质阻力所做的功．

2. 试求将一质量为 m 的物体从地球表面移到距离地球无穷远处需做的功（设地球质量为 M）．

3. 设有一个半径为 R 的平面圆板，其面密度为 $\mu = 4\rho^3 + 3\rho$，其中 ρ 为圆板上的点到圆板中心的距离，求该圆板的质量．

4. 有一圆台形蓄水池，上、下底面的直径分别为 20 m，10 m，深 5 m，池内盛满了水，将池内的水全部抽出需要做多少功？

5. 用铁锤将一铁钉击入木板，设木板对铁钉的阻力与铁钉击入木板的深度成正比，在击第一次时，将铁钉击入木板 1 cm．如果铁锤每次打击铁钉所做的功相等，问锤击第二次时，铁钉又击入多少？

6. 一底为 8 cm，高为 6 cm 的等腰三角形薄片，铅直地沉没在水中，顶在上，底在下且与水面平行，而顶离水面 3 cm，求它一面所受水的压力．

7. 有一长度为 l，质量为 M 的均匀细棒，在它一端垂线上距棒 a 处有一质量为 m 的质点 M，求细棒对质点的引力．

8. 设曲线 $y = x^2$ 上每一点处的线密度等于该点的横坐标，求在 $x = 0$ 到 $x = 1$ 之间一段曲线的质量．

*9. 由物理学知，质量为 m 的质点，对一固定轴的转动惯量为是 $I_x = mr^2$，其中 r 为质点到轴 x 的距离．试求：(1) 质量为 M，长度为 L 的均质直杆对过其端点且与直杆垂直的 x 轴的转动惯量 I_x；(2) 质量为 M，半径为 R 的均匀圆盘对过其中心且与圆盘垂直的 z 轴的转动惯量 I_z．

第6章 微分方程

微积分研究的是客观事物内在的函数关系. 但在实际问题中, 往往很难直接找出所研究的变量之间的函数关系, 却比较容易建立起这些变量与它们的导数或微分之间的关系, 这样的关系就是所谓的微分方程. 例如, 人口的增长、电磁波的传播、物体的冷却等实际问题都可以归结为微分方程问题. 建立微分方程, 对它进行研究, 找出满足该方程的未知函数就是所谓解微分方程. 因此, 微分方程是数学联系实际, 应用于实际的重要途径和桥梁, 为各学科的研究提供了强有力的数学工具. 本章主要介绍微分方程的基本概念以及几种常用微分方程的求解方法.

6.1 微分方程的基本概念

一般地, 含有自变量、未知函数以及未知函数导数 (或微分) 的方程称为**微分方程**. 首先来看两个实际问题.

例 6.1 设一曲线通过坐标原点, 且该曲线上任意一点 $M(x, y)$ 处的切线斜率为 $2x + y$, 求该曲线方程所满足的微分方程.

解 设所求曲线方程为 $y = y(x)$, 则根据导数的几何意义可知, 函数 $y = y(x)$ 应满足的微分方程为

$$\frac{\mathrm{d}y}{\mathrm{d}x} = 2x + y \tag{6.1}$$

根据题意, $y = y(x)$ 还应该满足条件

$$y\big|_{x=0} = 0 \tag{6.2}$$

例 6.2 设降落伞在下落过程中所受空气阻力与速度成正比, 并设初始速度为零. 建立降落伞下落速度与时间之间的微分方程.

解 设降落伞下落速度为 $v(t)$. 降落伞在空中下落时, 同时受到重力 P 与阻力 R 的作用 (图 6-1). 重力大小为 mg, 方向与 v 一致; 阻力大小为 kv (k 为比例系数), 方向与 v 相反, 从而降落伞所受外力为

$$F = mg - kv$$

根据牛顿第二运动定律

$$F = ma$$

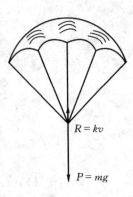

其中 a 为加速度，则速度函数 $v(t)$ 应满足的方程为

$$m \frac{\mathrm{d}v}{\mathrm{d}t} = mg - kv \qquad (6.3)$$

按题意，速度函数 $v(t)$ 还应满足条件

$$v(t)\Big|_{t=0} = 0 \qquad (6.4)$$

设降落伞下降位移函数为 $x(t)$，注意到速度函数与

位移函数的关系为 $v = \dfrac{\mathrm{d}x}{\mathrm{d}t}$，于是位移函数 $x(t)$ 应满足下

图 6-1

列微分方程

$$m \frac{\mathrm{d}^2 x}{\mathrm{d}t^2} = mg - k \frac{\mathrm{d}x}{\mathrm{d}t} \qquad (6.5)$$

若选择开始下降点为坐标原点，则位移函数 $x(t)$ 还应满足条件

$$x(t)\Big|_{t=0} = 0 \qquad (6.6)$$

在上面两个例子中所得到的关系式(6.1)、(6.3)和(6.5)都是微分方程. 如果未知函数是一元函数，称为**常微分方程**；若未知函数是多元函数，则称为**偏微分方程**. 本章只讨论常微分方程.

微分方程中未知函数的最高阶导数的阶数称为微分方程的**阶**. 例如，方程(6.1)、(6.3)都是一阶微分方程；方程(6.5)是二阶微分方程. 又如，方程

$$x^4 y''' + 2xy'' - 3xyy' - y = 3x^2$$

是三阶微分方程. 一般地，n 阶微分方程的形式是

$$F(x, y, y', y'', \cdots, y^{(n)}) = 0 \qquad (6.7)$$

其中 x 是自变量，$y = y(x)$ 是未知函数. 需要指出的是，在方程(6.7)中，$y^{(n)}$ 必须出现，而其它变量则可以不出现. 例如在 n 阶微分方程 $y^{(n)} + 1 = 0$ 中，除了 $y^{(n)}$ 外，其他变量都没有出现.

如果方程(6.7)可表示为如下形式：

$$y^{(n)} + a_1(x) y^{(n-1)} + \cdots + a_{n-1}(x) y' + a_n(x) y = g(x) \qquad (6.8)$$

则称方程(6.8)为 **n 阶线性微分方程**，其中 $a_1(x), a_2(x), \cdots, a_n(x)$ 和 $g(x)$ 均为自变量 x 的已知函数. 线性微分方程的特点是，方程中所包含的未知变量 y 及其各阶导数都是一次的. 如果微分方程不能表示成(6.8)的形式，则称为**非线性微分方程**.

例 6.3　指出下列微分方程的阶数，并说明是什么方程.

(1) $x \dfrac{\mathrm{d}y}{\mathrm{d}x} = y - x^3$　　　(2) $2x \dfrac{\mathrm{d}^2 y}{\mathrm{d}x^2} + x^2 \dfrac{\mathrm{d}y}{\mathrm{d}x} + 3y = \sin x$

(3) $2x \dfrac{\mathrm{d}^2 y}{\mathrm{d}x^2} + x^2 \left(\dfrac{\mathrm{d}y}{\mathrm{d}x}\right)^2 + 3y = \sin x$　　　(4) $\sin(y'') + \cos y + xy = x$

解　(1) 该方程是一阶线性微分方程,因为方程中所含的 y 和 $\dfrac{\mathrm{d}y}{\mathrm{d}x}$ 都是一次的;

(2) 该方程是二阶线性微分方程,因为方程中所含的 y 和 $\dfrac{\mathrm{d}y}{\mathrm{d}x}$、$\dfrac{\mathrm{d}^2 y}{\mathrm{d}x^2}$ 都是一次的;

(3) 该方程是二阶非线性微分方程,因为方程中包含 $\dfrac{\mathrm{d}y}{\mathrm{d}x}$ 的平方项;

(4) 该方程是二阶非线性微分方程,因为方程中含有非线性函数 $\sin(y'')$ 和 $\cos y$.

在研究实际问题时,首先要建立该问题的微分方程,然后找出满足微分方程的函数(即解微分方程).也就是说,将这个函数代入微分方程后,能使该方程成为恒等式,此函数称为该**微分方程的解**.

例如,可以验证函数(a) $y = 2(\mathrm{e}^x - x - 1)$,(b) $y = C\mathrm{e}^x - 2x - 2$ 都是微分方程 (6.1)的解;而函数(c) $v = \dfrac{mg}{k}\left(1 - \mathrm{e}^{-\frac{k}{m}t}\right)$,(d) $v = \dfrac{mg}{k} + C\mathrm{e}^{-\frac{k}{m}t}$ 都是微分方程(6.3)的解,其中 C 为任意常数.

由此可见,微分方程的解中可能包含也可能不包含任意常数,如果解中不包含任意常数,则称此解为微分方程的**特解**.如果解中包含任意常数,且独立任意常数的个数与微分方程的阶数相同[①],则称此解为微分方程的**通解**或**一般解**.例如,上述(a)和(c)分别是微分方程(6.1)和(6.3)的特解,而(b)和(d)分别是微分方程(6.1)和(6.3)的通解.

在实际问题中,往往需要寻求微分方程满足某些条件的解,可以利用这些条件确定通解中的任意常数,这样的条件称为**初始条件**或**初值条件**.一般地,一阶微分方程的初始条件为

$$y\Big|_{x=x_0} = y_0$$

其中 x_0、y_0 都是给定的值. 二阶微分方程的初始条件为

$$y\Big|_{x=x_0} = y_0, \quad y'\Big|_{x=x_0} = y_0'$$

其中 x_0、y_0 和 y_0' 都是给定的值.

---

①　这里所说的任意常数是相互独立的,也就是说,它们不能合并而使任意常数的个数减少.

例如,上述(a)就是微分方程(6.1)满足初始条件(6.2)的特解,而(c)则是微分方程(6.3)满足初始条件(6.4)的特解.

求微分方程满足初始条件的特解的问题称为微分方程的**初值问题**,例如一阶微分方程的初值问题记为

$$\begin{cases} y' = f(x,y) \\ y\big|_{x=x_0} = y_0 \end{cases} \tag{6.9}$$

微分方程解的图形是一条曲线,叫做微分方程的**积分曲线**.

初值问题(6.9)的几何意义是,求微分方程通过点(x_0, y_0)的积分曲线. 二阶微分方程的初值问题

$$\begin{cases} y'' = f(x, y, y') \\ y\big|_{x=x_0} = y_0, \ y'\big|_{x=x_0} = y_0' \end{cases}$$

的几何意义是求微分方程的解中通过点(x_0, y_0)且在该点处的切线斜率为y_0'的积分曲线.

例 6.4　验证函数$y = C_1 e^x + C_2 e^{-x}$是二阶微分方程$y'' - y = 0$的通解,并求方程满足初始条件$y\big|_{x=0} = 0$, $y'\big|_{x=0} = 1$的特解.

解　求出所给函数的一阶及二阶导数:

$$y' = C_1 e^x - C_2 e^{-x}, \quad y'' = C_1 e^x + C_2 e^{-x}$$

把y及y''的表达式代入所给的微分方程的左端,得

$$y'' - y = C_1 e^x + C_2 e^{-x} - (C_1 e^x + C_2 e^{-x}) \equiv 0$$

这说明函数$y = C_1 e^x + C_2 e^{-x}$满足所给微分方程,因此它是微分方程的解.

又因为此解中包含有两个独立的任意常数,且方程为二阶微分方程,所以$y = C_1 e^x + C_2 e^{-x}$是给定微分方程的通解. 由初始条件$y\big|_{x=0} = 0$, $y'\big|_{x=0} = 1$得

$$C_1 + C_2 = 0, \quad C_1 - C_2 = 1$$

解得

$$C_1 = \frac{1}{2}, \quad C_2 = -\frac{1}{2}$$

于是所求的微分方程的特解为

$$y = \frac{1}{2} e^x - \frac{1}{2} e^{-x}$$

习题 6 - 1

1. 指出下列微分方程的阶数:

(1) $\left(\dfrac{\mathrm{d}y}{\mathrm{d}x}\right)^3 + x^2 \dfrac{\mathrm{d}y}{\mathrm{d}x} - xy = 0$　　　　(2) $\dfrac{\mathrm{d}^3 y}{\mathrm{d}x^3} - 2xy = e^x + 3$

(3) $xy''' + 2y'' + x^2 y = 0$ (4) $(7 - 2x)\mathrm{d}x + (3y - x)\mathrm{d}y = 0$

2. 指出下列各函数是否为所给微分方程的解:

(1) $xy' = 2y, \ y = 5x^2$ (2) $y'' + y = 0, y = 3\sin x - 4\cos x$

(3) $y'' - 2y' + y = 0, \ y = x^2 \mathrm{e}^x$ (4) $y'' + y = \mathrm{e}^x, y = C_1 \sin x + C_2 \cos x + \dfrac{1}{2}\mathrm{e}^x$

3. 确定函数关系式 $x^2 - y^2 = C$ 中所含的参数,使其满足初始条件 $y\big|_{x=0} = 5$.

4. 确定函数关系式 $y = (C_1 + C_2 x)\mathrm{e}^{2x}$ 中所含的参数,使其满足初始条件 $y\big|_{x=0} = 0, \ y'\big|_{x=0} = 1.$

5. 设曲线上点 $P(x, y)$ 处的法线与 x 轴的交点为 Q,且线段 PQ 被 y 轴平分,试写出该曲线所满足的微分方程.

6. 用微分方程表示一个物理命题:某种气体的气压 P 对于温度 T 的变化率与气压成正比,与气温的平方成反比.

6.2 一阶微分方程

微分方程的种类很多,其解法也各不相同.从本节开始,我们将根据微分方程的不同类型,分别给出相应的解法.本节介绍一阶微分方程的解法.

6.2.1 可分离变量的微分方程

设有一阶微分方程

$$\frac{\mathrm{d}y}{\mathrm{d}x} = F(x, y)$$

若其右端函数可以分解为 $F(x, y) = f(x)g(y)$,则有

$$\frac{\mathrm{d}y}{\mathrm{d}x} = f(x)g(y) \tag{6.10}$$

称方程(6.10)为**可分离变量的微分方程**.

设 $f(x)$、$g(y)$ 分别为 x 和 y 的连续函数,且 $g(y) \neq 0$,则方程(6.10)可化为

$$\frac{1}{g(y)}\mathrm{d}y = f(x)\mathrm{d}x \tag{6.11}$$

它的特点是方程的一端只含 y 的函数和 $\mathrm{d}y$,而另一端只含 x 的函数和 $\mathrm{d}x$.将(6.11)式两端分别积分,即得

$$\int \frac{1}{g(y)}\mathrm{d}y = \int f(x)\mathrm{d}x + C$$

这种求解微分方程的方法称为**分离变量法**.

例 6.5　求微分方程 $\dfrac{\mathrm{d}y}{\mathrm{d}x} = 2xy$ 的通解.

解　该方程是可分离变量的. 分离变量得

$$\frac{\mathrm{d}y}{y} = 2x\mathrm{d}x$$

两端积分得 $\displaystyle\int \frac{\mathrm{d}y}{y} = \int 2x\mathrm{d}x$,得 $\ln|y| = x^2 + C_1$,因此

$$y = \pm\, \mathrm{e}^{x^2 + C_1} = \pm\, \mathrm{e}^{C_1}\,\mathrm{e}^{x^2}$$

记 $C = \pm\mathrm{e}^{C_1}$,则题设微分方程的通解为

$$y = C\mathrm{e}^{x^2}$$

例 6.6　求微分方程 $\mathrm{d}x + xy\mathrm{d}y = y^2\mathrm{d}x + y\mathrm{d}y$ 满足初始条件 $y\big|_{x=0} = 2$ 的特解.

解　首先合并 $\mathrm{d}x$ 和 $\mathrm{d}y$ 的各项,将原方程化为

$$y(x-1)\mathrm{d}y = (y^2 - 1)\mathrm{d}x$$

容易看出,它是可分离变量方程. 设 $y^2 - 1 \neq 0, x - 1 \neq 0$,则分离变量后得

$$\frac{y}{y^2 - 1}\mathrm{d}y = \frac{1}{x - 1}\mathrm{d}x$$

对等式两边求积分

$$\int \frac{y}{y^2 - 1}\mathrm{d}y = \int \frac{1}{x - 1}\mathrm{d}x$$

得　　　　　$$\frac{1}{2}\ln|y^2 - 1| = \ln|x - 1| + \ln|C_1|$$

于是

$$y^2 - 1 = \pm C_1^2 (x - 1)^2$$

记 $C = \pm C_1^2$,则该微分方程的通解为

$$y^2 - 1 = C(x - 1)^2$$

以初始条件 $y\big|_{x=0} = 2$ 代入上式,得

$$C = 3$$

所以,满足初始条件的特解为

$$y^2 - 1 = 3(x - 1)^2$$

6.2.2　齐次方程

形如

$$\frac{\mathrm{d}y}{\mathrm{d}x} = f\left(\frac{y}{x}\right) \tag{6.12}$$

的一阶微分方程称为**齐次微分方程**,简称**齐次方程**.

例如,$\dfrac{\mathrm{d}y}{\mathrm{d}x}=\dfrac{y^2}{x^2-y^2}$是齐次方程,因为它可以化为(6.12)的形式:

$$\frac{\mathrm{d}y}{\mathrm{d}x}=\frac{\left(\dfrac{y}{x}\right)^2}{1-\left(\dfrac{y}{x}\right)^2}$$

齐次方程(6.12)可通过变量代换化为可分离变量的微分方程来求解,具体方法是:

令 $u=\dfrac{y}{x}$,或 $y=ux$,其中 $u=u(x)$ 是 x 的函数,则有

$$\frac{\mathrm{d}y}{\mathrm{d}x}=u+x\,\frac{\mathrm{d}u}{\mathrm{d}x}$$

代入方程(6.12),得
$$u+x\,\frac{\mathrm{d}u}{\mathrm{d}x}=f(u)$$

即
$$x\,\frac{\mathrm{d}u}{\mathrm{d}x}=f(u)-u$$

这是可分离变量的微分方程,分离变量后,得

$$\frac{\mathrm{d}u}{f(u)-u}=\frac{\mathrm{d}x}{x}$$

两端积分,得

$$\int\frac{\mathrm{d}u}{f(u)-u}=\int\frac{\mathrm{d}x}{x}$$

求出积分后,再将用 $u=\dfrac{y}{x}$ 回代,便得所给齐次方程(6.12)的通解.

例 6.7　求微分方程 $y^2+x^2\dfrac{\mathrm{d}y}{\mathrm{d}x}=xy\dfrac{\mathrm{d}y}{\mathrm{d}x}$的通解.

解　原方程可写成

$$\frac{\mathrm{d}y}{\mathrm{d}x}=\frac{y^2}{xy-x^2}=\frac{\left(\dfrac{y}{x}\right)^2}{\dfrac{y}{x}-1}$$

因而是齐次方程.令$\dfrac{y}{x}=u$,则

$$y=ux,\qquad \frac{\mathrm{d}y}{\mathrm{d}x}=u+x\,\frac{\mathrm{d}u}{\mathrm{d}x}$$

于是原方程变为

$$u+x\,\frac{\mathrm{d}u}{\mathrm{d}x}=\frac{u^2}{u-1}$$

即
$$x \frac{\mathrm{d}u}{\mathrm{d}x} = \frac{u}{u-1}$$

分离变量后,得

$$(1 - \frac{1}{u}) \mathrm{d}u = \frac{\mathrm{d}x}{x}$$

等式两端积分,得　　　　$u - \ln |u| + C = \ln |x|$

或改写为　　　　　　　$\ln |xu| = u + C$

将 $u = \frac{y}{x}$ 回代,得原方程的通解

$$\ln |y| = \frac{y}{x} + C$$

6.2.3　一阶线性微分方程

形如

$$\frac{\mathrm{d}y}{\mathrm{d}x} + P(x)y = Q(x) \tag{6.13}$$

的微分方程称为**一阶线性微分方程**,其中 $P(x)$、$Q(x)$ 都是已知函数. 一阶线性微分方程的特点是,未知函数及其导数都是一次的.

当 $Q(x) \equiv 0$ 时,方程(6.13)变为

$$\frac{\mathrm{d}y}{\mathrm{d}x} + P(x)y = 0 \tag{6.14}$$

方程(6.14)称为**一阶齐次线性方程**. 相应地,方程(6.13)称为**一阶非齐次线性方程**.

一阶齐次线性微分方程(6.14)是可分离变量的方程,分离变量后,得

$$\frac{\mathrm{d}y}{y} = -P(x)\mathrm{d}x$$

两边积分,得

$$\ln |y| = -\int P(x)\mathrm{d}x + C_1$$

因此得到微分方程(6.14)的通解

$$y = C\mathrm{e}^{-\int P(x)\mathrm{d}x} \tag{6.15}$$

其中,$C = \pm \mathrm{e}^{C_1}$ 为任意常数.

下面利用**常数变易法**来求非齐次线性方程(6.13)的通解.

将齐次线性方程通解(6.15)中的常数 C 换成待定的未知函数 $u(x)$,即设非齐次线性方程的通解为

$$y = u(x)\mathrm{e}^{-\int P(x)\mathrm{d}x}$$

对上式两端求导,得

$$y' = u'(x)\mathrm{e}^{-\int P(x)\mathrm{d}x} - u(x)P(x)\mathrm{e}^{-\int P(x)\mathrm{d}x}$$

将 y 和 y' 代入方程(6.13),得

$$u'(x)\mathrm{e}^{-\int P(x)\mathrm{d}x} - u(x)P(x)\mathrm{e}^{-\int P(x)\mathrm{d}x} + P(x)u(x)\mathrm{e}^{-\int P(x)\mathrm{d}x} = Q(x)$$

即

$$u'(x) = Q(x)\mathrm{e}^{\int P(x)\mathrm{d}x}$$

两边积分,得

$$u(x) = \int Q(x)\mathrm{e}^{\int P(x)\mathrm{d}x}\mathrm{d}x + C$$

从而得到非齐次线性方程的通解

$$y = \mathrm{e}^{-\int P(x)\mathrm{d}x}\left(\int Q(x)\mathrm{e}^{\int P(x)\mathrm{d}x}\mathrm{d}x + C\right) \tag{6.16}$$

其中 C 为任意常数.

将(6.16)式改写成两项之和

$$y = C\mathrm{e}^{-\int P(x)\mathrm{d}x} + \mathrm{e}^{-\int P(x)\mathrm{d}x}\int Q(x)\mathrm{e}^{\int P(x)\mathrm{d}x}\mathrm{d}x$$

可以看出,一阶非齐次线性方程的通解等于对应的齐次方程的通解与非齐次方程的一个特解之和.这个结论对高阶非齐次线性方程也是成立的.

例 6.8 求微分方程 $y' + \dfrac{1}{x}y = \dfrac{\sin x}{x}$ 的通解.

解 这是一阶非齐次线性方程.对应的齐次方程为

$$y' + \frac{1}{x}y = 0$$

分离变量后,得

$$\frac{\mathrm{d}y}{y} = -\frac{\mathrm{d}x}{x}$$

两边积分,求得对应的齐次方程的通解为

$$\ln|y| = -\ln|x| + C_1$$

即

$$y = \frac{C}{x} \quad (C = \pm\,\mathrm{e}^{C_1})$$

利用常数变易法,设所给非齐次方程的通解为

$$y = \frac{u(x)}{x}$$

对 x 求导,得

$$y' = \frac{u'(x)x - u(x)}{x^2}$$

代入题设非齐次方程,得

$$u'(x) = \sin x$$

两端积分,得

$$u(x) = -\cos x + C$$

于是得原方程的通解为

$$y = \frac{1}{x}(-\cos x + C)$$

在求解一阶非齐次线性方程时,除了利用常数变易法求解外,也可直接套用通解公式(6.16)求解.

例 6.9 求微分方程 $\dfrac{\mathrm{d}y}{\mathrm{d}x} - \dfrac{2y}{x+1} = (x+1)^{\frac{5}{2}}$ 满足初始条件 $y\big|_{x=0} = 1$ 的特解.

解 这是一阶非齐次线性方程,其中 $P(x) = -\dfrac{2}{x+1}$,$Q(x) = (x+1)^{\frac{5}{2}}$. 由通解公式(6.16),得原方程的通解为

$$y = \mathrm{e}^{\int \frac{2}{x+1}\mathrm{d}x} \left(\int (x+1)^{\frac{5}{2}} \mathrm{e}^{-\int \frac{2}{x+1}\mathrm{d}x} \mathrm{d}x + C \right) = (x+1)^2 \left(\int (x+1)^{\frac{5}{2}} (x+1)^{-2} \mathrm{d}x + C \right)$$

$$= (x+1)^2 \left(\int (x+1)^{\frac{1}{2}} \mathrm{d}x + C \right) = (x+1)^2 \left(\frac{2}{3}(x+1)^{\frac{3}{2}} + C \right)$$

将初始条件 $y\big|_{x=0} = 1$ 代入上式,得 $C = \dfrac{1}{3}$. 于是,满足初始条件的特解为

$$y = \frac{1}{3}(x+1)^2 \left[2(x+1)^{\frac{3}{2}} + 1 \right]$$

一阶线性微分方程是一类基本的微分方程,有一些其他类型的方程可以经过适当的变量代换化为一阶线性微分方程. 例如,微分方程

$$\frac{\mathrm{d}y}{\mathrm{d}x} + P(x)y = Q(x)y^n \quad (n \neq 0, 1) \tag{6.17}$$

通常称为**伯努利方程**. 当 $n=0$ 时,方程(6.17)是一阶线性微分方程;当 $n=1$ 时,它是可分离变量的微分方程. 而当 $n \neq 0, 1$ 时,伯努利方程是非线性方程,但是通过适当的变换,可以将其化为线性方程. 将方程(6.17)的两端除以 y^n,得

$$y^{-n} \frac{\mathrm{d}y}{\mathrm{d}x} + P(x)y^{1-n} = Q(x)$$

或

$$\frac{1}{1-n}(y^{1-n})' + P(x)y^{1-n} = Q(x)$$

令 $z = y^{1-n}$,即得

$$\frac{\mathrm{d}z}{\mathrm{d}x} + (1-n)P(x)z = (1-n)Q(x)$$

这是关于变量 z 的一阶非齐次线性方程. 求出其通解后,再以 y^{1-n} 代 z,便得到伯努利方程的通解.

例 6.10 求方程 $\dfrac{\mathrm{d}y}{\mathrm{d}x} + \dfrac{y}{x} = (a\ln x)y^2$ 的通解.

解 所给方程是 $n=2$ 的伯努利方程,以 y^2 除方程的两端,得

$$y^{-2} \frac{\mathrm{d}y}{\mathrm{d}x} + \frac{1}{x}y^{-1} = a\ln x$$

即
$$-\frac{\mathrm{d}(y^{-1})}{\mathrm{d}x}+\frac{1}{x}y^{-1}=a\ln x$$

令 $z=y^{-1}$，则上述方程变为
$$\frac{\mathrm{d}z}{\mathrm{d}x}-\frac{1}{x}z=-a\ln x$$

这是一个非齐次线性方程，其通解为
$$z=\mathrm{e}^{-\int(-\frac{1}{x})\mathrm{d}x}\left(\int(-a\ln x)\mathrm{e}^{\int(-\frac{1}{x})\mathrm{d}x}\mathrm{d}x+C\right)=x\left(C-\frac{1}{2}a(\ln x)^2\right)$$

以 y^{-1} 代 z，得所求方程的通解为
$$yx\left(C-\frac{1}{2}a(\ln x)^2\right)=1$$

本节中所涉及的齐次方程、一阶齐次线性方程、伯努利方程等，都是经过适当的变量代换，把其化为变量可分离的方程，或化为一阶线性方程来求解．在解微分方程时，利用变量代换是最常用的方法．下面再举一个例子．

例 6.11　求微分方程 $\dfrac{\mathrm{d}y}{\mathrm{d}x}=\dfrac{1}{x+y}$ 的通解．

解　该方程可用变量代换来求解．

令 $x+y=u$，则 $y=u-x$，$\dfrac{\mathrm{d}y}{\mathrm{d}x}=\dfrac{\mathrm{d}u}{\mathrm{d}x}-1$．代入原方程，得
$$\frac{\mathrm{d}u}{\mathrm{d}x}-1=\frac{1}{u},\quad\frac{\mathrm{d}u}{\mathrm{d}x}=\frac{u+1}{u}$$

分离变量，得
$$\frac{u}{u+1}\mathrm{d}u=\mathrm{d}x$$

两端积分，得
$$u-\ln|u+1|=x+C$$

以 $u=x+y$ 代入上式，即得
$$y-\ln|x+y+1|=C$$

此外，若把所给方程变形为
$$\frac{\mathrm{d}x}{\mathrm{d}y}=x+y$$

即为以 x 为因变量的一阶线性方程，则可按一阶线性方程的解法求得通解．

6.2.4　一阶微分方程应用举例

在实际问题中存在着大量的可以应用微分方程解决的问题，用微分方程求解实际问题的一般步骤是：(1)分析问题，设所求未知函数，建立微分方程，确定初始

条件;(2)求出微分方程的通解;(3)根据初始条件确定通解中的任意常数,求出微分方程相应的特解.

在应用微分方程解决实际问题时,如何建立微分方程往往是关键,一般建立微分方程的方法有两个,一是利用导数的几何意义或物理意义,二是利用微元分析法.下面通过一些实例说明一阶微分方程的应用.

例 6.12　设曲线上任一点的切线在第一象限内的线段恰好被切点所平分,已知该曲线通过点(2,3),求该曲线的方程.

解　设 $M(x,y)$ 是曲线上任意一点,根据题意,它是切线在第一象限内的线段的中点,则切线与 y 轴的交点坐标是 $(0,2y)$,与 x 轴的交点是 $(2x,0)$,所以切线的斜率为 $-\dfrac{y}{x}$.

若设曲线方程为 $y=f(x)$,则得微分方程

$$y'=-\frac{y}{x} \quad (x>0)$$

其初始条件为

$$y\Big|_{x=2}=3$$

分离变量,解得

$$y=\frac{C}{x}$$

代入初始条件,解得 $C=6$.于是,所求曲线的方程为

$$y=\frac{6}{x} \quad (x>0)$$

例 6.13　求解例 6.2 所建立的微分方程.

解　在例 6.2 中建立了函数 $v(t)$ 应满足的微分方程为

$$m\frac{\mathrm{d}v}{\mathrm{d}t}=mg-kv$$

其初始条件为

$$v\Big|_{t=0}=0$$

该方程是可分离变量的,分离变量后得

$$\frac{\mathrm{d}v}{mg-kv}=\frac{\mathrm{d}t}{m}$$

两端积分

$$\int\frac{\mathrm{d}v}{mg-kv}=\int\frac{\mathrm{d}t}{m}$$

注意到 $mg-kv>0$,得

$$-\frac{1}{k}\ln(mg-kv)=\frac{t}{m}+C_1$$

即

$$mg-kv=\mathrm{e}^{-\frac{k}{m}t-kC_1}$$

或
$$v = \frac{mg}{k} + Ce^{-\frac{k}{m}t} \quad \left(C = -\frac{e^{-kC_1}}{k}\right)$$

将初始条件 $v\big|_{t=0} = 0$ 代入,得 $C = -\dfrac{mg}{k}$,于是所求的特解为

$$v = \frac{mg}{k}(1 - e^{-\frac{k}{m}t})$$

由上式可以看出,随着时间 t 的增大,速度 v 逐渐接近于常数 $\dfrac{mg}{k}$,且不会超过

$\dfrac{mg}{k}$.也就是说,跳伞后开始阶段是加速运动,但以后逐渐接近于等速运动.

例 6.14　设河边点 O 的正对岸为点 A,河宽 $OA = h$,两岸为平行直线,水流的速度为 a,有一鸭子从点 A 游向点 O,设鸭子在静水中的速率为 $b(b>a)$,且鸭子游动方向始终朝着点 O,求鸭子游过的轨迹曲线.

解　设水流速度为 $\boldsymbol{a}(|\boldsymbol{a}| = a)$,鸭子的游速为
$\boldsymbol{b}(|\boldsymbol{b}| = b)$,则鸭子的实际运动速度为 $\boldsymbol{v} = \boldsymbol{a} + \boldsymbol{b}$.

取 O 为坐标原点,河岸朝顺水方向为 x 轴,y 轴指向对岸,如图 6-2 所示.

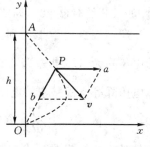

图 6-2

设在时刻 t 鸭子位于点 $P(x,y)$,则鸭子的运动
速度为 $\boldsymbol{v} = \{v_x, v_y\} = \left\{\dfrac{\mathrm{d}x}{\mathrm{d}t}, \dfrac{\mathrm{d}y}{\mathrm{d}t}\right\}$,故有

$$\frac{\mathrm{d}x}{\mathrm{d}y} = \frac{v_x}{v_y}$$

而 $\boldsymbol{a} = \{a, 0\}$,$\boldsymbol{b} = b\overrightarrow{PO^0}$,其中 $\overrightarrow{PO^0}$ 是与 $\overrightarrow{PO}$ 同方向的单位向量.由于 $\overrightarrow{PO} = -\{x, y\}$,
所以 $\overrightarrow{PO^0} = -\dfrac{1}{\sqrt{x^2+y^2}}\{x, y\}$,于是 $\boldsymbol{b} = -\dfrac{b}{\sqrt{x^2+y^2}}\{x, y\}$,从而

$$\boldsymbol{v} = \boldsymbol{a} + \boldsymbol{b} = \left\{a - \frac{bx}{\sqrt{x^2+y^2}}, -\frac{by}{\sqrt{x^2+y^2}}\right\}$$

由此得微分方程

$$\frac{\mathrm{d}x}{\mathrm{d}y} = \frac{v_x}{v_y} = -\frac{a\sqrt{x^2+y^2}}{by} + \frac{x}{y}$$

这是一个齐次方程,经变形后得

$$\frac{\mathrm{d}x}{\mathrm{d}y} = -\frac{a}{b}\sqrt{\left(\frac{x}{y}\right)^2 + 1} + \frac{x}{y}$$

令 $u = \dfrac{x}{y}$,则 $x = yu$,$\dfrac{\mathrm{d}x}{\mathrm{d}y} = u + y\dfrac{\mathrm{d}u}{\mathrm{d}y}$,代入以上方程,得

$$y\frac{\mathrm{d}u}{\mathrm{d}y} = -\frac{a}{b}\sqrt{u^2+1}$$

分离变量后,得

$$\frac{\mathrm{d}u}{\sqrt{u^2+1}}=-\frac{a}{by}\mathrm{d}y$$

两端积分,并整理得

$$x=\frac{y}{2}\Big[(Cy)^{-\frac{a}{b}}-(Cy)^{\frac{a}{b}}\Big]=\frac{1}{2C}\Big[(Cy)^{1-\frac{a}{b}}-(Cy)^{1+\frac{a}{b}}\Big]$$

以 $y=h$ 时, $x=0$ 代入上式,得 $C=\dfrac{1}{h}$,因此鸭子游过的轨迹曲线方程为

$$x=\frac{h}{2}\Big[\Big(\frac{y}{h}\Big)^{1-\frac{a}{b}}-\Big(\frac{y}{h}\Big)^{1+\frac{a}{b}}\Big]$$

*例 6.15　由电阻 R,电感 L 串联成的闭合电路简称 $R\text{-}L$ 闭合电路,如图6-3所示.当电动势为 $E(R,L,E$ 均为常数)的电源接入电路时,电路中有电流急剧通过.如果开始时($t=0$),回路电流为 I_0.求任意时刻 t 的电流 $I(t)$.

解　根据电学上的回路电压定律:电阻 R 上的电压降为 RI,电感 L 上的电压降为 $L\dfrac{\mathrm{d}I}{\mathrm{d}t}$,回路总电压降等于回路中的电动势,于是有关系式

$$L\frac{\mathrm{d}I}{\mathrm{d}t}+RI=E$$

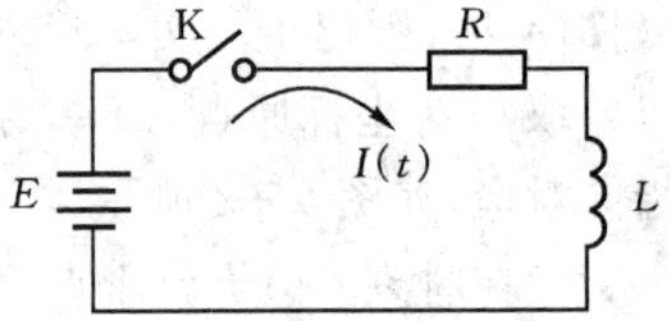

图 6-3

这就是 $R-L$ 串联闭合电路中电流 $I(t)$ 随时间 t 变化所遵循的规律.

该方程是一阶非齐次线性方程,可直接利用通解公式(6.16)得其通解为

$$I(t)=\mathrm{e}^{-\int\frac{R}{L}\mathrm{d}t}\Big(\int\frac{E}{L}\cdot\mathrm{e}^{\int\frac{R}{L}\mathrm{d}t}\mathrm{d}t+C\Big)=\mathrm{e}^{-\frac{R}{L}t}\Big(\frac{E}{R}\mathrm{e}^{\frac{R}{L}t}+C\Big)=\frac{E}{R}+C\mathrm{e}^{-\frac{R}{L}t}$$

由初始条件 $t=0$ 时 $I=I_0$,定出 $C=I_0-\dfrac{E}{R}$,因此所求特解为

$$I(t)=\frac{E}{R}+\Big(I_0-\frac{E}{R}\Big)\mathrm{e}^{-\frac{R}{L}t}$$

从上式可以看出,不论初始电流 I_0 多大,当 $t\to+\infty$ 时,$I(t)$ 总趋于一个恒定值.

例 6.16　一容器内盛有盐水 100 升,含盐 50 克.现以浓度 $\rho_1=2$ 克/升的盐水注入容器内,其流量为 $\varphi_1=3$ 升/分.假设注入容器内的盐水与原来的的盐水经搅拌而迅速成为均匀的混合液,同时,此溶液又以流量为 $\varphi_2=2$ 升/分流出,求 30 分钟后容器内所存的盐量.

解　设在任一时刻 t 时容器内含盐量为 x 克.在时刻 t,容器内盐水体积为 $100+(3-2)t=100+t$(升),因此流出的盐水在时刻 t 的浓度为

$$\rho_2 = \frac{x}{100 + t} \quad \text{克 / 升}$$

下面用微元分析法建立 x 所满足的微分方程.

在 t 到 $t + \mathrm{d}t$ 这段时间内,注入盐量与流出盐量分别为 $\rho_1 \varphi_1 \mathrm{d}t$ 与 $\rho_2 \varphi_2 \mathrm{d}t$,容器内盐的增量 $\mathrm{d}x$ 应等于注入量减去流出量,即

$$\mathrm{d}x = (\rho_1 \varphi_1 - \rho_2 \varphi_2) \mathrm{d}t$$

或
$$\frac{\mathrm{d}x}{\mathrm{d}t} = \rho_1 \varphi_1 - \rho_2 \varphi_2$$

将 $\rho_1 = 2, \varphi_1 = 3, \rho_2 = \dfrac{x}{100 + t}, \varphi_2 = 2$ 代入,得

$$\frac{\mathrm{d}x}{\mathrm{d}t} = 6 - \frac{2x}{100 + t}$$

即
$$\frac{\mathrm{d}x}{\mathrm{d}t} + \frac{2x}{100 + t} = 6$$

这是一阶线性微分方程,其初始条件为 $\quad x \big|_{t=0} = 50$

由公式(6.16),得其通解为

$$x = x(t) = \mathrm{e}^{-\int \frac{2}{100+t}\mathrm{d}t} \left(\int 6 \mathrm{e}^{\int \frac{2}{100+t}\mathrm{d}t} \mathrm{d}t + C \right)$$

$$= \frac{1}{(100+t)^2} \left(\int 6(100+t)^2 \mathrm{d}t + C \right) = 2(100+t) + \frac{C}{(100+t)^2}$$

将初始条件 $x \big|_{t=0} = 50$ 代入上式,解得 $C = -150 \times 100^2$,于是方程的特解为

$$x = x(t) = 2(100+t) - \frac{1.5 \times 10^6}{(100+t)^2}$$

因此,30 分钟后容器内所存的盐量为

$$x \big|_{t=30} = 2(100+30) - \frac{1.5 \times 10^6}{(100+30)^2} = 260 - \frac{1.5 \times 10^6}{130^2} \approx 171 (\text{克})$$

习题 6 - 2

1. 求下列微分方程的通解:

(1) $xy' - y\ln y = 0$ 　　　　　　　　(2) $3x^2 + 5x - 5y' = 0$

(3) $\sqrt{1 - x^2}\, y' = \sqrt{1 - y^2}$ 　　　　　　(4) $y' - xy' = a(y^2 + y')$

(5) $\sec^2 x \tan y \mathrm{d}x + \sec^2 y \tan x \mathrm{d}y = 0$ 　　(6) $(y+1)^2 \dfrac{\mathrm{d}y}{\mathrm{d}x} + x^3 = 0$

2. 求下列齐次方程的通解:

(1) $xy' - y - \sqrt{y^2 - x^2} = 0$ 　　　　　(2) $x \dfrac{\mathrm{d}y}{\mathrm{d}x} = y\ln \dfrac{y}{x}$

(3) $(x^2+y^2)\mathrm{d}x-xy\mathrm{d}y=0$ (4) $y'=\mathrm{e}^{\frac{x}{x}}+\dfrac{y}{x}$

3. 求下列微分方程满足所给初始条件的特解:

(1) $y'\sin x=y\ln y,y\big|_{x=\frac{\pi}{2}}=\mathrm{e}$ (2) $x\mathrm{d}y+2y\mathrm{d}x=0,y\big|_{x=2}=1$

(3) $(y^2-3x^2)\mathrm{d}x+2xy\mathrm{d}y=0,y\big|_{x=1}=0$ (4) $y'=\dfrac{x}{y}+\dfrac{y}{x},y\big|_{x=-1}=2$

4. 质量为 1 g 的质点受外力作用做直线运动,这外力和时间成正比,和质点运动的速度成反比.在 $t=10$ s 时,速度等于 50 cm/s,外力为 4 N,问从运动开始经过了一分钟后的速度是多少?

5. 镭的衰变有如下规律:镭的衰变速度与它的现存量 R 成正比.由经验得知,镭经过 1600 年后,只余原始量 R_0 的一半.试求镭的量 R 与时间 t 的函数关系.

6. 某林区现有木材 10 万 m^3,如果在每一时刻木材的变化率与当时的木材数成正比,假设 10 年内该林区内有木材 20 万 m^3,试确定木材数 p 与时间 t 的函数关系.

7. 求下列线性微分方程的通解:

(1) $y'+2xy=4x$ (2) $y'+y=\mathrm{e}^{-x}$

(3) $y'+y\cos x=\mathrm{e}^{-\sin x}$ (4) $xy'+y=x^2+3x+2$

(5) $y'+y\tan x=\sin 2x$ (6) $(x^2+1)y'+2xy=4x^2$

(7) $y\ln y\mathrm{d}x+(x-\ln y)\mathrm{d}y=0$ (8) $(y^2-6x)y'+2y=0$

8. 求下列微分方程满足所给初始条件的特解:

(1) $\dfrac{\mathrm{d}y}{\mathrm{d}x}+3y=8,y\big|_{x=0}=2$ (2) $\dfrac{\mathrm{d}y}{\mathrm{d}x}-y\tan x=\sec x,y\big|_{x=0}=0$

(3) $\dfrac{\mathrm{d}y}{\mathrm{d}x}+y\cot x=5\mathrm{e}^{\cos x},y\big|_{x=\frac{\pi}{2}}=-4$ (4) $\dfrac{\mathrm{d}y}{\mathrm{d}x}+\dfrac{y}{x}=4x^2,y\big|_{x=1}=2$

9. 求下列伯努利方程的通解:

(1) $\dfrac{\mathrm{d}y}{\mathrm{d}x}+y=y^2(\cos x-\sin x)$ (2) $\dfrac{\mathrm{d}y}{\mathrm{d}x}+2xy=2x^3y^3$

10. 用适当的变量代换将下列方程化为可分离变量的方程,然后求出通解:

(1) $\dfrac{\mathrm{d}y}{\mathrm{d}x}=(x+y)^2$ (2) $xy'+y=y(\ln x+\ln y)$

11. 求一曲线方程,该曲线通过点 $(0,1)$,且曲线上任一点的切线垂直于该点与原点的连线.

12. 设有一质量为 m 的质点作直线运动.从速度等于零的时刻起,有一个与运动方向一致、大小与时间成正比(比例系数为 k_1)的力作用于它,此外还受一与速度成正比(比例系数为 k_2)的阻力作用.求质点运动的速度与时间的函数关系.

*__13.__ 物体由高空下落,除受重力作用外,还受到空气阻力的作用,在速度不太大的情况下(低于音速的 4/5),空气阻力可看做与速度的平方成正比.试证明在这种情况下,落体存在极限速度.

6.3　可降阶的二阶微分方程

二阶及二阶以上的微分方程统称为**高阶微分方程**,对高阶微分方程没有普遍的解法.本节介绍三种特殊类型二阶微分方程的解法,它们有的可以通过直接积分求得,有的可以通过适当的变量代换将它化成较低阶的方程来求解.

6.3.1　$y''=f(x)$ 型

这是最简单的二阶微分方程,由于其右端仅含有自变量 x,因此可以通过两次积分得到它的通解.在方程两端积分,得

$$y' = \int f(x)\mathrm{d}x + C_1$$

再积分一次,得

$$y = \int \left(\int f(x)\mathrm{d}x + C_1 \right)\mathrm{d}x + C_2$$

注　这种类型的微分方程的解法可推广到 n 阶微分方程 $y^{(n)}=f(x)$,只要连续积分 n 次,即可得到方程的通解.

例 6.17　求微分方程 $y''=\mathrm{e}^{-2x}+\cos x$ 满足 $y(0)=0,y'(0)=1$ 的特解.

解　对所给方程积分两次,得

$$y' = -\frac{1}{2}\mathrm{e}^{-2x} + \sin x + C_1$$

$$y = \frac{1}{4}\mathrm{e}^{-2x} - \cos x + C_1 x + C_2$$

将初始条件 $y(0)=0,y'(0)=1$ 分别代入以上二式,得 $C_1=\dfrac{3}{2}$,$C_2=\dfrac{3}{4}$,于是,满足初始条件的特解为

$$y = \frac{1}{4}\mathrm{e}^{-2x} - \cos x + \frac{3}{2}x + \frac{3}{4}$$

6.3.2　$y''=f(x,y')$ 型

这类方程的特点是,右端不显含未知函数 y,其求解方法如下:

作变换 $y'=p(x)$,则 $y''=\dfrac{\mathrm{d}p}{\mathrm{d}x}=p'$,代入原方程,便把原方程化为以 $p(x)$ 为未

知函数的一阶微分方程

$$p' = f(x,p)$$

若能求得该方程的通解为 $\qquad p = \varphi(x,C_1)$

由于 $p = \dfrac{\mathrm{d}y}{\mathrm{d}x}$,因此又得到一个一阶微分方程

$$\frac{\mathrm{d}y}{\mathrm{d}x} = \varphi(x,C_1)$$

对它进行积分,便得到原方程的通解

$$y = \int \varphi(x,C_1)\mathrm{d}x + C_2$$

例 6.18　求微分方程 $(1+x^2)y'' - 2xy' = 0$ 的通解.

解　所给方程不显含未知函数 y. 设 $y' = p$,则 $y'' = p'$,代入原方程,有

$$(1 + x^2)p' - 2px = 0$$

这是一个可分离变量微分方程,分离变量后,得

$$\frac{\mathrm{d}p}{p} = \frac{2x}{1+x^2}\mathrm{d}x$$

两边积分,得

$$\ln|p| = \ln(1+x^2) + \ln|C_1|$$

即 $\qquad p = C_1(1+x^2) \quad 或 \quad y' = C_1(1+x^2)$

再积分一次,得

$$y = C_1\left(x + \frac{1}{3}x^3\right) + C_2$$

例 6.19　求微分方程 $y'' = y' + x$ 满足初始条件 $y\big|_{x=0} = 0, y'\big|_{x=0} = 0$ 的特解.

解　所给方程不显含未知函数 y. 令 $y' = p$,则 $y'' = p'$,代入原方程,有

$$p' - p = x$$

这是一个一阶线性微分方程,根据通解公式,得

$$p = \mathrm{e}^{-\int(-1)\mathrm{d}x}\left(\int x\mathrm{e}^{\int(-1)\mathrm{d}x}\mathrm{d}x + C_1\right) = \mathrm{e}^x\left(\int x\mathrm{e}^{-x}\mathrm{d}x + C_1\right)$$

$$= \mathrm{e}^x(-x\mathrm{e}^{-x} - \mathrm{e}^{-x} + C_1) = C_1\mathrm{e}^x - x - 1$$

即 $\qquad\qquad p = y' = C_1\mathrm{e}^x - x - 1$

由条件 $y'\big|_{x=0} = 0$,得 $\qquad\qquad C_1 = 1$

所以 $\qquad\qquad y' = \mathrm{e}^x - x - 1$

两边积分,得 $\qquad y = \mathrm{e}^x - \frac{1}{2}x^2 - x + C_2$

又由条件 $y\big|_{x=0} = 0$,得 $C_2 = -1$. 于是所求的特解为

$$y = e^x - \frac{1}{2}x^2 - x - 1$$

例 6.20(追逐问题)　设开始时甲位于乙正西 1 个距离单位处,乙以等速 v 向正北方向行走,甲始终对准乙以 $2v$ 的速度追赶,求甲追逐的轨迹方程,并问乙行走多远时可以被甲追赶上.

解　建立坐标系如图 6-4 所示,设开始时甲位于点 O,乙位于点 A.

设所求的轨迹方程为 $y = f(x)$,经过时刻 t 以后,甲位于曲线上的点 $P(x, y)$,乙位于点 $B(1, vt)$.于是有

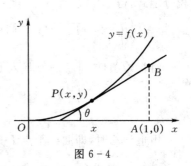

图 6-4

$$\tan\theta = y' = \frac{vt - y}{1 - x}$$

由题设,弧段 $\overset{\frown}{OP}$ 的弧长为

$$\int_0^x \sqrt{1 + y'^2}\,\mathrm{d}x = 2vt$$

解出 vt,代入上式,得

$$(1 - x)y' + y = \frac{1}{2}\int_0^x \sqrt{1 + y'^2}\,\mathrm{d}x$$

上式两边对 x 求导,整理得

$$(1 - x)y'' = \frac{1}{2}\sqrt{1 + y'^2}$$

这是一个不显含未知函数 y 的微分方程,令 $y' = p$,则 $y'' = p'$,代入方程,有

$$(1 - x)p' = \frac{1}{2}\sqrt{1 + p^2}$$

分离变量,得

$$\frac{\mathrm{d}p}{\sqrt{1 + p^2}} = \frac{\mathrm{d}x}{2(1 - x)}$$

两边积分,得

$$\ln(p + \sqrt{1 + p^2}) = -\frac{1}{2}\ln|1 - x| + \ln|C_1|$$

即

$$p + \sqrt{1 + p^2} = \frac{C_1}{\sqrt{1 - x}}$$

将初始条件 $y'\big|_{x=0} = p\big|_{x=0} = 0$ 代入上式,得 $C_1 = 1$. 因此

$$y' + \sqrt{1 + y'^2} = \frac{1}{\sqrt{1 - x}}$$

两边同乘 $y' - \sqrt{1 + y'^2}$,并化简得

$$y' - \sqrt{1+y'^2} = -\sqrt{1-x}$$

以上二式相加,可得

$$y' = \frac{1}{2}\left(\frac{1}{\sqrt{1-x}} - \sqrt{1-x}\right)$$

积分上式,得

$$y = \frac{1}{2}\left(-2\sqrt{1-x} + \frac{2}{3}(1-x)^{\frac{3}{2}}\right) + C_2 = -\sqrt{1-x} + \frac{1}{3}(1-x)^{\frac{3}{2}} + C_2$$

将初始条件 $y\big|_{x=0} = 0$ 代入上式,得 $C_2 = \frac{2}{3}$. 因此,所求的追逐轨迹方程为

$$y = -\sqrt{1-x} + \frac{1}{3}(1-x)^{\frac{3}{2}} + \frac{2}{3}$$

甲追到乙时,即曲线上点 P 的横坐标为 $x=1$,此时,$y = \frac{2}{3}$. 即乙行走到距离 A 点 $\frac{2}{3}$ 个单位距离时被甲追到.

*6.3.3　$y'' = f(y, y')$ 型

这类方程的特点是,右端不显含自变量 x,其求解方法是:

令 $y' = p = p(y)$,于是,由复合函数求导法则,得

$$y'' = \frac{\mathrm{d}p}{\mathrm{d}x} = \frac{\mathrm{d}p}{\mathrm{d}y} \cdot \frac{\mathrm{d}y}{\mathrm{d}x} = p\frac{\mathrm{d}p}{\mathrm{d}y}$$

这样,原方程就化为

$$p\frac{\mathrm{d}p}{\mathrm{d}y} = f(y, p)$$

这是一个关于变量 y、p 的一阶微分方程. 若能求得其通解为

$$y' = p = \varphi(y, C_1)$$

分离变量并积分,便得原方程的通解

$$\int \frac{\mathrm{d}y}{\varphi(y, C_1)} = x + C_2$$

例 6.21　求微分方程 $yy'' - y'^2 = 0$ 的通解.

解　方程不显含自变量 x. 设 $y' = p$,则 $y'' = p\frac{\mathrm{d}p}{\mathrm{d}y}$,代入原方程,得

$$yp\frac{\mathrm{d}p}{\mathrm{d}y} - p^2 = 0$$

在 $y \neq 0$、$p \neq 0$ 时,约去 p 并分离变量,得

$$\frac{\mathrm{d}p}{p} = \frac{\mathrm{d}y}{y}$$

两边积分,得 $\qquad \ln |p| = \ln |y| + \ln |C_1|$

即 $\qquad\qquad\qquad p = C_1 y \quad 或 \quad y' = C_1 y$

再分离变量并两边积分,即可得到原方程的通解

$$y = C_2 e^{C_1 x}$$

习题 6-3

1. 求下列各微分方程的通解:

(1) $y'' = x + \sin x$ (2) $x^2 y'' + 1 = 0$ (3) $(1 + x^2) y'' = 2xy'$

(4) $y^3 y'' - 1 = 0$ (5) $y'' = 1 + y'^2$ (6) $y'' = (y')^3 + y'$

2. 求下列各微分方程满足所给初始条件的特解:

(1) $y''' = e^x, y\big|_{x=1} = y'\big|_{x=1} = y''\big|_{x=1} = 0$

(2) $y'' = 3\sqrt{y}, y\big|_{x=0} = 1, y'\big|_{x=0} = 2$

(3) $y'' - ay'^2 = 0, y\big|_{x=0} = y'\big|_{x=0} = -1$

(4) $y^3 y'' + 1 = 0, y\big|_{x=1} = 1, y'\big|_{x=1} = 0$

3. 试求 $y'' = x$ 的经过点 $M(0,1)$ 且在此点与直线 $y = \dfrac{x}{2} + 1$ 相切的积分曲线.

4. 质量为 m 的质点受力 F 的作用沿 Ox 轴做直线运动. 设力 F 仅是时间 t 的函数: $F = F(t)$. 在开始时刻 $t = 0$ 时 $F(0) = F_0$, 随着时间 t 的增大, 此力 F 均匀地减小, 直到 $t = T$ 时, $F(T) = 0$. 如果开始时质点位于原点, 且初速度为零, 求这质点的运动规律.

6.4　线性微分方程解的结构

本节以及下一节将讨论在实际问题中应用较多的线性微分方程解的性质及结构, 主要讨论二阶常系数线性微分方程的解法.

6.4.1　一般概念

n 阶线性微分方程的一般形式为

$$y^{(n)} + P_1(x) y^{(n-1)} + \cdots + P_{n-1}(x) y' + P_n(x) y = f(x) \qquad (6.18)$$

其中 $P_1(x), \cdots, P_n(x), f(x)$ 都是已知函数.

如果 $f(x) \equiv 0$, 方程(6.18)变为

$$y^{(n)} + P_1(x) y^{(n-1)} + \cdots + P_{n-1}(x) y' + P_n(x) y = 0 \qquad (6.19)$$

方程(6.19)称为与(6.18)对应的 **n 阶齐次线性微分方程**. 相应地, 将方程(6.18)称

为 n 阶非齐次线性微分方程.应该指出,这里的"齐次"一词与 6.2 节中齐次方程中的"齐次"不同,而与线性代数中线性方程组的相关概念类似.

6.4.2 二阶线性微分方程解的结构

下面讨论二阶线性微分方程

$$y'' + P(x)y' + Q(x)y = f(x) \qquad\qquad (6.20)$$
$$y'' + P(x)y' + Q(x)y = 0 \qquad\qquad (6.21)$$

解的性质.这些性质还可以推广到 n 阶微分方程. 二阶线性微分方程在力学和电学有关振动问题中的应用非常广泛.

定理 6.1 如果函数 $y_1(x)$ 与 $y_2(x)$ 是方程(6.21)的两个解,则

$$y = C_1 y_1(x) + C_2 y_2(x) \qquad\qquad (6.22)$$

也是(6.21)的解,其中 C_1、C_2 是任意常数.

证 由于 $y_1(x)$ 与 $y_2(x)$ 均为方程(6.21)的解,因此有

$$y_1'' + P(x)y_1' + Q(x)y_1 = 0, \quad y_2'' + P(x)y_2' + Q(x)y_2 = 0$$

将(6.22)式代入方程(6.21)式的左端,得

$$(C_1 y_1'' + C_2 y_2'') + P(x)(C_1 y_1' + C_2 y_2') + Q(x)(C_1 y_1 + C_2 y_2)$$
$$= C_1(y_1'' + P(x)y_1' + Q(x)y_1) + C_2(y_2'' + P(x)y_2' + Q(x)y_2) = 0$$

所以式(6.22)是方程(6.21)的解.

齐次线性方程解的这个性质称为解的**叠加原理**.

应当指出,对齐次方程(6.21)的两个解 $y_1(x)$ 与 $y_2(x)$ 按式(6.22)叠加起来的解虽然仍然是该方程的解,并且形式上也包含两个任意常数 C_1 与 C_2,但它却不一定是方程(6.21)的通解. 当 $y_1(x)$ 和 $y_2(x)$ 中的一个是另一个的常数倍时,例如 $y_2(x) = k y_1(x)$,则有

$$C_1 y_1(x) + C_2 y_2(x) = C_1 y_1(x) + C_2 k y_1(x) = (C_1 + kC_2)y_1(x) = C y_1(x)$$

因此,实际上(6.22)中只有一个任意常数,不是方程(6.21)的通解.为了解决方程(6.21)的通解问题,首先介绍函数间线性相关与线性无关的概念.

定义 6.1 设 $y_1(x)$ 与 $y_2(x)$ 在区间 I 上有定义,如果 $y_1(x)$ 与 $y_2(x)$ 之比恒等于常数,即 $\dfrac{y_1(x)}{y_2(x)} \equiv k$ (k 为常数),则称 $y_1(x)$ 与 $y_2(x)$ 在区间 I 上**线性相关**;否则,称 $y_1(x)$ 与 $y_2(x)$ 在区间 I 上**线性无关**.

例如,函数 $y_1(x) = \sin 2x$ 与 $y_2(x) = 4\sin x \cos x$ 是两个线性相关的函数,因为后者是前者的二倍.而函数 $y_1(x) = e^{2x}$ 与 $y_2(x) = e^x$ 是两个线性无关的函数,因为二者不成倍数关系.

注 更一般的,对于 n 个函数 $y_1(x), y_2(x), \cdots, y_n(x)$,设它们在区间 I 上有

定义,如果存在不全为零的常数 C_1,C_2,$\cdots$,C_n,使得在区间 I 上有 $C_1 y_1(x) + C_2 y_2(x) + \cdots + C_n y_n(x) \equiv 0$,则称函数 $y_1(x)$,$y_2(x)$,$\cdots$,$y_n(x)$ 在区间 I 上线性相关,否则称为线性无关.

根据定义 6.1 和定理 6.1,可以得到二阶齐次线性微分方程通解的结构定理.

定理 6.2　设 $y_1(x)$ 与 $y_2(x)$ 是齐次方程(6.21)的两个线性无关的特解,则

$$y = C_1 y_1(x) + C_2 y_2(x)$$

就是方程(6.21)的通解,其中 C_1、C_2 是任意常数.

例如,方程 $y'' + y = 0$ 是二阶齐次线性方程,容易验证,$y_1 = \cos x$ 与 $y_2 = \sin x$ 是它的两个特解,且 $\dfrac{y_2}{y_1} = \dfrac{\sin x}{\cos x} = \tan x \neq$ 常数,即它们是线性无关的. 因此 $y = C_1 \cos x + C_2 \sin x$ 是该方程的通解.

下面讨论二阶非齐次线性方程(6.20)的通解结构.

在讨论一阶线性微分方程时,我们已经知道,一阶非齐次线性微分方程的通解可以表示为对应的齐次方程的通解和非齐次线性方程的一个特解之和. 实际上,不仅一阶方程的通解具有这样的结构,二阶及更高阶的非齐次线性微分方程的通解也具有同样的结构.

定理 6.3　设 $y^*(x)$ 是二阶非齐次线性方程(6.20)的一个特解,$Y(x)$ 是对应的二阶齐次线性方程(6.21)的通解,则

$$y = Y(x) + y^*(x) \tag{6.23}$$

是二阶非齐次线性微分方程(6.20)的通解.

证　根据假设,有

$$y^{*''} + P(x)y^{*'} + Q(x)y^* = f(x), \quad Y'' + P(x)Y' + Q(x)Y = 0$$

把 $y = Y(x) + y^*(x)$ 代入方程(6.20)的左端,得

$$(Y + y^*)'' + P(x)(Y + y^*)' + Q(x)(Y + y^*)$$
$$= (Y'' + P(x)Y' + Q(x)Y) + (y^{*''} + P(x)y^{*'} + Q(x)y^*) = f(x)$$

所以,式(6.23)是方程(6.20)的解.

由于对应齐次方程(6.21)的通解 $Y = C_1 y_1 + C_2 y_2$ 中含有两个独立的任意常数,所以 $y = Y + y^*$ 中也含有两个任意常数,从而它就是二阶非齐次线性微分方程(6.20)的通解.

例如,方程 $y'' + y = x^2$ 是二阶非齐次线性微分方程. 已知 $Y = C_1 \cos x + C_2 \sin x$ 是对应的齐次方程 $y'' + y = 0$ 的通解;又容易验证 $y^* = x^2 - 2$ 是所给方程的一个特解. 因此

$$y = C_1 \cos x + C_2 \sin x + x^2 - 2$$

是所给方程的通解.

类似地,还可以证明下面的定理.

定理 6.4　设非齐次线性方程(6.20)的右端 $f(x)$ 是两个函数之和,如

$$y'' + P(x)y' + Q(x)y = f_1(x) + f_2(x)$$

而 $y_1^*(x)$ 与 $y_2^*(x)$ 分别是方程

$$y'' + P(x)y' + Q(x)y = f_1(x), \quad y'' + P(x)y' + Q(x)y = f_2(x)$$

的特解,那么 $y = y_1^*(x) + y_2^*(x)$ 也是原方程的特解.

定理 6.5　设 $y_1 + \mathrm{i}y_2$ 是非齐次线性方程

$$y'' + P(x)y' + Q(x)y = f_1(x) + \mathrm{i}f_2(x)$$

的解,其中 $P(x), Q(x), f_1(x), f_2(x)$ 为实值函数,i 为虚数单位,则 y_1 与 y_2 分别是方程

$$y'' + P(x)y' + Q(x)y = f_1(x), \quad y'' + P(x)y' + Q(x)y = f_2(x)$$

的解.

习题 6 - 4

1. 验证 $y_1 = \mathrm{e}^{x^2}$ 及 $y_2 = x\mathrm{e}^{x^2}$ 都是方程 $y'' - 4xy' + (4x^2 - 2)y = 0$ 的解,并写出该方程的通解.

2. 验证 $y_1 = \sin kx$ 及 $y_2 = \cos kx$ 都是方程 $y'' + k^2 y = 0$ 的解,并写出该方程的通解.

3. 证明 $y = C_1 x^5 + \dfrac{C_2}{x} - \dfrac{x^2}{9}\ln x$ $(C_1、C_2$ 是任意常数)是方程

$$x^2 y'' - 3xy' - 5y = x^2 \ln x$$

的通解.

6.5　二阶常系数线性微分方程的解法

在二阶线性微分方程 $y'' + P(x)y' + Q(x)y = f(x)$ 中,如果 $y'、y$ 的系数 $P(x)、Q(x)$ 均为常数,则称该方程为二阶常系数线性微分方程.本节讨论二阶常系数线性微分方程的解法.

6.5.1　二阶常系数齐次线性微分方程的解法

二阶常系数齐次线性微分方程的一般形式为

$$y'' + py' + qy = 0 \tag{6.24}$$

其中 p, q 是实常数.根据上一节的定理 6.2,要求得方程(6.24)的通解,只需求出该方程的两个线性无关的特解 $y_1、y_2$ 即可.下面就来讨论这两个特解的求法.

从方程(6.24)的形式上容易看出，y、y' 及 y'' 必须是同一类型的函数，这样才能使得它们分别乘以常数因子后相加等于零. 而指数函数就具有这样的特点，因此我们有理由推测，如果选择适当常数 r，则 $y=e^{rx}$ 也许就是方程(6.24)的解. 因此，令 $y=e^{rx}$，将 $y=e^{rx}$，$y'=re^{rx}$，$y''=r^2e^{rx}$ 代入方程(6.24)，得

$$(r^2 + pr + q)e^{rx} = 0$$

由于 $e^{rx}\neq 0$，所以有

$$r^2 + pr + q = 0 \tag{6.25}$$

由此可见，如果 r 是代数方程(6.25)的根，则函数 $y=e^{rx}$ 就是微分方程(6.24)的特解. 代数方程(6.25)称为微分方程(6.24)的**特征方程**，并称特征方程的两个根为**特征根**. 特征方程是一个一元二次方程，其中 r^2、r 的系数及常数项恰好依次是微分方程(6.24)中 y''、y' 及 y 的系数.

由一元二次方程的求根公式，可以得到特征方程(6.25)的两个特征根为

$$r_{1,2} = \frac{-p \pm \sqrt{p^2 - 4q}}{2}$$

特征根有三种可能的情况，下面分别讨论.

1. 特征方程有两个不相等的实根 r_1、r_2

此时 $p^2-4q>0$，$y_1=e^{r_1x}$ 与 $y_2=e^{r_2x}$ 是微分方程(6.24)的两个特解，由于

$$\frac{y_2}{y_1} = \frac{e^{r_2x}}{e^{r_1x}} = e^{(r_2-r_1)x} \neq 常数$$

所以 $y_1=e^{r_1x}$ 与 $y_2=e^{r_2x}$ 线性无关，因此微分方程(6.24)的通解为

$$y = C_1 e^{r_1x} + C_2 e^{r_2x} \tag{6.26}$$

其中 C_1、C_2 为任意常数.

2. 特征方程有两个相等的实根 $r_1=r_2=r$

此时 $p^2-4q=0$，特征根 $r_1=r_2=-\dfrac{p}{2}$，此时只能得到微分方程(6.24)的一个特解 $y_1=e^{rx}$. 因此，必须寻找另一个特解 y_2，并使其与 y_1 线性无关. 为此，可设

$$y_2 = ue^{rx}$$

其中 $u=u(x)$ 是待定函数. 将 y、y' 及 y'' 的表达式代入方程(6.24)，得

$$(r^2 + 2ru' + u'')e^{rx} + p(u' + ru)e^{rx} + que^{rx} = 0$$

将上式两端消去非零因子 e^{rx} 并整理，得

$$u'' + (2r + p)u' + (r^2 + pr + q)u = 0$$

由于 r 是特征方程(6.25)的根，所以上式第 2 项和第 3 项的系数均为零，上式变为

$$u'' = 0$$

取这个方程最简单的一个解 $u(x) = x$,即得到微分方程(6.24)的另一个特解 $y_2 = x\mathrm{e}^{rx}$,经验证,y_2 与 y_1 线性无关,故得微分方程(6.24)的通解为

$$y = C_1\mathrm{e}^{rx} + C_2 x\mathrm{e}^{rx} = (C_1 + C_2 x)\mathrm{e}^{rx} \tag{6.27}$$

其中 C_1、C_2 为任意常数.

3. 特征方程有一对共轭复根 $r_{1,2} = \alpha \pm \mathrm{i}\beta$

此时 $p^2 - 4q < 0$,$y_1 = \mathrm{e}^{(\alpha+\mathrm{i}\beta)x}$ 与 $y_2 = \mathrm{e}^{(\alpha-\mathrm{i}\beta)x}$ 是微分方程(6.24)的两个特解,因此微分方程(6.24)的通解为

$$y = C_1\mathrm{e}^{(\alpha+\mathrm{i}\beta)x} + C_2\mathrm{e}^{(\alpha-\mathrm{i}\beta)x}$$

由于这是复数形式的解,应用上不方便,因此需要设法求出实数形式的解.为此,利用欧拉公式 $\mathrm{e}^{\mathrm{i}\theta} = \cos\theta + \mathrm{i}\sin\theta$ 把 y_1、y_2 改写为

$$y_1 = \mathrm{e}^{(\alpha+\mathrm{i}\beta)x} = \mathrm{e}^{\alpha x} \cdot \mathrm{e}^{\mathrm{i}\beta x} = \mathrm{e}^{\alpha x}(\cos\beta x + \mathrm{i}\sin\beta x)$$
$$y_2 = \mathrm{e}^{(\alpha-\mathrm{i}\beta)x} = \mathrm{e}^{\alpha x} \cdot \mathrm{e}^{-\mathrm{i}\beta x} = \mathrm{e}^{\alpha x}(\cos\beta x - \mathrm{i}\sin\beta x)$$

由定理 6.1 知,微分方程(6.24)的两个解的线性组合仍然是它的解,所以实值函数

$$\overline{y_1} = \frac{1}{2}(y_1 + y_2) = \mathrm{e}^{\alpha x}\cos\beta x, \quad \overline{y_2} = \frac{1}{2\mathrm{i}}(y_1 - y_2) = \mathrm{e}^{\alpha x}\sin\beta x$$

仍是微分方程(6.24)的解,而 $\dfrac{\overline{y_1}}{\overline{y_2}} = \dfrac{\mathrm{e}^{\alpha x}\cos\beta x}{\mathrm{e}^{\alpha x}\sin\beta x} = \cot\beta x \neq$ 常数,即它们是线性无关的.所以微分方程(6.24)的通解为

$$y = \mathrm{e}^{\alpha x}(C_1\cos\beta x + C_2\sin\beta x)$$

其中 C_1、C_2 为任意常数.

综上所述,求二阶常系数齐次线性微分方程(6.24)的通解时,只需先求出它的特征方程的根,再根据根的不同情况确定其通解,其通解的形式如下表:

特征方程 $r^2 + pr + q = 0$ 的根	微分方程 $y'' + py' + qy = 0$ 的通解
有两个不相等的实根 r_1、r_2	$y = C_1\mathrm{e}^{r_1 x} + C_2\mathrm{e}^{r_2 x}$
有两个相等的实根 $r_1 = r_2 = r$	$y = (C_1 + C_2 x)\mathrm{e}^{rx}$
有一对共轭复根 $r_{1,2} = \alpha \pm \mathrm{i}\beta$	$y = \mathrm{e}^{\alpha x}(C_1\cos\beta x + C_2\sin\beta x)$

例 6.22　求微分方程 $y'' - 5y' + 6y = 0$ 的通解.

解　该微分方程的特征方程为

$$r^2 - 5r + 6 = 0$$

它有两个不相等的实根 $r_1=2$，$r_2=3$，因此所求通解为
$$y = C_1 \mathrm{e}^{2x} + C_2 \mathrm{e}^{3x}$$

例 6.23 求方程 $y''+4y'+4y=0$ 满足初始条件 $y\big|_{x=0}=4$、$y'\big|_{x=0}=-2$ 的特解.

解 该微分方程的特征方程为
$$r^2 + 4r + 4 = 0$$

它有两个相等的实根 $r_1=r_2=-2$，因此微分方程的通解为
$$y = (C_1 + C_2 x)\mathrm{e}^{-2x}$$

将条件 $y\big|_{x=0}=4$ 代入，得 $C_1=4$，从而
$$y = (4 + C_2 x)\mathrm{e}^{-2x}$$

将上式对 x 求导，得
$$y' = (C_2 - 8 - 2C_2 x)\mathrm{e}^{-2x}$$

再把条件 $y'\big|_{x=0}=-2$ 代入上式，得 $C_2=6$. 于是所求特解为
$$y = (4 + 6x)\mathrm{e}^{-2x}$$

例 6.24 求微分方程 $y''+2y'+5y=0$ 的通解.

解 该微分方程的特征方程为
$$r^2 + 2r + 5 = 0$$

它有一对共轭复根 $r_{1,2}=-1\pm 2\mathrm{i}$，于是所求微分方程的通解为
$$y = \mathrm{e}^{-x}(C_1 \cos 2x + C_2 \sin 2x)$$

注 上面的讨论可以推广到 n 阶常系数齐次线性微分方程，对于 n 阶常系数齐次线性微分方程
$$y^{(n)} + p_1 y^{(n-1)} + \cdots + p_{n-1} y' + qy = 0$$

其特征方程为
$$r^n + p_1 r^{n-1} + \cdots + p_{n-1} r + q = 0$$

根据特征方程的根，可按下表方式直接写出其对应的微分方程的解：

特征方程的根	通解中的对应项
k 重根 $r_1=\cdots=r_k=r$	$(C_0+C_1 x+\cdots+C_{k-1}x^{k-1})\mathrm{e}^{rx}$
k 对共轭复根 $r_{1,2,\cdots,k}=\alpha\pm\mathrm{i}\beta$	$\mathrm{e}^{\alpha x}((C_0+C_1 x+\cdots+C_{k-1}x^{k-1})\cos\beta x$ $+(D_0+D_1 x+\cdots+D_{k-1}x^{k-1})\sin\beta x)$

特征方程是 n 次代数方程，它有 n 个根，其中每一个根都对应于通解中的一

项,且每一项都含有一个任意常数,于是就可得到 n 阶常系数齐次线性微分方程的通解为

$$y = C_1 y_1 + C_2 y_2 + \cdots + C_n y_n$$

下面通过例题来说明.

*例 6.25　求方程 $y^{(4)} - 2y''' + 5y'' = 0$ 的通解.

解　该微分方程的特征方程为

$$r^4 - 2r^3 + 5r^2 = 0$$

即　　　　　　　　　　　　$r^2(r^2 - 2r + 5) = 0$

它的特征根为 $r_1 = r_2 = 0$ 和 $r_3 = 1 + 2i, r_4 = 1 - 2i$. 因此所给微分方程的通解为

$$y = C_1 + C_2 x + e^x(C_3 \cos 2x + C_4 \sin 2x)$$

6.5.2　二阶常系数非齐次线性微分方程的解法

二阶常系数非齐次线性微分方程的一般形式是

$$y'' + py' + qy = f(x) \tag{6.28}$$

由 6.4 节定理 6.3 可知,方程(6.28)的通解可以表示为它的一个特解 y^* 和与其对应的齐次方程(6.24)的通解之和. 前面已经讨论了齐次方程(6.24)通解的求法,下面讨论如何求方程(6.28)的特解 y^*.

方程(6.28)的特解形式与其右端的自由项 $f(x)$ 有关,一般情形下要求出方程(6.28)的特解是很困难的,下面仅就两种比较常见的形式进行讨论,可用所谓的待定系数法求特解 y^*.

1. $f(x) = e^{\lambda x} P_m(x)$ 型

设 $f(x) = e^{\lambda x} P_m(x)$,其中 λ 是常数,P_m 是 x 的 m 次多项式:

$$P_m(x) = a_0 x^m + a_1 x^{m-1} + \cdots + a_{m-1} x + a_m$$

要求方程(6.28)的特解 y^* 就是要求一个函数,使其满足该方程,怎样的函数才能使该方程满足呢? 由于方程(6.28)的右端是多项式 $P_m(x)$ 与指数函数 $e^{\lambda x}$ 的乘积,而此类函数的导数仍然是同类型的函数. 因此,可以推测 y^* 也应该是多项式与指数函数乘积. 所以设

$$y^* = Q(x)e^{\lambda x} \quad \text{(其中 } Q(x) \text{ 是 } x \text{ 的某个多项式)}$$

将 $y^* = Q(x)e^{\lambda x}$, $y^{*\prime} = e^{\lambda x}[\lambda Q(x) + Q'(x)]$, $y^{*\prime\prime} = e^{\lambda x}[\lambda^2 Q(x) + 2\lambda Q'(x) + Q''(x)]$ 代入方程(6.28),并消去因式 $e^{\lambda x}$,得

$$Q''(x) + (2\lambda + p)Q'(x) + (\lambda^2 + p\lambda + q)Q(x) = P_m(x) \tag{6.29}$$

下面分三种情况进行讨论.

(1) λ 不是的特征方程 $r^2 + pr + q = 0$ 的根.

此时 $\lambda^2+p\lambda+q\neq0$，由于 $P_m(x)$ 是 x 的 m 次多项式，要使(6.29)两端恒等，可设 $Q(x)$ 为另一个 m 次多项式

$$Q_m(x) = b_0x^m + b_1x^{m-1} + \cdots + b_{m-1}x + b_m$$

其中，$b_i(i=0,1,\cdots,m)$ 是待定常数，将 $Q_m(x)$ 代入(6.29)式，比较等式两端 x 同次幂的系数，就得到以 $b_0,b_1,\cdots,b_m$ 作为未知数的 $m+1$ 个方程的联立方程组. 从而确定出这些待定常数 $b_i(i=0,1,\cdots,m)$，并得到所求的特解

$$y^* = Q_m(x)e^{\lambda x}$$

(2) λ 是特征方程 $r^2+pr+q=0$ 的单根.

此时有 $\lambda^2+p\lambda+q=0,2\lambda+p\neq0$，这时(6.29)式左端仅出现 $Q'(x)$ 及 $Q''(x)$，要使该式两端恒等，$Q'(x)$ 必须是 m 次多项式，故可设

$$Q(x) = xQ_m(x)$$

用与(1)中同样的方法确定 $Q_m(x)$ 的系数 $b_i(i=0,1,\cdots,m)$，于是所求的特解为

$$y^* = xQ_m(x)e^{\lambda x}$$

(3) λ 是的特征方程 $r^2+pr+q=0$ 的重根.

此时 $\lambda^2+p\lambda+q=0$，且 $2\lambda+p=0$，这时(6.29)式左端仅出现 $Q''(x)$，要使其两端恒等，$Q''(x)$ 必须是 m 次多项式. 故可设

$$Q(x) = x^2Q_m(x)$$

用同样的方法确定 $Q_m(x)$ 的系数 $b_i(i=0,1,\cdots,m)$，即可得到所求的特解

$$y^* = x^2Q_m(x)e^{\lambda x}$$

综上所述，当 $f(x)=P_m(x)e^{\lambda x}$ 时，二阶常系数非齐次线性微分方程(6.28)的特解形式为

$$y^* = x^kQ_m(x)e^{\lambda x} \tag{6.30}$$

其中 $Q_m(x)$ 是与 $P_m(x)$ 同次的多项式，而 k 按 λ 不是特征方程的根、是特征方程的单根或是特征方程的重根分别取为 0、1 或 2.

注　上述结论可推广到 n 阶常系数非齐次线性微分方程，但应注意(6.30)式中的 k 是特征方程的根 λ 的重数(即若 λ 不是特征方程的根，k 取为 0；若 λ 是特征方程的 s 重根，则 k 取 s).

例 6.26　写出下列微分方程所具有的特解形式：

(1) $y''+5y'+6y=xe^{5x}$；

(2) $y''+5y'+6y=4xe^{-3x}$；

(3) $y''-4y'+4y=(4x^2+3)e^{2x}$.

解　(1) 这里 $\lambda=5$，不是特征方程 $r^2+5r+6=0$ 的根，因此方程具有形如 $y^*=(b_0x+b_1)e^{5x}$ 的特解；

(2) 这里 $\lambda = -3$,是特征方程 $r^2 + 5r + 6 = 0$ 的单根,因此方程具有形如 $y^* = x(b_0 x + b_1)e^{-3x}$ 的特解;

(3) 这里 $\lambda = 2$,是特征方程 $r^2 - 4r + 4 = 0$ 的二重根,因此方程具有形如 $y^* = x^2(b_0 x^2 + b_1 x + b_2)e^{2x}$ 的特解.

例 6.27 求微分方程 $y'' - 3y' + 2y = xe^{2x}$ 的一个特解.

解 这是一个二阶常系数非齐次线性微分方程,其右端的自由项为 $f(x) = P_m(x)e^{\lambda x}$ 型,其中 $P_m(x) = xe^{2x}$,$\lambda = 2$. 与所给方程对应的齐次方程的特征方程为

$$r^2 + 3r + 2 = 0$$

由于 $\lambda = 2$ 是特征方程的单根,所以设特解形式为

$$y^* = x(b_0 x + b_1)e^{2x}$$

代入所给方程,得

$$2b_0 x + b_1 + 2b_0 = x$$

比较等式两端同次幂的系数,得

$$b_0 = \frac{1}{2}, \quad b_1 = -1$$

于是求得该方程的一个特解为

$$y^* = x\left(\frac{1}{2}x - 1\right)e^{2x}$$

例 6.28 求微分方程 $y'' - 2y' - 3y = 3x + 1$ 的通解.

解 这是一个二阶常系数非齐次线性微分方程,其右端的自由项为 $f(x) = P_m(x)e^{\lambda x}$ 型,其中 $P_m(x) = 3x + 1$,$\lambda = 0$. 与其对应的齐次方程的特征方程为

$$r^2 - 2r - 3 = 0$$

特征根为 $r_1 = -1$,$r_2 = 3$. 于是对应齐次方程的通解为

$$Y = C_1 e^{-x} + C_2 e^{3x}$$

由于 $\lambda = 0$ 不是特征方程的根,所以应设特解为

$$y^* = b_0 x + b_1$$

把它代入所给方程,得

$$-3b_0 x - 2b_0 - 3b_1 = 3x + 1$$

比较等式两端同次幂的系数,得

$$\begin{cases} -3b_0 = 3 \\ -2b_0 - 3b_1 = 1 \end{cases}$$

解得 $b_0 = -1$,$b_1 = \frac{1}{3}$. 因此微分方程的一个特解为

$$y^* = -x + \frac{1}{3}$$

于是,所求的通解为

$$y = C_1 \mathrm{e}^{-x} + C_2 \mathrm{e}^{3x} - x + \frac{1}{3}$$

2. $f(x) = \mathrm{e}^{\lambda x}[P_l(x)\cos\omega x + P_n(x)\sin\omega x]$型

设 $f(x) = \mathrm{e}^{\lambda x}[P_l(x)\cos\omega x + P_n(x)\sin\omega x]$,其中 λ、ω 是常数,$P_l(x)$、$P_m(x)$ 分别是 x 的 l 次、n 次多项式,此时不加推导的给出方程特解形式:

$$y^* = x^k \mathrm{e}^{\lambda x}[R_m^{(1)}(x)\cos\omega x + R_m^{(2)}(x)\sin\omega x] \tag{6.31}$$

其中 $R_m^{(1)}(x)$、$R_m^{(2)}(x)$ 是 m 次多项式,$m = \max\{l, n\}$,而 k 按 $\lambda \pm \mathrm{i}\omega$ 不是特征方程的根或是特征方程的根依次取 0 或 1.

　　注　上述结论可推广到 n 阶常系数非齐次线性微分方程,但是注意(6.31)式中的 k 是特征方程中含根 $\lambda \pm \mathrm{i}\omega$ 的重复次数.

　　例 6.29　求微分方程 $y'' + 4y = 4\sin 2x$ 的一个特解.

　　解　这是二阶常系数非齐次线性方程,其自由项为 $\mathrm{e}^{\lambda x}[P_l(x)\cos\omega x + P_n(x)\sin\omega x]$型,其中 $P_l(x) = 0$, $P_n(x) = 4$, $\lambda = 0$, $\omega = 2$.该方程对应的齐次方程为

$$y'' + 4y = 0$$

其特征方程的根为 $r_1 = 2\mathrm{i}$, $r_2 = -2\mathrm{i}$, 由于 $\lambda \pm \mathrm{i}\omega = \pm 2\mathrm{i}$ 是特征方程的根,所以应设特解为

$$y^* = x(A\cos 2x + B\sin 2x)$$

代入原方程,得

$$-4A\sin 2x + 4B\cos 2x = 4\sin 2x$$

比较两端同类项的系数,得

$$A = -1, \ B = 0$$

于是所给方程的一个特解为

$$y^* = -x\cos 2x$$

　　例 6.30　求微分方程 $y'' + y = x\cos 2x$ 的通解.

　　解　这是二阶常系数非齐次线性方程,其自由项为 $\mathrm{e}^{\lambda x}[P_l(x)\cos\omega x + P_n(x)\sin\omega x]$型,其中 $P_l(x) = x$, $P_n(x) = 0$, $\lambda = 0$, $\omega = 2$.该方程对应的齐次方程的特征方程为 $r^2 + 1 = 0$,特征根为 $r_1 = \mathrm{i}$, $r_2 = -\mathrm{i}$,所以对应的齐次方程通解为

$$Y = C_1\cos x + C_2\sin x$$

　　由于 $\lambda \pm \mathrm{i}\omega = \pm 2\mathrm{i}$ 不是特征方程的根,于是可设其特解形式为

$$y^* = (ax + b)\cos 2x + (cx + d)\sin 2x$$

求导得

$$y_1^* = (a+2cx+2d)\cos 2x + (c-2ax-2b)\sin 2x$$
$$y_1^{*''} = (4c-4b-4ax)\cos 2x + (-4a-4d-4cx)\sin 2x$$

代入方程,并化简,得

$$(4c-3b)\cos 2x - 3ax\cos 2x - (4a+3d)\sin 2x - 3cx\sin 2x = x\cos 2x$$

比较等式两端同类项系数,得 $a = -\dfrac{1}{3}$,$b=0$,$c=0$,$d=\dfrac{4}{9}$,于是所给方程的一个特解为

$$y^* = -\frac{1}{3}x\cos 2x + \frac{4}{9}\sin 2x$$

故题设方程的通解为

$$y = C_1\cos x + C_2\sin x - \frac{1}{3}x\cos 2x + \frac{4}{9}\sin 2x$$

6.5.3 二阶常系数线性微分方程应用举例

二阶常系数线性微分方程在解决实际问题中有着比较广泛的应用,下面通过两个实例进行说明.

1. 弹簧振动问题

设有一个弹簧,其一端固定,另一端挂一个质量为 m 的物体,取 x 轴铅直向下,坐标原点取在平衡位置(如图 6-5).如果使物体具有一个初速度 $v_0 \neq 0$,物体便离开平衡位置,并在平衡位置附近做上下振动.在振动过程中,物体的位置 x 随时间 t 变化,要研究物体的运动规律,就需要求出函数 $x = x(t)$.

由胡克定律知,弹簧的弹性恢复力 f 与弹簧变形量成正比:$f = -k(x+l)$,其中 k 为弹性系数,l 为弹簧的静伸长量,负号表示弹性力的方向和物体位移的方向相反.由牛顿第二定律得

$$m\frac{\mathrm{d}^2 x}{\mathrm{d}t^2} = mg - k(x+l)$$

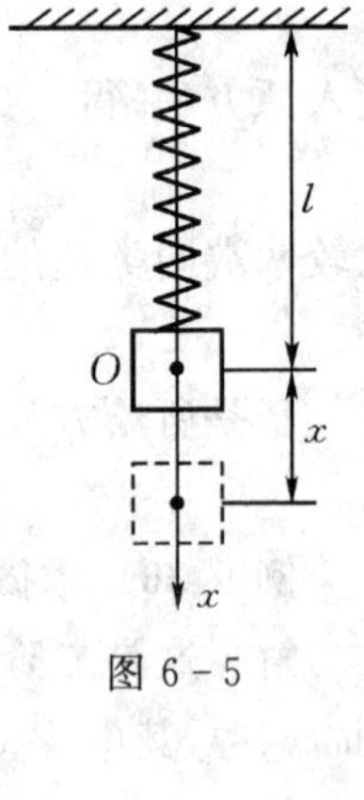

注意到 $mg = kl$,因此,方程变为

$$m\frac{\mathrm{d}^2 x}{\mathrm{d}t^2} = -kx \quad 或 \quad \frac{\mathrm{d}^2 x}{\mathrm{d}t^2} + \omega_n^2 x = 0 \quad (6.32)$$

图 6-5

其中 $\omega_n^2 = \dfrac{k}{m}$,方程(6.32)称为**无阻尼自由振动微分方程**,它是一个二阶常系数齐次线性微分方程.

如果物体在振动过程中受到介质(空气、油、水等)的阻力作用,还需要考虑阻

力的影响. 根据实验知, 当物体运动速度不大时, 其所受的阻力 **R** 大小与运动速度成正比而方向总与运动方向相反, 即

$$R = -\mu \frac{\mathrm{d}x}{\mathrm{d}t}$$

其中 $\mu > 0$ 称为阻尼系数, 因此物体运动应满足的方程是

$$m \frac{\mathrm{d}^2 x}{\mathrm{d}t^2} = -kx - \mu \frac{\mathrm{d}x}{\mathrm{d}t}$$

若记 $2n = \frac{\mu}{m}, \omega_n^2 = \frac{k}{m}$, 并移项, 则上式化为

$$\frac{\mathrm{d}^2 x}{\mathrm{d}t^2} + 2n \frac{\mathrm{d}x}{\mathrm{d}t} + \omega_n^2 x = 0 \tag{6.33}$$

方程(6.33)称为**有阻尼的自由振动微分方程**, 它也是一个二阶常系数齐次线性微分方程.

如果物体在振动过程中, 还受到周期性的铅直干扰力 $F = H\sin pt$ 的作用, 则物体的运动方程为

$$\frac{\mathrm{d}^2 x}{\mathrm{d}t^2} + 2n \frac{\mathrm{d}x}{\mathrm{d}t} + \omega_n^2 x = h\sin pt \tag{6.34}$$

其中 $h = \frac{H}{m}$. 方程(6.34)称为**强迫振动的微分方程**, 它是一个二阶常系数非齐次线性微分方程.

下面就以上三种情形分别进行讨论

(1) **无阻尼自由振动**

无阻尼自由振动方程为

$$\frac{\mathrm{d}^2 x}{\mathrm{d}t^2} + \omega_n^2 x = 0 \tag{6.35}$$

它的特征方程 $r^2 + \omega_n^2 = 0$ 的根为 $r = \pm \mathrm{i}\omega_n$, 所以方程的通解为

$$x = C_1 \cos \omega_n t + C_2 \sin \omega_n t = A\sin(\omega_n t + \varphi) \tag{6.36}$$

这个函数所反映的运动就是**简谐振动**(如图 6 - 6 所示). 其中 A 为振动的振幅, φ 为初相位, 它们由运动的初始条件确定, ω_n 称为系统的**固有频率**, 它是振动系统固有的特性.

(2) **有阻尼的自由振动**

有阻尼的自由振动方程(6.33)是二阶常系数齐次线性微分方程, 其特征方程为 $r^2 + 2nr + \omega_n^2 = 0$, 特征根为

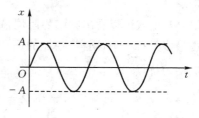

图 6 - 6

$$r=\frac{-2n\pm\sqrt{4n^2-4\omega_n^2}}{2}=-n\pm\sqrt{n^2-\omega_n^2}$$

① 小阻尼情形：$n<\omega_n$，特征根 $r=-n\pm \mathrm{i}\omega_d\left(\omega_d=\sqrt{\omega_n^2-n^2}\right)$是一对共扼复根，所以方程(6.33)的通解为

$$\begin{aligned} x&=\mathrm{e}^{-nt}(C_1\cos\omega_d t+C_2\sin\omega_d t)\\ &=A\mathrm{e}^{-nt}\sin(\omega_d t+\varphi) \end{aligned} \tag{6.37}$$

其中任意常数 A、φ 可以由运动的初始条件确定.

从上式看出，物体仍在平衡位置上下振动，但与简谐振动不同的是，它的振幅 $A\mathrm{e}^{-nt}$ 随时间 t 的增大而不断衰减，随时间 t 的增大它将趋于平衡位置(如图 6-7所示). 所以这种振动又称为**衰减振动**.

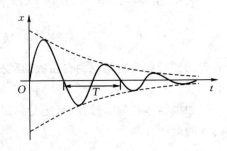

图 6-7

② 大阻尼情形：$n>\omega_n$，特征方程的根 $r_{1,2}=-n\pm\sqrt{n^2-\omega_n^2}$是两个不相等的实根，所以方程(6.33)的通解为

$$x=C_1\mathrm{e}^{-(n-\sqrt{n^2-\omega_n^2})t}+C_2\mathrm{e}^{-(n+\sqrt{n^2-\omega_n^2})t} \tag{6.38}$$

其中任意常数 C_1、C_2 可以由运动的初始条件确定.

从式(6.38)可以看出使 $x=0$ 的 t 最多只有一个，即物体最多越过平衡位置一次，因此物体的运动已经不再具有振动的特点. 又当 $t\to+\infty$ 时，$x\to0$. 所以在大阻尼情形，物体随时间 t 的增大而趋于平衡位置(如图 6-8 所示).

③ 临界阻尼情形：$n=\omega_n$，特征方程的根 $r_1=r_2=-n$ 是两个相等的实根，所以方程(6.33)的通解为

$$x=\mathrm{e}^{-nt}(C_1+C_2t) \tag{6.39}$$

其中任意常数 C_1 及 C_2 可由运动的初始条件确定.

图 6-8

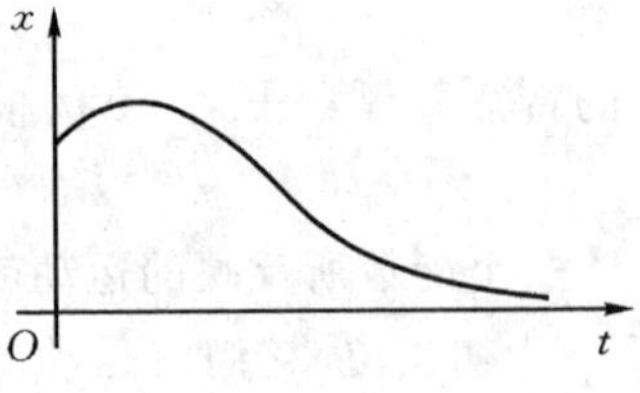

从上式可以看出在临界阻尼情形使 $x=0$ 的 t 也最多只有一个，同样，物体的运动也已不再具有振动的特点. 又由于

$$\lim_{t\to+\infty}t\mathrm{e}^{-nt}=\lim_{t\to+\infty}\frac{t}{\mathrm{e}^{nt}}=\lim_{t\to+\infty}\frac{1}{n\mathrm{e}^{nt}}=0$$

从而可以看出，当 $t\to+\infty$ 时，$x\to0$. 因此，物体随着时间 的增大而无限地趋于平衡

位置.（如图 6-9 所示）

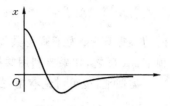

　　（3）**无阻尼强迫振动**

无阻尼强迫振动的运动方程为

$$\frac{\mathrm{d}^2 x}{\mathrm{d}t^2} + \omega_n^2 x = h\sin pt \qquad (6.40)$$

这里需要求出方程（6.40）的通解. 与它对应的齐次
微分方程就是无阻尼自由振动方程（6.35），其通解
为

图 6-9

$$X = A\sin(\omega_n t + \varphi)$$

其中 A、φ 为任意常数.

　　现在来求非齐次方程（6.40）的特解.

　　① 当 $p \neq \omega_n$ 时,可设特解为 $x^* = a\cos pt + b\sin pt$,代入方程（6.40），比较系
数,可得

$$a = 0, \quad b = \frac{h}{\omega_n^2 - p^2}$$

于是

$$x^* = \frac{h}{\omega_n^2 - p^2}\sin pt$$

从而方程（6.40）的通解为

$$x = X + x^* = A\sin(\omega_n t + \varphi) + \frac{h}{\omega_n^2 - p^2}\sin pt \qquad (6.41)$$

　　从（6.41）式可以看出,物体的运动由两部分组成,这两部分都是简谐振动.上
式第一项表示自由振动,第二项所表示的振动叫做**强迫振动**.强迫振动是干扰力引
起的,它的角频率即是干扰力的角频率 p. 当干扰力的角频率 p 与振动系统的固有
频率 ω_n 相差很小时,它的振幅 $\left|\dfrac{h}{\omega_n^2 - p^2}\right|$ 很大.

　　② 当 $p = \omega_n$ 时,可设特解为

$$x^* = t(a\cos\omega_n t + b\sin\omega_n t)$$

代入方程（6.40），可得

$$a = -\frac{h}{2\omega_n}, \quad b = 0$$

于是

$$x^* = -\frac{h}{2\omega_n}t\cos\omega_n t$$

从而方程（6.40）的通解为

$$x = X + x^* = A\sin(\omega_n t + \varphi) - \frac{h}{2\omega_n}t\cos\omega_n t \qquad (6.42)$$

上式右端第二项表明,当 $t \to \infty$ 时,强迫振动的振幅 $\dfrac{h}{2\omega_n} t$ 将无限增大. 这就发生所谓的**共振现象**. 为了避免共振现象,应使干扰力的角频率 p 远离振动系统的固有频率 ω_n. 反之,如果要利用共振现象,则应使 $p = \omega_n$ 或使 p 与 ω_n 尽量接近.

类似地,也可讨论有阻尼的强迫振动问题,这里从略.

*2. 串联电路问题

如图 6-10 所示,由电阻 R、电感 L 及电容 C (R、L、C 为常数)串联成的回路,在 $t=0$ 时合上开关,接入电源电动势 $E(t)$,现求任意时刻电路中的电流 $I(t)$.

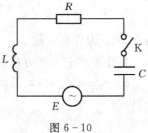

图 6-10

由电路中的克希霍夫回路电压定律,有

$$L \frac{dI}{dt} + RI + \frac{Q}{C} = E(t)$$

其中,RI 为电阻 R 上的电压降,$\dfrac{Q}{C}$ 为电容在电感 L 上的电压降(Q 为电容器两极板间的电量,是时间的函数),$L \dfrac{dI}{dt}$ 为电流在电感上的电压降. 由电学知识知,$I = \dfrac{dQ}{dt}$,因此,方程变为

$$L \frac{d^2 Q}{dt^2} + R \frac{dQ}{dt} + \frac{1}{C} Q = E(t) \tag{6.43}$$

这是一个二阶常系数非齐次线性微分方程. 若 $t=0$ 时电量为 Q_0,电流为 I_0,则有初始条件

$$Q(0) = Q_0, \quad Q'(0) = I(0) = I_0 \tag{6.44}$$

此时,可以求出方程(6.43)满足初始条件(6.44)的解.

将方程(6.43)的两端对时间 t 求导,再以 $I = \dfrac{dQ}{dt}$ 代入,则可得到 $I(t)$ 所满足的微分方程

$$L \frac{d^2 I}{dt^2} + R \frac{dI}{dt} + \frac{1}{C} I = E'(t)$$

这也是一个二阶常系数非齐次线性微分方程,可采用与振动方程类似的方法加以讨论.

习题 6-5

1. 求下列微分方程的通解:

(1) $y'' + y' - 2y = 0$ 　　(2) $y'' - 4y' = 0$ 　　(3) $y'' + y' = 0$

(4) $y'' + 6y' + 13y = 0$ 　　(5) $4 \dfrac{d^2 x}{dt^2} - 20 \dfrac{dx}{dt} + 25x = 0$ 　　(6) $y'' - 4y' + 5y = 0$

(7) $y^{(4)} + 2y'' + y = 0$ (8) $y^{(4)} - 2y''' + y'' = 0$

2. 求下列微分方程满足所给初始条件的特解:

(1) $y'' - 6y' + 8y = 0, y\big|_{x=0} = 1, y'\big|_{x=0} = 6$

(2) $4y'' + 4y' + y = 0, y\big|_{x=0} = 2, y'\big|_{x=0} = 0$

(3) $y'' - 3y' - 4y = 0, y\big|_{x=0} = 0, y'\big|_{x=0} = -5$

(4) $y'' + 6y' + 13y = 0, y\big|_{x=0} = 3, y'\big|_{x=0} = -1$

3. 求下列微分方程的通解:

(1) $2y'' + y' - y = 2e^x$ (2) $y'' + y = e^x$

(3) $y'' + 5y' + 4y = 3 - 2x$ (4) $y'' - 6y' + 9y = (x+1)e^{3x}$

(5) $y'' + y' = e^x + \cos x$ (6) $y'' + 4y = x\cos x$

4. 求下列微分方程满足所给初始条件的特解:

(1) $y'' - 3y' + 2y = 5, y\big|_{x=0} = 1, y'\big|_{x=0} = 2$

(2) $y'' - y = 4xe^x, y\big|_{x=0} = 0, y'\big|_{x=0} = 1$

5. 设二阶常系数线性微分方程 $y'' + ay' + by = ce^x$ 的一个特解为 $y = e^{2x} + (1+x)e^x$, 试求 a, b, c, 并求该方程的通解.

6. 火车沿水平轨道运动, 质量为 m, 机车牵引力为 F, 运动时所受的阻力为 $f = a + bv$, 设火车从静止开始运动, 求火车的运动方程(其中 a, b, F, m 为常数, v 为火车的速度).

7. 设函数 $\varphi(x)$ 连续, 且满足 $\varphi(x) = e^x + \int_0^x t\varphi(t)\mathrm{d}t - x\int_0^x \varphi(t)\mathrm{d}t$, 求 $\varphi(x)$.

***8.** 一链条挂在一钉子上, 起动时一端离钉子 8 m, 另一端离钉子 12 m, 分别在以下两种情况下求链条滑下来所需要的时间:(1)不计钉子对链条的摩擦力;(2)摩擦力为 1 m 长的链条的重量.

***9.** 设在同一水域生存着食草鱼与食鱼之鱼, 它们的数量分别为 $x(t)$ 与 $y(t)$, 不妨设 x 与 y 是连续变化的, 其中鱼数 x 受 y 的影响而减少(大鱼吃了小鱼), 减少的速率与 $y(t)$ 成正比;而鱼数 y 也受 x 影响而减少(小鱼吃了大鱼卵), 减少的速率与 $x(t)$ 成正比. 如果 $x(0) = x_0, y(0) = y_0$, 试建立这一问题的数学模型, 并求这两种鱼数量的变化规律.

***10.** 位于点 $P_0(l, 0)$ 的舰艇向位于坐标原点的目标发射制导鱼雷, 鱼雷始终对准目标. 设目标以最大速度 a 沿着 y 轴正方向运动, 鱼雷的速度为 b, 试求鱼雷运动轨迹的曲线方程. 问鱼雷击中目标时, 目标行驶了多远? 经过了多少时间?

附录 I 常用的初等数学公式

一、常用初等代数公式

1. 乘法和因式分解公式

(1) $(a \pm b)^2 = a^2 \pm 2ab + b^2$

(2) $(a \pm b)^3 = a^3 \pm 3a^2b + 3ab^2 \pm b^3$

(3) $a^2 - b^2 = (a+b)(a-b)$

(4) $a^3 \pm b^3 = (a \pm b)(a^2 \mp ab + b^2)$

(5) $a^n - b^n = (a-b)(a^{n-1} + a^{n-2}b + a^{n-3}b^2 + \cdots + ab^{n-2} + b^{n-1})$

2. 指数计算

(1) $a^{x_1 + x_2} = a^{x_1} \cdot a^{x_2}$ (2) $a^{x_1 - x_2} = \dfrac{a^{x_1}}{a^{x_2}}$ (3) $a^{x_1 x_2} = (a^{x_1})^{x_2}$

(4) $(ab)^x = a^x b^x$ (5) $\left(\dfrac{a}{b}\right)^x = \dfrac{a^x}{b^x}$ (6) $a^{-x} = \dfrac{1}{a^x}$

3. 对数运算

(1) 若 $a^x = y$，则 $x = \log_a y$ (2) $a^{\log_a x} = x$

(3) $\log_a (x_1 x_2) = \log_a x_1 + \log_a x_2$ (4) $\log_a \dfrac{x_1}{x_2} = \log_a x_1 - \log_a x_2$

(5) $\log_a x^m = m \log_a x$ (6) $\log_b x = \dfrac{\log_a x}{\log_a b}$

4. 数列

(1) 等差数列：$a_1, a_1 + d, a_1 + 2d, \cdots, a_1 + nd, \cdots$，公差为 d，前 n 项和为

$$S_n = \frac{a_1 + a_n}{2} \cdot n$$

(2) 等比数列：$a_1, a_1 q, a_1 q^2, \cdots, a_1 q^{n-1}, \cdots$，公比为 q，前 n 项和为

$$S_n = \frac{a_1(1 - q^{n-1})}{1 - q}$$

(3) 一些常见数列的前 n 项和

$$1 + 2 + 3 + \cdots + n = \frac{1}{2}n(n+1)$$

$$1^2 + 2^2 + 3^2 + \cdots + n^2 = \frac{1}{6}n(n+1)(2n+1)$$

$$1^2+3^2+5^2+\cdots+(2n-1)^2=\frac{1}{3}n(4n^2-1)$$

$$\frac{1}{1\times2}+\frac{1}{2\times3}+\frac{1}{3\times4}+\cdots+\frac{1}{n(n+1)}=1-\frac{1}{n+1}$$

二、常用基本三角公式

1. 基本公式

$$\sin^2x+\cos^2x=1;1+\tan^2x=\sec^2x;1+\cot^2x=\csc^2x$$

2. 加法公式

$$\sin(x\pm y)=\sin x\cos y\pm\cos x\sin y$$

$$\cos(x\pm y)=\cos x\cos y\mp\sin x\sin y$$

$$\tan(x\pm y)=\frac{\tan x\pm\tan y}{1\mp\tan x\cdot\tan y}$$

3. 倍角公式

$$\sin2x=2\sin x\cos x$$

$$\cos2x=\cos^2x-\sin^2x=2\cos^2x-1=1-2\sin^2x$$

$$\tan2x=\frac{2\tan x}{1-\tan^2x}$$

4. 半角公式

$$\sin^2\frac{x}{2}=\frac{1-\cos x}{2};\cos^2\frac{x}{2}=\frac{1+\cos x}{2};\tan\frac{x}{2}=\frac{1-\cos x}{\sin x}$$

5. 和差化积公式

$$\sin x+\sin y=2\sin\frac{x+y}{2}\cos\frac{x-y}{2};\ \sin x-\sin y=2\cos\frac{x+y}{2}\sin\frac{x-y}{2};$$

$$\cos x+\cos y=2\cos\frac{x+y}{2}\cos\frac{x-y}{2};\cos x-\cos y=-2\sin\frac{x+y}{2}\sin\frac{x-y}{2}$$

6. 积化和差公式

$$\sin x\cos y=\frac{1}{2}[\sin(x+y)+\sin(x-y)]$$

$$\cos x\sin y=\frac{1}{2}[\sin(x+y)-\sin(x-y)]$$

$$\cos x\cos y=\frac{1}{2}[\cos(x-y)+\cos(x-y)]$$

$$\sin x\sin y=-\frac{1}{2}[\cos(x+y)-\cos(x-y)]$$

三、常用求面积和体积的公式

1.圆

周长=2πr

面积=πr²

2. 平行四边形

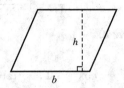

面积=bh

3. 三角形

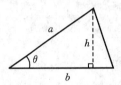

面积=$\frac{1}{2}bh$

面积=$\frac{1}{2}ab\sin\theta$

4. 梯形

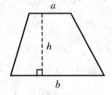

面积=$\frac{a+b}{2}h$

5. 圆扇形

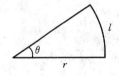

面积=$\frac{1}{2}r^2\theta$

弧长 $l=r\theta$

6. 正圆柱体

体积=πr²h

侧面积=2πrh

表面积=2πr(r+h)

7. 球体

体积=$\frac{4}{3}\pi r^3$

表面积=4πr²

8. 圆锥体

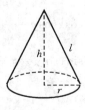

体积=$\frac{1}{3}\pi r^2 h$

侧面积=πrl

表面积=πr(r+l)

附录 Ⅱ　极坐标简介

极坐标系是平面上的点与有序实数组的又一种对应关系,是平面坐标系的另一种表示方法.

在平面内取一个定点 O,叫做**极点**;自点 O 引一条射线 Ox,叫做**极轴**;再选定一个长度单位和角度正方向(通常取逆时针方向).这样就建立了一个极坐标系.

对于平面上任意一点 M,用 r 表示线段 OM 的**长度**,θ 叫做点 M 的**极角**,有序实数对 (r,θ) 叫做点 M 的**极坐标**.特别强调:极径 r 表示线段 OM 的长度,即点 M 到极点 O 的距离;极角 θ 表示从 Ox 到 OM 的弧度角,即以极轴 Ox 为始边,OM 为终边的弧度角(图Ⅱ-1)

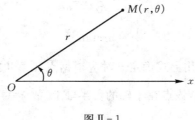

图Ⅱ-1

特别地,当 M 在极点时,它的极坐标 $r=0$,θ 可以取任意值.

当限制 $r>0$,$0\leqslant\theta\leqslant2\pi$ 时,任意给定的有序实数对 (r,θ),平面上就有唯一的一点 M 与之对应;反之,除极点 O 外,对平面上任一点 M,必有唯一的一对有序实数 r 和 θ 与之对应.

在实际应用时,通常取消 r 和 θ 的以上限制,即 r 和 θ 可取任意实数值。这时对任意一对实数 (r,θ),可用以下方法来确定唯一的一点 M:作射线 OP,使得以 Ox 为始边,以 OP 为终边的角 $\angle xOP=\theta$.如果 $r>0$,则在射线 OP 上取一点 M,使 $|OM|=r$;如果 $r<0$,则在射线 OP 的反向延长线上取一点 M,使 $|OM|=|r|$(图Ⅱ-2).

极坐标系和直角坐标系是两种不同的平面坐标系,但它们之间可以建立相应的关系。把极点与直线坐标的原点重合,极轴与直角坐标轴的正半轴重合。设平面上任意一点 M 在直角坐标系中的坐标为 (x,y),在极坐标系中的坐标为 (r,θ)(图Ⅱ-3),若由已知点 M 的极坐标求其直角坐标,则有

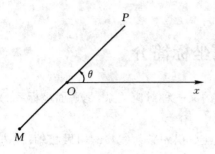

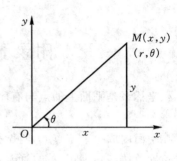

图Ⅱ-2　　　　　　　　　　　　　　图Ⅱ-3

$$\begin{cases} x = r\cos\theta \\ y = r\sin\theta \end{cases}$$

若由已知点 M 的直角坐标求其极坐标,则有

$$\begin{cases} r = \sqrt{x^2 + y^2} \\ \theta = \arctan \dfrac{y}{x} \end{cases}$$

需要说明的是,在利用上式确定 θ 时应根据点在第几象限来确定. 假如,若点 M 的直角坐标为 $(0,-1)$,该点在 y 轴的负半轴上,故 $r=4, \theta = \dfrac{3}{2}\pi$.

附录Ⅲ 几种常用的曲线

（1）圆

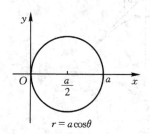

$$r = a\cos\theta$$

（2）圆

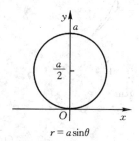

$$r = a\sin\theta$$

（3）椭圆

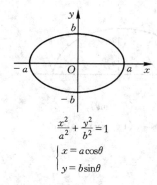

$$\frac{x^2}{a^2} + \frac{y^2}{b^2} = 1$$

$$\begin{cases} x = a\cos\theta \\ y = b\sin\theta \end{cases}$$

（4）抛物线

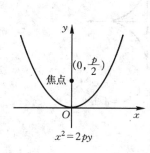

$$x^2 = 2py$$

（5）抛物线

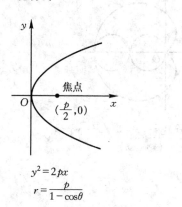

$$y^2 = 2px$$

$$r = \frac{p}{1 - \cos\theta}$$

（6）抛物线

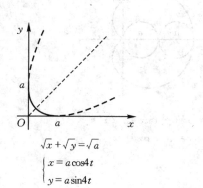

$$\sqrt{x} + \sqrt{y} = \sqrt{a}$$

$$\begin{cases} x = a\cos4t \\ y = a\sin4t \end{cases}$$

(7)双曲线

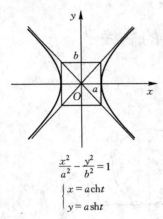

$$\frac{x^2}{a^2} - \frac{y^2}{b^2} = 1$$

$$\begin{cases} x = a\,\mathrm{ch}\,t \\ y = a\,\mathrm{sh}\,t \end{cases}$$

(8)双曲线

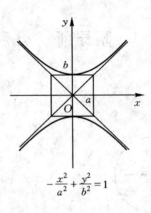

$$-\frac{x^2}{a^2} + \frac{y^2}{b^2} = 1$$

(9)星形线

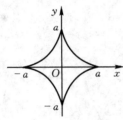

$$x^{\frac{2}{3}} + y^{\frac{2}{3}} = a^{\frac{2}{3}}, \quad \begin{cases} x = a\cos^3\theta \\ y = a\sin^3\theta \end{cases}$$

(10)摆线

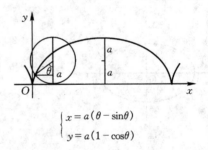

$$\begin{cases} x = a(\theta - \sin\theta) \\ y = a(1 - \cos\theta) \end{cases}$$

(11)心形线

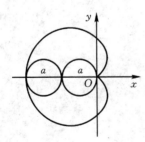

$$x^2 + y^2 + ax = a\sqrt{x^2 - y^2}$$

$$r = a(1 - \cos\theta)$$

(12)心形线

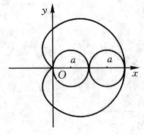

$$x^2 + y^2 - ax = a\sqrt{x^2 - y^2}$$

$$r = a(1 + \cos\theta)$$

(13)阿基米德螺线

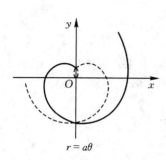

$$r = a\theta$$

(14)对数螺线

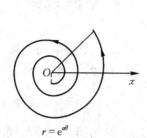

$$r = e^{a\theta}$$

(15)伯努利双纽线

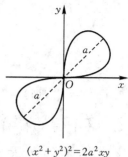

$$(x^2 + y^2)^2 = 2a^2 xy$$
$$r^2 = a^2 \sin 2\theta$$

(16)伯努利双纽线

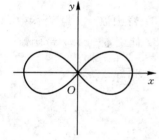

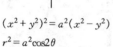

$$(x^2 + y^2)^2 = a^2(x^2 - y^2)$$
$$r^2 = a^2 \cos 2\theta$$

(17)三叶玫瑰线

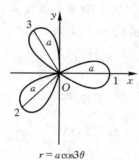

$$r = a\cos 3\theta$$

(18)三叶玫瑰线

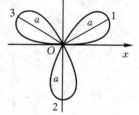

$$r = a\sin 3\theta$$

(19)四叶玫瑰线

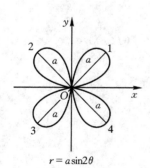

$$r = a\sin 2\theta$$

(20)四叶玫瑰线

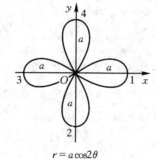

$$r = a\cos 2\theta$$

习题答案

习题 1-1

1. $f(0)=4$, $f(1)=2$, $f(2)=2$, $f(3)=2$, $f(-1)=6$, $f(-2)=8$.

2. $f\left(\dfrac{\pi}{6}\right)=\dfrac{1}{2}$, $f\left(\dfrac{\pi}{4}\right)=f\left(-\dfrac{\pi}{4}\right)=\dfrac{\sqrt{2}}{2}$, $f(-2)=0$.

3. (1) 不同　(2) 相同　(3) 相同　(4) 相同

4. (1) $[-2,0)\bigcup(0,2]$　　　　(2) $(-\infty,-1)\bigcup(-1,-2)\bigcup(-2,+\infty)$

   (3) $[-1,3]$　　　　　　(4) $(-\infty,0)\bigcup(0,3]$

   (5) $(-\infty,-1)\bigcup(1,3)$　(6) $(1,2)\bigcup(2,4)$

6. (1) 非奇非偶函数　(2) 非奇非偶函数　(3) 奇函数　(4) 奇函数

   (5) 偶函数　(6) 偶函数　(7) 偶函数　(8) 偶函数　(9) 奇函数

7. (1) $y=\sqrt{x^3-1}$　　(2) $y=\log_2\dfrac{x}{1-x}$　　(3) $y=\dfrac{1+x}{1-x}$

   (4) $y=\mathrm{e}^{x-1}-2$　　(5) $y=\dfrac{1}{3}\arctan\dfrac{x}{2}$

8. $f(f(x))=\dfrac{x}{1-2x}$, $f(f(f(x)))=\dfrac{x}{1-3x}$.

10. (1) $y=u^2$, $u=\tan v$, $v=\sqrt{w}$, $w=1-x^2$

    (2) $y=\arcsin u$, $u=\ln(1-v)$, $v=\dfrac{1}{x}$

    (3) $y=\sin u$, $u=\mathrm{e}^v$, $v=w^2$, $w=\sin x$

11. $\varphi(x)=\arcsin(1-x^2)$, $x\in\left[-\sqrt{2},\sqrt{2}\right]$　　12. $f(f(x))=2$

13. $l=\dfrac{\pi+4}{4}x+\dfrac{2A}{x}$　$\left(0<x<2\sqrt{\dfrac{2A}{\pi}}\right)$

14. (1) $p=\begin{cases}90 & 0\leqslant x\leqslant 10 \\ 90-0.1(x-10) & 10<x\leqslant 160, \\ 75 & x>160\end{cases}$

    (2) $L=\begin{cases}30x & 0\leqslant x\leqslant 10 \\ 31x-0.1x^2 & 10<x\leqslant 160, \\ 15x & x>160\end{cases}$

    (3) $L=2100$

习题 1-2

2. $\lim\limits_{x \to 3^-} f(x) = 4$, $\lim\limits_{x \to 3^+} f(x) = 8$.

3. $\lim\limits_{x \to 2^-} f(x) = -1$, $\lim\limits_{x \to 2^+} f(x) = 1$, $\lim\limits_{x \to 2} f(x)$ 不存在

4. $\lim\limits_{x \to 3^-} f(x) = \lim\limits_{x \to 3^+} f(x) = \lim\limits_{x \to 3} f(x) = 10$

习题 1-3

1. (1) 5   (2) 2   (3) $\dfrac{2}{3}$ (4) 0   (5) 0   (6) -1

(7) -1 (8) $\dfrac{1}{4}$ (9) $\dfrac{2\sqrt{2}}{3}$ (10) ∞ (11) 2   (12) 1   (13) 1

(14) $-\dfrac{1}{6}$ (15) $\left(\dfrac{3}{2}\right)^{20}$ (16) 1   (17) $\dfrac{1}{5}$

2. $k = -3$

3. (1) 5   (2) $\dfrac{4}{3}$ (3) 1   (4) $\sqrt{2}$ (5) $\dfrac{2}{3}$ (6) $\dfrac{6}{5}$

(7) 2   (8) 4   (9) 0   (10) -1

4. (1) e^2 (2) e^{-1} (3) e^2 (4) e (5) e^2 (6) $e^{\frac{2}{3}}$

(7) e^4 (8) e^3 (9) e (10) 1

5. $c = \ln 3$

习题 1-4

1. (1)、(4)、(6) 是无穷小量   (2) 是无穷大量

2. 当 $x \to 0$ 时，$x^2 - x^3$ 是比 $2x - x^2$ 更高阶的无穷小。

3. 同阶，但不是等价无穷小

4. $m = \dfrac{1}{2}$, $n = 2$.

5. (1) $\dfrac{4}{5}$ (2) 0(当 $n > m$), 1(当 $n = m$), ∞ (当 $n < m$)

(3) 2   (4) $\dfrac{3}{2}$ (5) 3   (6) 5   (7) 2   (8) $\dfrac{1}{2}$ (9) $\dfrac{1}{2}$ (10) 1   (11) 0

习题 1-5

1. $\Delta y = 0.01$.

3. (1) $x = -1$, 无穷间断点

(2) $x = 1$, 无穷间断点; $x = 2$, 可去间断点, 补充 $f(2) = -4$

(3) $x = 0$, 可去间断点, 补充 $f(0) = -1$

(4) $x = 1$, 跳跃间断点

(5)$x=0$,可去间断点,更改 $f(0)=1$

4. $a=1,b=\mathrm{e}$

5. (1) 3　(2)$-\dfrac{1}{2}\ln2$　(3) 0　(4)$\dfrac{1}{2}$　(5)0

习题 2-1

1. $m'(x_0)$

3. (1)$-f'(x_0)$　(2)$2f'(x_0)$　(3)$f'(0)$

4. (1)$\dfrac{2}{3}x^{-\frac{1}{3}}$　(2)$\dfrac{1}{2}x^{-\frac{3}{2}}$　(3)$\dfrac{1}{6}x^{-\frac{5}{6}}$

5. $k>0,k>1$

6. $a=2,b=-1$

7. $a=-7,b=10$

8. 切线方程:$x-2y+1=0$,法线方程:$2x+y-3=0$

9. $(2,4)$

10. $f'(x)=\begin{cases}\cos x, & x<0 \\ 1, & x\geqslant0\end{cases}$

习题 2-2

1. (1)$y'=3x^2+\dfrac{20}{x^5}+\dfrac{1}{3\sqrt[3]{x^2}}$　　　　(2)$y'=2x+2^x\ln2-\mathrm{e}^x$

(3)$y'=3\sec^2x+\sec x\tan x$　　　　(4)$y'=2x+\dfrac{10}{x^3}-\dfrac{3}{x^4}$

(5)$y'=\mathrm{e}^x(\cos x-\sin x)$　　　　(6)$y'=\dfrac{\sin x}{2\sqrt{x}}+\sqrt{x}\cos x$

(7)$y'=\dfrac{\mathrm{e}^x\cos x}{x}$　　　　(8)$y'=\dfrac{x-4-2x^2}{(4-x)^2\sqrt{x}}$

(9)$y'=3x^2\cot x\ln x-x^3\csc^2x\ln x+x^2\cot x$　　(10)$s'=\dfrac{1+\cos t+\sin t}{(1+\cos t)^2}$

2. $a=2,b=-3,c=0,d=1$

3. (1)$y'=12(3x-5)^3$　　(2) $y'=-2\cos(1-2x)$

(3)$y'=\dfrac{\mathrm{e}^x}{\sqrt{1-\mathrm{e}^{2x}}}$　　(4)$y'=\dfrac{1}{2x-1}$

(5)$y'=-\dfrac{1}{1+x^2}$　　(6)$y'=\dfrac{1}{x(\ln x)(\ln\ln x)}$

(7)$y'=2x\sec^2x^2$　　(8)$y'=\sin2x\cdot f'(\sin^2x)$

4. 切线方程:$y=2x$　　法线方程:$y=-\dfrac{1}{2}x$

5. (1)$y' = -2e^{-2x}\cos 3x - 3e^{-2x}\sin 3x$　　　(2)$y' = \dfrac{a^2}{\sqrt{(a^2 - x^2)^3}}$

(3)$y' = \sec x$　　　(4)$y' = \sqrt{a^2 - x^2}$

(5)$y' = n\sin^{n-1} x\cos[(n+1)x]$　　　(6)$y' = -\dfrac{1}{(1+x)\sqrt{2x(1-x)}}$

7. $y'\Big|_{x=0} = f'(0)$　　　8. $y'(0) = \dfrac{1}{a}$

习题 2-3

1. (1)$y' = \dfrac{1 - y(y-x)^2\cos(xy)}{1 + (y-x)^2 x\cos(xy)}$　　　(2)$y' = \dfrac{e^y - 2x}{e^{-y} - ye^{-y} - xe^y}$

(3)$y' = \dfrac{1+y^2}{y^2}$　　　(4)$y' = \dfrac{1+\ln x}{1+\ln y}$

2. (1)$y' = \left(\dfrac{x}{1+x}\right)^x\left(\ln\dfrac{x}{1+x} + \dfrac{1}{1+x}\right)$

(2)$y' = \dfrac{1}{3}\sqrt[3]{\dfrac{x(x^2+1)}{(x^2-1)^2}}\dfrac{-x^4 - 6x^2 - 1}{x(x^2+1)(x^2-1)}$

3. (1)$\dfrac{\mathrm{d}y}{\mathrm{d}x} = 2\cot\theta$　　　(2)$\dfrac{\mathrm{d}y}{\mathrm{d}x} = (3t+2)(t+1)$

4. $\dfrac{\mathrm{d}y}{\mathrm{d}x}\Big|_{x=0} = 0$　　　5. 1　　　6. $\left(-\sqrt{2}, \dfrac{\sqrt{2}}{2}\right), \left(\sqrt{2}, -\dfrac{\sqrt{2}}{2}\right)$

7. (1)$y'' = 12x^2 - \dfrac{1}{x^2}$　　　(2)$y'' = -\sin x - 4\cos 2x$

(3)$y'' = (4x^2 - 2)e^{-x^2}$　　　(4)$y'' = 2\arctan x + \dfrac{2x}{1+x^2}$

(5)$y'' = \dfrac{2(1-x^2)}{(1+x^2)^2}$　　　(6)$y'' = -\dfrac{x}{(a^2+x^2)\sqrt{a^2+x^2}}$

8. (1)$y'' = 2f'(x^2) + 4x^2 f''(x^2)$　　　(2)$y'' = \dfrac{f''(x)f(x) - [f'(x)]^2}{f^2(x)}$

10. (1)$(n+x)e^x$　　　(2)$2^{n-1}\cos\left(2x + \dfrac{n\pi}{2}\right)$

(3)$\dfrac{(-1)^n(n-2)!}{x^{n-1}}$　　　(4)$\dfrac{n!}{2}\left[\dfrac{(-1)^n}{(1+n)^{n+1}} + \dfrac{1}{(1-x)^{n+1}}\right]$

11. $\dfrac{1}{e^2}$

习题 2-4

2. (1)$2^{\sin x}\ln 2 \cdot \cos x\,\mathrm{d}x$

(2) $\left(\dfrac{1}{2\sqrt{x}}+\dfrac{1}{x}\right)\mathrm{d}x$　　　(3) $\left(\dfrac{\mathrm{e}^{\sqrt{x}}}{2\sqrt{x}}\sin x+\mathrm{e}^{\sqrt{x}}\cos x\right)\mathrm{d}x$

(4) $\dfrac{1-x^2}{(1+x^2)^2}\mathrm{d}x$　　　(5) $-\dfrac{1}{\sqrt{1-x^2}}\mathrm{d}x$

(6) $-\dfrac{\sin\sqrt{x}\cdot f'(\cos\sqrt{x})}{2\sqrt{x}}\mathrm{d}x$

3. (1) $2x+C$　　　(2) $2\arctan x+C$　　　(3) $\dfrac{1}{2}\sin 2x+C$

(4) $2\sqrt{x}+C$　　　(5) $\tan x+C$　　　　(6) $\arcsin x+C$

4. $\dfrac{x+y-1}{x+y+1-\mathrm{e}^y}\mathrm{d}x$　　5. (1) 0.795　(2) 1.0875　　6. 3.14 cm^2

7. 如果 R 不变，α 减少 $30'$，扇形面积大约减少 43.63 cm^2；又如果 α 不变，R 增加 1 cm，扇形面积约增加了 104.72 cm^2.

习题 2-5

1. $500\sqrt{3}\approx 866$ km/h　　　2. $\dfrac{720}{13}\approx 55.38$ km/h

3. 0.14　　　4. $\dfrac{1}{4}\sqrt{\dfrac{V}{\pi k}}\dfrac{1}{\sqrt[4]{t^3}}$　　5. $(x-3\cos\theta)\dfrac{\mathrm{d}x}{\mathrm{d}t}+3x\sin\theta\dfrac{\mathrm{d}\theta}{\mathrm{d}t}=0$

习题 3-1

1. (1) 满足，$\xi=\dfrac{1}{4}$　　(2) 满足，$\xi=\dfrac{\pi}{2}$　　(3) 不满足　　(4) 满足，$\xi=2$

2. (1) 满足，$\xi=\mathrm{e}-1$　　(2) 满足，$\xi=\dfrac{5\pm\sqrt{43}}{3}$　　(3) 不满足

(4) 满足，$\xi=-1$

3. 有 2 个实根，分别在 $(0,1),(1,2)$

9. (1) 满足，$\xi=\ln(\mathrm{e}-1)$　　(2) 满足，$\xi=\dfrac{14}{9}$

习题 3-2

1. (1) 2　(2) $\cos\alpha$　(3) -2　(4) 0　(5) 1　(6) 0　(7) $\dfrac{1}{2}$

(8) $-2a$　(9) $\mathrm{e}^{-\frac{1}{2}}$　(10) 1　(11) $\dfrac{1}{2}$　(12) $\dfrac{1}{6}$

2. (1) 存在，不能　(2) 存在，不能　(3) 存在，不能　(4) 存在，不能

3. $a=g'(0),f'(0)=\dfrac{1}{2}g''(0)$

习题 3 - 3

1. (1) $(-\infty,-1),(3,+\infty)$ 是函数的单调增加区间. $(-1,3)$ 是函数的单调减少区间

(2) $(-\infty,0)$ 是函数的单调减少区间. $(0,+\infty)$ 是函数的单调增加区间

(3) $(0,+\infty)$ 是函数的单调增加区间. $(-1,0)$ 是函数的单调减少区间

(4) $(-3,3)$ 是函数的单调增加区间. $(-\infty,-3),(3,+\infty)$ 是函数的单调减少区间

(5) $(-\infty,0),(1,+\infty)$ 是函数的单调减少区间. $(0,1)$ 是函数的单调增加区间

(6) $(0,1),(2,+\infty)$ 是函数的单调增加区间. $(-\infty,0),(1,2)$ 是函数的单调减少区间

4. (1) 拐点 $(1,-2)$, 在 $(-\infty,1]$ 上是凸的, 在 $[1,+\infty]$ 上是凹的;

(2) 拐点 $(0,0)$ 及 $(\pm\sqrt{3},\pm\frac{\sqrt{3}}{4})$, 在 $(-\infty,-\sqrt{3}],[0,\sqrt{3}]$ 上是凸的, 在 $[-\sqrt{3},0],[\sqrt{3},+\infty]$ 上是凹的;

(3) 拐点 (e^2,e^2), 在 $(0,1),(e^2,+\infty)$ 上凸, 在 $[1,e^2]$ 上是凹的;

(4) 无拐点, 在 $(-\infty,-1),[1,+\infty)$ 上凸;

5. $a=-\dfrac{3}{2},\quad b=\dfrac{9}{2}$

习题 3 - 4

1. (1) 驻点, 不可导点　(2) 不存在, 极大值

2. (1) 极大值 $f(-1)=17$, 极小值 $f(3)=-47$　(2) 极大值 $f(1)=1$, 极小值 $f(-1)=-1$

(3) 函数无极值　(4) 极大值 $f(0)=0$, 极小值 $f\left(\dfrac{2}{5}\right)=-\dfrac{3}{5}\sqrt[3]{\dfrac{4}{25}}$

(5) 极大值 $f\left(\dfrac{3}{4}\right)=\dfrac{5}{4}$, 无极小值　(6) 极小值 $f(0)=0$, 无极大值

4. $a=2$, 当 $x=\dfrac{\pi}{3}$ 时取得极大值 $f\left(\dfrac{\pi}{3}\right)=\sqrt{3}$

5. (1) 最大值 $f(1)=2$, 最小值 $f(-1)=-12$

(2) 最大值 $f\left(-\dfrac{1}{2}\right)=f(1)=\dfrac{1}{2}$, 最小值 $f(0)=0$

(3) 最大值 $f(2)=\ln5$, 最小值 $f(0)=0$

(4) 最大值 $f(4)=8$, 最小值 $f(0)=0$

6. 每日来回 12 次, 每次 6 只船

7. 长 10 m,宽 5 m 时小屋面积最大

8. 每天生产 27 台利润最大,此时每台收音机价格为 16 元

习题 3-5

1. (1)水平渐近线:$y=0$,垂直渐近线:$x=1$

　(2)水平渐近线:$y=1$,垂直渐近线:$x=-1$

　(3)水平渐近线:$y=0$,垂直渐近线:$x=0$

　(4)水平渐近线:$y=0$,垂直渐近线:$x=1,x=2$

　(5)垂直渐近线:$x=-1$,斜渐近线:$y=x-1$

习题 4-1

1. (1) 0　(2)被积函数,积分区间,积分变量　(3)介于曲线 $y=f(x)$、直线 $x=a$、$x=b$ 及 x 轴之间各部分面积的代数和　(4)充分　(5)$\int_a^b \mathrm{d}x$

2. $\dfrac{1}{2}$.

4. (1)$\displaystyle\int_1^2 \ln x\,\mathrm{d}x > \int_1^2 \ln^2 x\,\mathrm{d}x$ 　(2)$\displaystyle\int_3^4 \ln x\,\mathrm{d}x < \int_3^4 \ln^2 x\,\mathrm{d}x$

(3)$\displaystyle\int_0^1 x\,\mathrm{d}x > \int_0^1 \ln(1+x)\,\mathrm{d}x$ 　(4)$\displaystyle\int_0^{\frac{\pi}{2}} x\,\mathrm{d}x > \int_0^{\frac{\pi}{2}} \sin x\,\mathrm{d}x$

5. (1)$\pi \leqslant \displaystyle\int_{\frac{\pi}{4}}^{\frac{5\pi}{4}} (1+\sin^2 x)\,\mathrm{d}x \leqslant 2\pi$ 　(2)$\dfrac{2}{5} \leqslant \displaystyle\int_1^2 \dfrac{x}{1+x^2}\,\mathrm{d}x \leqslant \dfrac{1}{2}$

习题 4-2

1. (1)$2x\sqrt{1+x^4}$ 　(2)$\dfrac{2x}{\sqrt{1+x^4}}-\dfrac{1}{\sqrt{1+x^2}}$ 　(3)$-\dfrac{\pi}{2}\sin 2x(\sin x+\cos x)$

2. $f''(1)=-2$ 　3. $\dfrac{\mathrm{d}y}{\mathrm{d}x}=\dfrac{\cos^2(x-y)-1}{2y+\cos^2(x-y)}$

4. (1)1　(2)$\dfrac{1}{2}$ 　(3)1　(4)1

5. (1)$\dfrac{2}{7}x^{\frac{7}{2}}+C$ 　(2)$\dfrac{2}{3}\sqrt{x^3}+x-2\sqrt{x}-\ln x+C$

(3)$-\dfrac{1}{x}-\arctan x+C$ 　(4)e^x+x+C 　(5)$-\cot x-x+C$

(6)$\sin x-\cos x+C$ 　(7)$\dfrac{1}{2}\tan x+C$ 　(8)$\tan x-\sec x+C$

6. (1)$45\dfrac{1}{6}$ 　(2)$\dfrac{21}{8}$ 　(3)1　(4)$2\sqrt{2}-1$ 　(5)$1-\dfrac{\pi}{4}$

7. $y=\ln|x|+1$ 　8. (1)27 m　(2)$\sqrt[3]{360}\approx 7.11$ s

9. $e-\dfrac{1}{2}$ 10. $F(x)=\begin{cases} x+\dfrac{3}{2}, & x<-1 \\[2mm] \dfrac{1}{2}x^2, & -1\leqslant x\leqslant 1 \\[2mm] \dfrac{1}{2}x^2-x+1, & x>1 \end{cases}$

习题 4−3

1. (1)$\dfrac{1}{2}$　(2)$-\dfrac{1}{2}$　(3)$-\dfrac{1}{2}$　(4)$-\dfrac{1}{24}$　(5)$-\dfrac{1}{2}$

(6)-1　(7)$\dfrac{1}{3}$　(8)-1　2. $\dfrac{1}{x}+C$

3. (1)$\dfrac{1}{6}(3+2x^2)^{\frac{3}{2}}+C$　(2)$-\dfrac{1}{4}\ln|3-4x|+C$　(3)$\dfrac{1}{3}\arctan\dfrac{x}{3}+C$

(4)$\sqrt{3+2x}+C$　(5)$-\dfrac{1}{3}\cos3x-4e^{\frac{x}{4}}+C$　(6)$-2\cos\sqrt{x}+C$

(7)$\ln|\ln\ln x|+C$　(8)$\arctan e^x+C$　(9)$\dfrac{1}{3}\sec^3x-\sec x+C$

(10)$-\dfrac{1}{3}\sqrt{2-3x^2}+C$　(11)$\dfrac{1}{2\cos^2x}+C$

(12)$\dfrac{1}{4}\cos2x-\dfrac{1}{16}\cos8x+C$　(13)$-\ln|e^{-x}-1|+C$

(14)0　(15)$\dfrac{51}{512}$　(16)$\dfrac{1}{4}$　(17)$\dfrac{25}{2}-\dfrac{1}{2}\ln26$　(18)0

(19)$1-e^{-\frac{1}{2}}$

4. $f(x)=2\sqrt{x+1}-1$　5. $-\dfrac{1}{3}(1-x^2)^{\frac{3}{2}}+C$　6. $\dfrac{(1-x^2)^2}{2(1+x^2)^4}+C$

习题 4−4

1. (1)$\arcsin\dfrac{x+2}{3}+C$　(2)$\arcsin x-\dfrac{1-\sqrt{1-x^2}}{x}+C$

(3)$\sqrt{x^2-9}-3\arccos\dfrac{3}{|x|}+C$　(4)$-\dfrac{1}{4}\dfrac{\sqrt{4-x^2}}{x}+C$　(5)$\dfrac{20}{3}$

(6)$2\arctan2-\dfrac{\pi}{2}$　(7)$\dfrac{1}{2}x^2-\dfrac{9}{2}\ln(9+x^2)+C$

(8)$2\ln|x+2|-\ln|x-1|+C$

(9)$\ln2$　(10)$4-2\arctan2$　(11)$\dfrac{\pi}{2}$　(12)$\sqrt{2}-\dfrac{2\sqrt{3}}{3}$

2. (1)0　(2)$\dfrac{16}{3}$　(3)$\ln3$　(4)2　5. $\tan\dfrac{1}{2}-\dfrac{1}{2}e^{-4}+\dfrac{1}{2}$

习题 4-5

1. (1) $x\arcsin x+\sqrt{1-x^2}+C$　　　(2) $-x\mathrm{e}^{-x}-\mathrm{e}^{-x}+C$

(3) $x\ln^2 x-2x\ln x+2x+C$　　　　(4) $-\dfrac{1}{2}x^2+x\tan x+\ln|\cos x|+C$

(5) $-\dfrac{1}{x}(\ln^3 x+3\ln^2 x+6\ln x+6)+C$

(6) $\dfrac{1}{6}x^3+\dfrac{1}{2}x^2\sin x+x\cos x-\sin x+C$

(7) $(\ln\ln x-1)\ln x+C$　　　(8) $x(\arcsin x)^2+2\sqrt{1-x^2}\arcsin x-2x+C$

(9) $\dfrac{1}{2}\mathrm{e}^{-x}(\sin x-\cos x)+C$　　　(10) $2\sqrt{x}\ln(1+x)-4\sqrt{x}+4\arctan\sqrt{x}+C$

(11) $-\mathrm{e}^{-x}\ln(\mathrm{e}^x+1)-\ln(\mathrm{e}^{-x}+1)+C$　　　(12) $\dfrac{1}{4}(\mathrm{e}^2+1)$

(13) $\dfrac{\pi}{4}-\dfrac{1}{2}$　　　(14) $\dfrac{\pi}{4}$　　　(15) $4(2\ln 2-1)$　　　(16) $\dfrac{1}{4}(1-\ln 2)$

(17) 1　　　(18) $\left(\dfrac{1}{4}-\dfrac{\sqrt{3}}{9}\right)\pi+\dfrac{1}{2}\ln\dfrac{3}{2}$　　　(19) $2\mathrm{e}^2+2$

(20) $\dfrac{1}{2}(\mathrm{e}\sin 1-\mathrm{e}\cos 1+1)$

2. $\cos x-\dfrac{2\sin x}{x}+C$

习题 4-6

1. 不正确　　2. (1) $\dfrac{1}{3}$　　(2) 发散　　(3) $\dfrac{1}{\alpha}$　　(4) $\ln(2+\sqrt{3})$　　(5) $\dfrac{1}{2}\ln 2$

(6) 1　　(7) 发散　　(8) $\dfrac{8}{3}$　　(9) $\dfrac{\pi}{2}$　　3. $k>1$ 时收敛于 $\dfrac{1}{(k-1)(\ln^2)^{k-1}}$; $k\leqslant 1$

时发散; $k=1-\dfrac{1}{\ln\ln 2}$时,取得最小值.　　4. $a=-\dfrac{1}{2}\ln 2$

习题 5-1

1. $\mathrm{d}A=\sqrt{144-9x^2}\,\mathrm{d}x$, $A=4\displaystyle\int_0^4\sqrt{144-9x^2}\,\mathrm{d}x$

2. $\mathrm{d}S=\sqrt{1+\dfrac{1}{x^2}}\,\mathrm{d}x$, $S=\displaystyle\int_1^3\sqrt{1+\dfrac{1}{x^2}}\,\mathrm{d}x$

3. $\mathrm{d}m=\rho(x)\sqrt{1+[f'(x)]^2}\,\mathrm{d}x$　$m=\displaystyle\int_a^b\rho(x)\sqrt{1+[f'(x)]^2}\,\mathrm{d}x$

4. $\mathrm{d}m=|f_2(x)-f_1(x)|\,\rho(x)\mathrm{d}x$, $m=\displaystyle\int_a^b|f_2(x)-f_1(x)|\,\rho(x)\mathrm{d}x$

5. $dW = \pi r^2 \mu g x\, dx$, $W = \int_0^h \pi r^2 \mu g x\, dx$

6. $dW = F dx = kx\, dx$；$W = \int_0^S kx\, dx$

7. $dF = \mu g a x\, dx$；$F = \int_0^b a\mu g x\, dx$

8. $dF = G\dfrac{m_1 \rho}{x^2} dx$；$F = Gm_1\rho\displaystyle\int_s^{s+l} \dfrac{1}{x^2} x$

习题 5－2

1. (1) $\dfrac{16}{3}$　(2) $\dfrac{4}{3}$　(3) $\dfrac{3}{2} - \ln 2$　(4) $e + \dfrac{1}{e} - 2$　(5) πa^2　(6) $3\pi a^2$

2. $a = 1$.　　3. $t = \dfrac{1}{2}$ 时，S 取最小值 $\dfrac{1}{4}$；$t = 1$ 时，S 取最大值 $\dfrac{2}{3}$　　4. $\dfrac{e}{2}$

5. $a = 3$　　6. $\dfrac{128}{7}\pi, \dfrac{124}{5}\pi$　　7. $\dfrac{15}{2}\pi, \dfrac{86}{3}\pi$　　8. 8 cm³.　　*9. $\dfrac{4}{3}\pi$

10. $1 + \dfrac{1}{2}\ln\dfrac{3}{2}$　　11. $2\sqrt{3} - \dfrac{4}{3}$　　12. $\ln(1+\sqrt{2})$　　13. $\ln\dfrac{3}{2} + \dfrac{5}{12}$

习题 5－3

1. $\dfrac{27}{7}kc^{2/3}a^{7/3}$　　2. $\dfrac{GmM}{R}$　　3. $2\pi R^3(R+1)$　　4. 17638.7 kJ；

5. $\sqrt{2} - 1$ cm　　6. 1.65 N

7. $F_x = \dfrac{GmM}{al\,\sqrt{a^2+l^2}}(\sqrt{a^2+l^2} - a)$，$F_y = -\dfrac{GmM}{a\,\sqrt{a^2+l^2}}$

8. $\dfrac{1}{12}(5^{3/2} - 1)$　　9. $I_x = \dfrac{1}{12}ML^2$，$I_z = \dfrac{1}{2}MR^2$

习题 6－1

1. (1) 一阶　(2) 三阶　(3) 三阶　(4) 一阶

2. (1) 是　　(2) 是　　(3) 不是　　(4) 是

3. $C = -25$　　4. $C_1 = 0, C_2 = 1$　　5. $yy' + 2x = 0$

6. $\dfrac{dP}{dT} = k\dfrac{P}{T^2}$，$k$ 为比例系数.

习题 6－2

1. (1) $y = e^{Cx}$　(2) $y = \dfrac{1}{2}x^2 + \dfrac{1}{5}x^3 + C$

(3) $\arcsin y = \arcsin x + C$　(4) $\dfrac{1}{y} = a\ln|x+a-1| + C$

(5) $\tan x \tan y = C$　(6) $\ln y^2 - y^2 = 2x - 2\arctan x + C$

2. (1) $y + \sqrt{y^2 - x^2} = Cx^2$　(2) $y = xe^{Cx+1}$

(3) $y^2 = x^2(2\ln|x| + C)$　(4) $e^{-\frac{y}{x}} + \ln Cx = 0$

3. (1) $\ln y = \dfrac{1}{2}\tan x$　(2) $x^2 y = 4$　(3) $x^3 - xy^2 = 1$

(4) $y^2 = 2x^2(\ln x + 2)$

4. $v = \sqrt{72500} \approx 269.3$ cm/s　　5. $R = R_0 e^{-0.000433t}$, 时间单位为年

6. $p = 10 \times 2^{\frac{t}{10}}$

7. (1) $y = 2 + Ce^{-x^2}$　(2) $y = e^{-x}(x + C)$　(3) $y = (x + C)e^{-\sin x}$

(4) $y = \dfrac{1}{3}x^2 + \dfrac{3}{2}x + 2 + \dfrac{C}{x}$　(5) $y = C\cos x - 2\cos^2 x$

(6) $\dfrac{1}{x^2 + 1}\left(\dfrac{4}{3}x^3 + C\right)$

(7) $2x\ln y = \ln^2 y + C$　(8) $x = Cy^3 + \dfrac{1}{2}y^2$

8. (1) $y = \dfrac{2}{3}(4 - e^{-3x})$　(2) $y = x\sec x$

(3) $y\sin x + 5e^{\cos x} = 1$　(4) $y = x^3 + \dfrac{1}{x}$

9. (1) $y = \dfrac{x}{\cos x}$　(2) $y^{-2} = Ce^{2x^2} + x^2 + \dfrac{1}{2}$

10. (1) $y = -x + \tan(x + C)$　(2) $y = \dfrac{1}{x}e^{Cx}$

11. $x^2 + y^2 = 1$　　12. $v = \dfrac{k_1}{k_2}t - \dfrac{k_1 m}{k_2^2}(1 - e^{-\frac{k_2}{m}t})$

习题 6-3

1. (1) $y = \dfrac{1}{6}x^3 - \sin x + C_1 x + C_2$

(2) $y = x(\ln x - 1) + \dfrac{1}{2}C_1 x^2 + C_2 x + C_3$

(3) $y = C_1\left(x + \dfrac{1}{3}x^3\right) + C_2$　(4) $y^2 = \dfrac{1}{C_1}(C_1 x + C_2)^2$

(5) $y = -\ln|\cos(x + C_1)| + C_2$　(6) $y = \arcsin(C_2 e^x) + C_1$

2. (1) $y = e^x - \dfrac{e}{2}x^2 - \dfrac{e}{2}$　(2) $y = \left(\dfrac{1}{2}x + 1\right)^4$

(3) $y = -\dfrac{1}{a}\ln(ax + 1)$　(4) $y = \sqrt{2x - x^2}$

3. $y = \dfrac{1}{6}x^3 + \dfrac{1}{2}x + 1$ 4. $x = \dfrac{F_0}{m}\left(\dfrac{t^2}{2} - \dfrac{t^3}{6T}\right)$, $0 \leqslant t \leqslant T$.

习题 6-5

1. (1) $y = C_1 e^x + C_2 e^{-2x}$ (2) $y = C_1 + C_2 e^{4x}$

(3) $y = C_1 \cos x + C_2 \sin x$ (4) $y = e^{-3x}(C_1 \cos 2x + C_2 \sin 2x)$

(5) $x = (C_1 + C_2 t) e^{\frac{5}{2}t}$ (6) $y = e^{2x}(C_1 \cos x + C_2 \sin x)$

(7) $y = (C_1 + C_2 x)\cos x + (C_3 + C_4 x)\sin 2x$

(8) $y = C_1 + C_2 x + (C_3 + C_4 x) e^x$

2. (1) $y = -e^{2x} + 2e^{4x}$ (2) $y = (2+x)e^{-\frac{x}{2}}$ (3) $y = e^{-x} - e^{4x}$

(4) $y = e^{-3x}(3\cos 2x + 4\sin 2x)$

3. (1) $y = C_1 e^{\frac{x}{2}} + C_2 e^{-x} + e^x$ (2) $y = C_1 \cos x + C_2 \sin x + \dfrac{1}{2}e^x$

(3) $y = C_1 e^{-x} + C_2 e^{-4x} + \dfrac{11}{8} - \dfrac{1}{2}x$

(4) $y = (C_1 + C_2 x)e^{3x} + \dfrac{1}{2}x^2\left(\dfrac{1}{3}x + 1\right)e^{3x}$

(5) $y = C_1 \cos x + C_2 \sin x + \dfrac{1}{2}e^x + \dfrac{x}{2}\sin x$

(6) $y = C_1 \cos 2x + C_2 \sin 2x + \dfrac{1}{3}x\cos x + \dfrac{2}{9}\sin x$

4. (1) $y = -5e^x + \dfrac{7}{2}e^{2x} + \dfrac{5}{2}$ (2) $y = e^x - e^{-x} + e^x(x^2 - x)$

5. $a = -3, b = 2, c = -1, y = C_1 e^x + C_2 e^{2x} + x e^x$

6. $s = \dfrac{F - a}{b}\left(t + \dfrac{m}{b}e^{-\frac{b}{m}t} - \dfrac{m}{b}\right)$ 7. $\varphi(x) = \dfrac{1}{2}(\cos x + \sin x + e^x)$

8. (1) $t = \sqrt{\dfrac{10}{g}}\ln(5 + 2\sqrt{6})$ s   (2) $t = \sqrt{\dfrac{10}{g}}\ln\left(\dfrac{19 + 4\sqrt{22}}{3}\right)$ s

9. 当 $\Delta = x_0 - \sqrt{\dfrac{k_1}{k_2}}y_0 > 0$ 时,鱼数 $x(t)$ 虽然减少,但最终不会消失;而 $y(t)$ 在足够长时间后,最终将趋向于零(消失);当 $\Delta < 0$ 时,$x(t)$ 在足够长时间后,最终将趋向于零;而 $y(t)$ 虽然减少,但最终不会消失;当 $\Delta = 0$ 时,即 $x_0^2 : y_0^2 = k_1 : k_2$ 时,在足够长时间后,两种鱼最终都将消失.

10. 鱼雷击中目标时,目标行驶了 $\dfrac{5}{24}$ 海里,经过了 $\dfrac{5}{24}a$ 秒.